微积分教程学习指导与习题精解(上册)

主编　李　斌　王晓莺

HEUP 哈爾濱工程大學出版社

内 容 简 介

本书是配合哈尔滨工程大学应用数学系编写的《微积分教程》一书而使用的辅导参考书。本书分上、下两册。上册内容包括：函数与极限、导数与微分、中值定理及导数的应用、不定积分、定积分及定积分的应用。

本书是供高等院校工科类各专业高等数学学习使用的辅导书，也可以作为习题课教材，同时还可以作为报考硕士研究生复习高等数学的参考书籍。

图书在版编目(CIP)数据

微积分教程学习指导与习题精解. 上/李斌，王晓莺主编. —哈尔滨：哈尔滨工程大学出版社，2011.8(2015.7 重印)

ISBN 978 -7 -5661 -0222 -5

Ⅰ. ①微… Ⅱ. ①李…②王… Ⅲ. ①微积分 - 高等学校 - 教学参考资料 Ⅳ. ①O172

中国版本图书馆 CIP 数据核字(2011)第 166550 号

出版发行 哈尔滨工程大学出版社
社　　址 哈尔滨市南岗区东大直街 124 号
邮政编码 150001
发行电话 0451 -82519328
传　　真 0451 -82519699
经　　销 新华书店
印　　刷 黑龙江省地质测绘印制中心
开　　本 787mm×960mm 1/16
印　　张 12
字　　数 250 千字
版　　次 2011 年 8 月第 1 版
印　　次 2015 年 7 月第 5 次印刷
定　　价 28.00 元
http://www.hrbeupress.com
E-mail:heupress@hrbeu.edu.cn

前　　言

微积分课程是工程院校学生必修的一门基础课,它在培养学生抽象思维能力、逻辑推理能力,以及提高学生运算技能、综合应用能力的过程中发挥着极大的作用。

本书是由哈尔滨工程大学应用数学系的教师在总结了多年教学经验和成果的基础上编写而成的,目的是为了帮助学生透彻地理解和掌握微积分基本理论,从而使学生所学到的知识得到巩固与提高,同时也是哈尔滨工程大学应用数学系编写的《微积分教程》配套辅导书。

本书每章分两大部分内容。第一部分是按章编写的学习指导与练习,其中包括知识要点、典型例题、同步训练题、测验题、同步训练题答案及测验题答案六个部分;第二部分给出了《微积分教程》中的部分习题的详细解答。

在本书编写中,我们力图突出以下特点:

1. 在每章的知识要点中,力图将本章的内容准确、简洁、清晰地表述出来,以使学生在较短的时间内能够准确而全面地把握本章知识的脉络。

2. 在典型例题中,尽量突出解题思路的分析、解题方法的归纳整理以及易错地方的提醒。有些例题也许不是最难的,但却是学生在学习中容易出现问题的地方。

3. 在典型例题、同步训练题与测验题中,题目由浅入深,循序渐进,符合学生掌握知识的方式。除此之外也配有综合题,以利于提高学生的综合水平。

4. 本书是一本伴随学生学习微积分课程的辅导用书,因此有些问题的解法是逐渐总结的。如求极限的方法在第 1,3,5 章都有所阐述。但同时它对于考研的学生来说,也是一本很好的辅导书,因为所有的知识要点均渗透于字里行间。

参加本书编写的人员有李斌、王晓莺、姚红梅、柴艳有、陈志杰、李强、李明、王淑娟、张文颖。

本书编写过程中,得到了哈尔滨工程大学应用数学系的领导与广大教师的帮助与支持,在此一并表示衷心的感谢。

由于编者水平有限,书中难免有不妥之处,恳请广大读者批评指正。

编　者

2011 年 6 月

目　　录

第1章　函数与极限

1.1　知识要点

1.1.1　函数

1. 需要了解的基本概念：集合、邻域、确界、映射（单射、满射、复合映射）、函数（复合函数、反函数、分段函数、隐函数、基本初等函数、初等函数等）.

2. 需要掌握的基本性质：实数集及确界的性质、函数的单调性、有界性、周期性及奇偶性、函数的四则运算及复合函数、反函数的运算性质、基本初等函数的性质及其图形.

1.1.2　极限

1. 数列极限与函数极限的概念

数列极限与函数极限的概念见表1－1.

表1－1　数列极限与函数极限

对	总存在	条件	记作
$\forall \varepsilon>0$	$\exists N\in \mathbf{N}^+$	当 $n>N$ 时，$\lvert x_n-A\rvert<\varepsilon$	$\lim\limits_{n\to\infty}x_n=A$
	$\exists \delta>0$	当 $0<\lvert x-x_0\rvert<\delta$ 时，$\lvert f(x)-A\rvert<\varepsilon$	$\lim\limits_{x\to x_0}f(x)=A$
	$\exists X>0$	当 $\lvert x\rvert>X$ 时，$\lvert f(x)-A\rvert<\varepsilon$	$\lim\limits_{x\to\infty}f(x)=A$

2. 极限的性质

极限性质见表1－2.

表1－2　极限的性质

性质	$\lim\limits_{n\to\infty}x_n=A$	$\lim\limits_{x\to x_0}f(x)=A$
唯一性	若 $\lim\limits_{n\to\infty}x_n=A$，$\lim\limits_{n\to\infty}x_n=B$，则必有 $A=B$	若 $\lim\limits_{x\to x_0}f(x)=A$，$\lim\limits_{x\to x_0}f(x)=B$，则必有 $A=B$
保号性（以 $A>0$ 为例）	$\exists N\in\mathbf{N}^+$，使得当 $n>N$ 时，$x_n>0$	$\exists\delta>0$，使得当 $0<\lvert x-x_0\rvert<\delta$ 时，有 $f(x)>0$
有界性	$\exists M>0$，使得对一切 x_n 都有 $\lvert x_n\rvert\leqslant M$	$\exists M>0$ 和 $\delta>0$，使得当 $0<\lvert x-x_0\rvert<\delta$ 时，有 $\lvert f(x)\rvert\leqslant M$
二者之间的关系	极限 $\lim\limits_{x\to x_0}f(x)=A$ 的充分必要条件是：对任意一个以 x_0 为极限的数列 $\{x_n\}(x_n\neq x_0)$，其对应的函数值数列 $\{f(x_n)\}$ 极限都存在，且都等于 A	

3. 证明极限存在(不存在)的方法

(1)利用极限的“$\varepsilon-N$”“$\varepsilon-\delta$”及“$\varepsilon-X$”语言(多用于证明极限存在,见例 8,10);

(2)夹逼准则、单调有界原理(适用于证明极限存在,见例 11,12);

(3)柯西收敛准则(既可用于证明极限存在又可用于证明极限不存在,见例 13);

(4)判别分段函数在分段点 x_0 处是否有极限常用下面这个充要条件

$$\lim_{x\to x_0} f(x)=a \Leftrightarrow \lim_{x\to x_0^+} f(x)=\lim_{x\to x_0^-} f(x)=a$$

(5)收敛数列与子数列关系以及函数极限与数列极限的关系(多用于证明极限不存在,见例 9).

4. 计算极限的方法

(1)无穷小的极限运算法则(注意无穷大没有四则运算法则);

(2)极限的四则、复合运算法则(注意定理运用的前提,见例 14);

(3)两个极限存在准则(见例 11,12);

(4)两个重要极限(见例 16,17);

(5)等价无穷小代换(见例 15):当 $x\to 0$ 时,$\sin x\sim x$,$\tan x\sim x$,$\arcsin x\sim x$,$\arctan x\sim x$,$e^x-1\sim x(a^x-1\sim x\ln a)$,$\ln(1+x)\sim x$,$(1+x)^\alpha-1\sim\alpha x(\alpha\neq 0)$,$1-\cos x\sim\dfrac{x^2}{2}$;

(6)初等函数在定义区间上连续.

评注 以后我们还会有其他求极限的方法,请大家注意总结.

1.1.3 连续与间断点

1. 函数 $f(x)$ 在点 x_0 连续的定义

定义 1 $\lim\limits_{x\to x_0} f(x)=f(x_0)$.

定义 2 “$\varepsilon-\delta$”语言:$f(x)$ 在点 x_0 处连续 $\Leftrightarrow \forall\varepsilon>0,\exists\delta>0$,当 $|x-x_0|<\delta$ 时,有 $|f(x)-f(x_0)|<\varepsilon$.

定义 3 $\lim\limits_{\Delta x\to 0}\Delta y=\lim\limits_{\Delta x\to 0}[f(x_0+\Delta x)-f(x_0)]=0$.

定义 4 如果 $f(x_0+0)=f(x_0-0)=f(x_0)$.

评注 以上四种定义是等价的,都可以用来判断函数在一点 x_0 是否连续. 其中定义 4 常用来判断分段函数在分段处点的连续性.

2. 间断点

函数间断点的定义和分类见表 1-3.

表1-3 函数间断点的定义和分类

类别	定义	分类	分类定义
第一类	如果 x_0 是函数的间断点，且 $f(x)$ 在点 x_0 处的左极限及右极限都存在	可去间断点	$\lim\limits_{x\to x_0^-}f(x)=\lim\limits_{x\to x_0^+}f(x)\neq f(x_0)$
		跳跃间断点	$\lim\limits_{x\to x_0^-}f(x)\neq\lim\limits_{x\to x_0^+}f(x)$
第二类	非第一类间断点	无穷间断点	$\lim\limits_{x\to x_0^-}f(x)=\infty$ 或 $\lim\limits_{x\to x_0^+}f(x)=\infty$
		振荡间断点	$\lim\limits_{x\to x_0}f(x)$ 不存在，也不为无穷

3. 一致连续的定义

设函数 $f(x)$ 在区间 I 上有定义. 如果对于任意给定的正数 ε，总存在着正数 δ，使得对于区间 I 上的任意两点 x_1,x_2，当 $|x_1-x_2|<\delta$ 时，就有

$$|f(x_1)-f(x_2)|<\varepsilon$$

那么称函数 $f(x)$ 在区间 I 上是一致连续的.

4. 需要掌握的性质

(1) 一切初等函数在其定义区间上都是连续的；

(2) 闭区间上连续函数的性质，即最值定理、介值定理及零点定理(介值定理和零点定理常用于证明方程根的存在性问题，见例25)；

(3) 如果函数 $f(x)$ 在闭区间 $[a,b]$ 上连续，那么它在该区间上一致连续.

1.1.4 思考

1. 为什么利用“$\varepsilon-N$”“$\varepsilon-\delta$”及“$\varepsilon-X$”语言证明极限的时候可以用放大法呢？(见例8)

2. 为什么有些时候在证明函数趋于某一点的极限时，可以加上限制条件 $|x-x_0|<a$？(见例10)

3. 为什么等价无穷小替换只在整体积商中用，而在和差形式中不可以用？(见例15)

1.2 典型例题

例1 求实数集 $S=\{x|x^2<2\}$ 的上、下确界，并依定义加以验证.

解 $\sup S=\sqrt{2}$，$\inf S=-\sqrt{2}$.

显然对 $\forall x\in S$，有 $x<\sqrt{2}$ 成立. 又 $\forall\varepsilon>0$ (不妨设 $\varepsilon<1$)，由实数的连续性可知在 $\sqrt{2}$ 与 $\sqrt{2}-\varepsilon$ 之间必存在实数 x_0，即 $\exists x_0\in S$，有 $\sqrt{2}-\varepsilon<x_0<\sqrt{2}$ 成立，因此 $\sup S=\sqrt{2}$，同理可证 $\inf S=-\sqrt{2}$.

例2 求 $f(x)=\arcsin(x^2-x-1)-\sqrt{\ln x}$ 的定义域.

解 由题意有$\begin{cases}|x^2-x-1|\leqslant 1\\ \ln x\geqslant 0\end{cases}$，则

$$\begin{cases}x^2-x\geqslant 0\\ x^2-x-2\leqslant 0\\ x\geqslant 1\end{cases}$$

上述不等式组的解为$1\leqslant x\leqslant 2$，因此$f(x)$的定义域是$1\leqslant x\leqslant 2$.

例3 已知$f(x)=\sin x$，$f[\varphi(x)]=1-x^2$，求$\varphi(x)$的表达式及其定义域.

解 由$f(x)=\sin x$得$f[\varphi(x)]=\sin\varphi(x)=1-x^2$，即$\varphi(x)=\arcsin(1-x^2)$. 显然函数$\varphi(x)$中$x$满足$|1-x^2|\leqslant 1$，所以其定义域为$-\sqrt{2}\leqslant x\leqslant\sqrt{2}$.

评注 求复杂函数定义域方法主要是：求解由简单函数的定义域所构成的不等式组的解集.

例4 设$f(x)=\begin{cases}e^x, & x<1;\\ x, & x\geqslant 1.\end{cases}$ $\varphi(x)=\begin{cases}x+2, & x<0;\\ x^2-1, & x\geqslant 0.\end{cases}$

求 (1)$f(x)+\varphi(x)$；(2)$f[\varphi(x)]$.

解 (1)利用$f(x)$，$\varphi(x)$的分段点0与1将定义域分成三部分，也就是

$$f(x)=\begin{cases}e^x, & x<0;\\ e^x, & 0\leqslant x<1;\\ x, & x\geqslant 1.\end{cases}\quad \varphi(x)=\begin{cases}x+2, & x<0;\\ x^2-1, & 0\leqslant x<1;\\ x^2-1, & x\geqslant 1.\end{cases}$$

故有

$$f(x)+\varphi(x)=\begin{cases}e^x+x+2, & x<0;\\ e^x+x^2-1, & 0\leqslant x<1;\\ x+x^2-1, & x\geqslant 1.\end{cases}$$

(2)由已知得

$$f[\varphi(x)]=\begin{cases}e^{\varphi(x)}, & \varphi(x)<1;\\ \varphi(x), & \varphi(x)\geqslant 1.\end{cases}$$

而$\varphi(x)<1\Leftrightarrow\begin{cases}x<0\\ x+2<1\end{cases}$或$\begin{cases}x\geqslant 0\\ x^2-1<1\end{cases}$，即$x<-1$或$0\leqslant x<\sqrt{2}$；

$\varphi(x)\geqslant 1\Leftrightarrow\begin{cases}x<0\\ x+2\geqslant 1\end{cases}$或$\begin{cases}x\geqslant 0\\ x^2-1\geqslant 1\end{cases}$，即$-1\leqslant x<0$或$x\geqslant\sqrt{2}$.

所以

$$f[\varphi(x)]=\begin{cases}e^{x+2}, & x<-1;\\ x+2, & -1\leqslant x<0;\\ e^{x^2-1}, & 0\leqslant x<\sqrt{2};\\ x^2-1, & x\geqslant\sqrt{2}.\end{cases}$$

例 5 设$f(x)=\begin{cases}1-2x^2, x<-1;\\ x^3, \quad -1\leqslant x\leqslant 2.\end{cases}$ 求$f(x)$的反函数$\varphi(x)$.

解 由$y=1-2x^2(x<-1)$,得$y<-1$且$x=-\sqrt{\dfrac{1-y}{2}}$;

由$y=x^3(-1\leqslant x\leqslant 2)$,得$-1\leqslant y\leqslant 8$且$x=\sqrt[3]{y}$,故$f(x)$的反函数为

$$x=\begin{cases}-\sqrt{\dfrac{1-y}{2}}, y<-1;\\ \sqrt[3]{y}, -1\leqslant y\leqslant 8.\end{cases}$$

按照习惯(通常我们将自变量记为x),所以$f(x)$的反函数记为

$$\varphi(x)=\begin{cases}-\sqrt{\dfrac{1-x}{2}}, x<-1;\\ \sqrt[3]{x}, -1\leqslant x\leqslant 8.\end{cases}$$

评注 求函数表达式时应注意:

(1)只有当函数的定义域相同时,函数才可进行加、减、乘、除运算;

(2)进行函数复合时,要注意复合过程中函数定义域与值域的成立条件;

(3)求分段函数的反函数时,通常分段求反函数再合并,但应注意每段的值域.

例 6 判别函数$f(x)=x\operatorname{sgn}(\sin x)$的奇偶性.

解 由于$\operatorname{sgn}(\sin x)=\begin{cases}-1, (2k-1)\pi<x<2k\pi;\\ 0, x=k\pi;\\ 1, 2k\pi<x<(2k+1)\pi.\end{cases}$

显然$\operatorname{sgn}[\sin(-x)]=-\operatorname{sgn}(\sin x)$为奇函数,而$x$也是奇函数,所以$f(x)=x\operatorname{sgn}(\sin x)$为偶函数.

例 7 若函数$f(x)(-\infty<x<+\infty)$满足$f(x+T)=Kf(x)$(K,T为正常数),且$f(x)=a^x\varphi(x)$(a为常数),证明当$K=a^T$时,$\varphi(x)$是以T为周期的函数.

证明 由$f(x)=a^x\varphi(x)$且$f(x+T)=Kf(x)$,得

$$a^{x+T}\varphi(x+T)=Ka^x\varphi(x)$$

当$K=a^T$时,有$\varphi(x+T)=\varphi(x)$,所以$\varphi(x)$是以T为周期的函数.

例 8 试用数列极限的"$\varepsilon-N$"语言证明:

(1)$\lim\limits_{n\to\infty}(n-\sqrt{n^2-n})=\dfrac{1}{2}$; (2)$\lim\limits_{n\to\infty}\dfrac{2^n}{n!}=0$.

(1)**分析** 根据数列极限的"$\varepsilon-N$"语言,关键是寻找使$\left|n-\sqrt{n^2-n}-\dfrac{1}{2}\right|<\varepsilon$成立的$n$需要满足的条件,即证明的重点是根据如上不等式来找$N$.

证明 由于

$$\left|n-\sqrt{n^2-n}-\frac{1}{2}\right|=\left|\frac{n}{n+\sqrt{n^2-n}}-\frac{1}{2}\right|=\frac{n}{2(n+\sqrt{n^2-n})^2}\leqslant\frac{n}{2n^2}$$

故为使$\left|n-\sqrt{n^2-n}-\frac{1}{2}\right|<\varepsilon$成立，只需$\frac{n}{2n^2}=\frac{1}{2n}<\varepsilon$成立，即$n>\frac{1}{2\varepsilon}$成立，所以可以取$N=\left[\frac{1}{2\varepsilon}\right]$.

综上，对任意给定的$\varepsilon>0$，存在$N=\left[\frac{1}{2\varepsilon}\right]$，使当$n>N$时，$\left|n-\sqrt{n^2-n}-\frac{1}{2}\right|<\varepsilon$成立，即$\lim\limits_{n\to\infty}(n-\sqrt{n^2-n})=\frac{1}{2}$.

(2) **证明** 由于$\frac{2^n}{n!}=\frac{2}{1}\cdot\frac{2}{2}\cdot\frac{2}{3}\cdots\frac{2}{n-1}\cdot\frac{2}{n}<\frac{4}{n}$，故为使$\left|\frac{2^n}{n!}-0\right|<\varepsilon$成立，只需$\frac{4}{n}<\varepsilon$成立，即$n>\frac{4}{\varepsilon}$成立，所以可以取$N=\left[\frac{4}{\varepsilon}\right]$.

综上，对任意给定的$\varepsilon>0$，存在$N=\left[\frac{4}{\varepsilon}\right]$，使当$n>N$时，$\left|\frac{2^n}{n!}-0\right|<\varepsilon$成立，即$\lim\limits_{n\to\infty}\frac{2^n}{n!}=0$.

评注 (1)用"$\varepsilon-N$"数列极限定义证明$\lim\limits_{n\to\infty}x_n=a$的关键是根据给定的$\varepsilon$，找对应的$N=N(\varepsilon)$，这往往通过解不等式$|x_n-a|<\varepsilon$实现，有时$N$可直接解出，有时要利用一些技巧将不等式放大.

(2)"$\varepsilon-N$"语言中，只要找到满足条件的N即可，也就是说，只要说明N的存在性就可以，并不一定要找最小的N，因此可以利用放大法找N.

例9 设$a_n=\left(1+\frac{1}{n}\right)\sin\frac{n\pi}{2}$，证明数列$\{a_n\}$是发散的.

证明 若数列$\{a_n\}$有极限，则极限是唯一的. 要证明$\{a_n\}$没有极限，只需找到两个分别收敛到不同值的子列即可.

设k为正整数，若$n=4k$，则

$$a_{4k}=\left(1+\frac{1}{4k}\right)\sin\frac{4k\pi}{2}=\left(1+\frac{1}{4k}\right)\sin2k\pi=0\to0,(k\to+\infty)$$

若$n=4k+1$，则

$$a_{4k+1}=\left(1+\frac{1}{4k+1}\right)\sin\left(\frac{4k\pi}{2}+\frac{\pi}{2}\right)=\left(1+\frac{1}{4k+1}\right)\sin\frac{\pi}{2}=1+\frac{1}{4k+1}\to1,(k\to+\infty)$$

因此$\{a_n\}$没有极限.

评注 根据收敛数列与子数列的关系定理，要证明数列$\{a_n\}$是发散的，只需找两个极限不等的子数列或找一个发散的子数列即可.

例10 试用函数极限的"$\varepsilon-\delta$""$\varepsilon-X$"语言证明：

(1) $\lim\limits_{x \to 2} \dfrac{1}{x-1} = 1$;　　　　(2) $\lim\limits_{x \to +\infty} \dfrac{\sin x}{\sqrt{x}} = 0$.

(1)**分析**　根据函数极限的"$\varepsilon-\delta$"语言,关键是寻找使 $\left|\dfrac{1}{x-1}-1\right|<\varepsilon$ 成立的 δ 需要满足的条件,即证明的重点是根据如上不等式来找 δ.

证明　由于 $\left|\dfrac{1}{x-1}-1\right|=\dfrac{|x-2|}{|x-1|}$,且 $x\to 2$,我们不妨设 $|x-2|\leqslant\dfrac{1}{2}$,于是 $|x-1|=|1+x-2|\geqslant 1-|x-2|\geqslant\dfrac{1}{2}$,即 $\dfrac{|x-2|}{|x-1|}\leqslant 2|x-2|$. 故为使 $\left|\dfrac{1}{x-1}-1\right|<\varepsilon$ 成立,只要 $2|x-2|<\varepsilon$,即 $|x-2|<\dfrac{\varepsilon}{2}$ 成立,所以可以取 $\delta=\min(\dfrac{1}{2},\dfrac{\varepsilon}{2})$.

综上,对任意给定的 $\varepsilon>0$,存在 $\delta=\min(\dfrac{1}{2},\dfrac{\varepsilon}{2})$,使当 $0<|x-2|<\delta$ 时,$\left|\dfrac{1}{x-1}-1\right|<\varepsilon$ 成立,即 $\lim\limits_{x\to 2}\dfrac{1}{x-1}=1$.

(2)**分析**　根据函数极限的"$\varepsilon-X$"语言,关键是寻找使 $\left|\dfrac{\sin x}{\sqrt{x}}-0\right|<\varepsilon$ 成立的 X 需要满足的条件,即证明的重点是根据如上不等式来找 X.

证明　由于 $\left|\dfrac{\sin x}{\sqrt{x}}\right|<\dfrac{1}{\sqrt{x}}$,故为使 $\left|\dfrac{\sin x}{\sqrt{x}}-0\right|<\varepsilon$ 成立,只需 $\dfrac{1}{\sqrt{x}}<\varepsilon$ 成立,即 $x>\dfrac{1}{\varepsilon^2}$ 成立,所以可以取 $X=\dfrac{1}{\varepsilon^2}$.

综上,对任意给定的 $\varepsilon>0$,存在 $X=\dfrac{1}{\varepsilon^2}$,使当 $x>X$ 时,$\left|\dfrac{\sin x}{\sqrt{x}}-0\right|<\varepsilon$ 成立,即 $\lim\limits_{x\to+\infty}\dfrac{\sin x}{\sqrt{x}}=0$.

例 11　设 $x_1=1, x_2=1+\dfrac{x_1}{1+x_1},\cdots,x_n=1+\dfrac{x_{n-1}}{1+x_{n-1}}$,求 $\lim\limits_{n\to\infty}x_n$.

解　由于

$$1\leqslant x_n=1+\frac{x_{n-1}}{1+x_{n-1}}<2$$

所以数列有界.

又由于

$$x_{n+1}-x_n=\left(1+\frac{x_n}{1+x_n}\right)-\left(1+\frac{x_{n-1}}{1+x_{n-1}}\right)=\frac{x_n-x_{n-1}}{(1+x_n)(1+x_{n-1})}$$

显然分母大于零,于是知 $x_{n+1}-x_n$ 与 x_n-x_{n-1} 同号,另知 $x_{i+1}-x_i$ 与 $x_i-x_{i-1}(i=2,3,\cdots,n)$ 皆同号. 又因为

$$x_2 - x_1 = 1 + \frac{x_1}{1 + x_1} - 1 = \frac{x_1}{1 + x_1} = \frac{1}{2} > 0$$

从而知 $x_{n+1} - x_n > 0$,即 x_n 为单调递增数列.

综上,可知数列极限存在.

设$\lim\limits_{n\to\infty} x_n = a$,即

$$\lim_{n\to\infty}\left(1 + \frac{x_{n-1}}{1 + x_{n-1}}\right) = a$$

于是有 $1 + \frac{a}{1+a} = a$,解得 $a = \frac{1 \pm \sqrt{5}}{2}$,因为 $x_n \geqslant 1$,所以$\lim\limits_{n\to\infty} x_n = \frac{1+\sqrt{5}}{2}$.

评注 当数列以递推关系给出时,一般先运用单调有界原理证明此数列极限存在,再计算极限值.

例 12 用夹逼定理求$\lim\limits_{n\to\infty} a_n$,其中 $a_n = \frac{1}{n^3+1} + \frac{4}{n^3+2} + \cdots + \frac{n^2}{n^3+n}$.

解 由于

$$\frac{1}{n^3+n} + \frac{4}{n^3+n} + \cdots + \frac{n^2}{n^3+n} \leqslant a_n \leqslant \frac{1}{n^3+1} + \frac{4}{n^3+1} + \cdots + \frac{n^2}{n^3+1}$$

又由于

$$\lim_{n\to\infty}\left(\frac{1}{n^3+n} + \frac{4}{n^3+n} + \cdots + \frac{n^2}{n^3+n}\right) = \lim_{n\to\infty}\frac{n(n+1)(2n+1)}{6(n^3+n)} = \frac{1}{3}$$

$$\lim_{n\to\infty}\left(\frac{1}{n^3+1} + \frac{4}{n^3+1} + \cdots + \frac{n^2}{n^3+1}\right) = \lim_{n\to\infty}\frac{n(n+1)(2n+1)}{6(n^3+1)} = \frac{1}{3}$$

故

$$\lim_{n\to\infty} a_n = \frac{1}{3}$$

评注 有时夹逼定理既可用于证明极限存在又可求极限,通常夹逼定理适用于与无穷项的运算有关的极限计算,例如无穷项和的极限计算(在第 5 章,还可以学到利用定积分计算无穷项和的极限).

例 13 设 $a_n = \frac{\sin 1}{2} + \frac{\sin 2}{2^2} + \cdots + \frac{\sin n}{2^n}$,试利用柯西收敛准则证明数列$\{a_n\}$收敛.

解 因为$\lim\limits_{n\to\infty}\frac{1}{2^n} = 0$,于是 $\forall \varepsilon > 0$, $\exists N \in \mathbf{N}^+$,当 $n > N$ 时,有$\frac{1}{2^n} < \varepsilon$ 成立,所以当 $n > N$ 时,对任意的自然数 p,有

$$|a_{n+p} - a_n| = \left|\frac{\sin(n+1)}{2^{n+1}} + \frac{\sin(n+2)}{2^{n+2}} + \cdots + \frac{\sin(n+p)}{2^{n+p}}\right|$$

$$< \frac{1}{2^{n+1}} + \frac{1}{2^{n+2}} + \cdots + \frac{1}{2^{n+p}}$$

$$= \frac{1}{2^n}\left(1 - \frac{1}{2^p}\right) < \frac{1}{2^n} < \varepsilon$$

故由柯西收敛准则可知数列$\{a_n\}$收敛.

例 14 利用极限的四则运算法则求下列极限:

(1)$\lim\limits_{x\to 2}\dfrac{x^2+x-6}{4-x^2}$; (2)$\lim\limits_{n\to\infty}[n(\sqrt{n^2+4}-n)]$;

(3)$\lim\limits_{x\to 1}\left(\dfrac{2}{x^2-1}-\dfrac{3}{x^2+x-2}\right)$.

解 (1)原式$=\lim\limits_{x\to 2}\dfrac{(x-2)(x+3)}{(2-x)(2+x)}=-\dfrac{5}{4}$.

(2)原式$=\lim\limits_{n\to\infty}\dfrac{4n}{\sqrt{n^2+4}+n}=2$.

(3)原式$=\lim\limits_{x\to 1}\left[\dfrac{2(x+2)-3(x+1)}{(x+1)(x-1)(x+2)}\right]=\lim\limits_{x\to 1}\dfrac{-(x-1)}{(x+1)(x-1)(x+2)}=-\dfrac{1}{6}$.

评注 在求极限时,未定式$\dfrac{0}{0}$,$\dfrac{\infty}{\infty}$,$0\cdot\infty$,$\infty-\infty$使极限四则运算法则不能直接应用,通常需要先对函数作恒等变换,具体如下:

(1)对$\dfrac{0}{0}$型,一般通过因式分解、分子或分母有理化、三角恒等式等手段约去使分母极限为零的因子.

(2) 对$\dfrac{\infty}{\infty}$型,一般通过分子、分母同除以它们的代数和中最高阶无穷大因子.

(3)对$0\cdot\infty$型,一般通过将其中一项除到分母上,从而转化为$\dfrac{0}{0}$或$\dfrac{\infty}{\infty}$型.

(4)对$\infty-\infty$型,经通分、有理化或同时提出最大项可化为$\dfrac{0}{0}$, $\dfrac{\infty}{\infty}$或$0\cdot\infty$型.

例 15 利用等价无穷小代换计算极限:

(1)$\lim\limits_{x\to 0}\dfrac{\sqrt{1+\tan x}-\sqrt{1+\sin x}}{\sin^3 x}$; (2)$\lim\limits_{x\to 0}\left(\cot x-\dfrac{e^{2x}}{\sin x}\right)$;

(3)$\lim\limits_{x\to 0}\dfrac{x\arcsin(3x)}{3^x+2^x-6^x-1}$; (4)$\lim\limits_{x\to 0}\dfrac{e^{2x}-\sqrt[3]{1+x}}{x}$.

解 (1)原式$=\lim\limits_{x\to 0}\dfrac{\tan x-\sin x}{x^3(\sqrt{1+\tan x}+\sqrt{1+\sin x})}$

$$=\lim_{x\to 0}\frac{\sin x}{x\cos x}\cdot\frac{1-\cos x}{x^2}\cdot\frac{1}{\sqrt{1+\tan x}+\sqrt{1+\sin x}}=\frac{1}{4}.$$

(2)原式 $=\lim\limits_{x\to0}\left(\dfrac{\cos x-1}{\sin x}+\dfrac{1-e^{2x}}{\sin x}\right)$

又因为
$$\lim_{x\to0}\frac{\cos x-1}{\sin x}=\lim_{x\to0}\frac{-\frac{1}{2}x^2}{x}=0$$
$$\lim_{x\to0}\frac{1-e^{2x}}{\sin x}=\lim_{x\to0}\frac{-2x}{x}=-2$$

所以原式 $=-2$.

(3)原式 $=\lim\limits_{x\to0}\dfrac{3x^2}{(1-2^x)(3^x-1)}$

$=\lim\limits_{x\to0}\dfrac{3x^2}{(1-e^{x\ln2})(e^{x\ln3}-1)}$

$=\lim\limits_{x\to0}\dfrac{3x^2}{-(x\ln2)(x\ln3)}=-\dfrac{3}{\ln2\ln3}.$

(4)原式 $=\lim\limits_{x\to0}\dfrac{e^{2x}-1-(\sqrt[3]{1+x}-1)}{x}$,

又因为
$$\lim_{x\to0}\frac{e^{2x}-1}{x}=\lim_{x\to0}\frac{2x}{x}=2$$
$$\lim\frac{\sqrt[3]{1+x}-1}{x}=\lim_{x\to0}\frac{\frac{1}{3}x}{x}=\frac{1}{3}$$

所以原式 $=2-\dfrac{1}{3}=\dfrac{5}{3}$.

评注 注意不能对和式中某一项作等价无穷小替换.

例 16 求下列极限:

(1) $\lim\limits_{x\to0}\left(\dfrac{1-2x}{1+x}\right)^{\frac{1}{x}}$;

(2) $\lim\limits_{x\to0}\left[\tan\left(\dfrac{\pi}{4}-x\right)\right]^{\cot x}$;

(3) $\lim\limits_{x\to1}(x-1)\tan\dfrac{\pi}{2}x$;

(4) $\lim\limits_{x\to0}\dfrac{1-\sqrt{\cos x}\cos2x}{x^2}$.

解 (1)原式 $=\lim\limits_{x\to0}\left(1+\dfrac{-3x}{1+x}\right)^{\frac{1}{x}}=\lim\limits_{x\to0}\left[\left(1+\dfrac{-3x}{1+x}\right)^{\frac{1+x}{-3x}}\right]^{\frac{-3}{1+x}}=e^{-3}$.

(2)原式 $=\lim\limits_{x\to0}\left(\dfrac{1-\tan x}{1+\tan x}\right)^{\frac{1}{\tan x}}$,令 $y=\tan x$,则

$$上式=\lim_{y\to0}\left(\frac{1-y}{1+y}\right)^{\frac{1}{y}}=\lim_{y\to0}\left[\left(1+\frac{-2y}{1+y}\right)^{\frac{1+y}{-2y}}\right]^{\frac{-2}{1+y}}=e^{-2}$$

(3)令 $y=x-1$,则

$$原式=\lim_{y\to 0}y\tan\frac{\pi}{2}(y+1)=\lim_{y\to 0}y\left(-\cot\frac{\pi}{2}y\right)=-\lim_{y\to 0}y\frac{\cos\frac{\pi}{2}y}{\sin\frac{\pi}{2}y}=-\frac{2}{\pi}$$

(4) $原式=\lim_{x\to 0}\dfrac{1-\sqrt{\cos x}+\sqrt{\cos x}-\sqrt{\cos x}\cos 2x}{x^2}$,

又因为 $\lim_{x\to 0}\dfrac{1-\sqrt{\cos x}}{x^2}=\lim_{x\to 0}\dfrac{1-\cos x}{x^2(1+\sqrt{\cos x})}=\lim_{x\to 0}\dfrac{\frac{1}{2}x^2}{x^2(1+\sqrt{\cos x})}=\dfrac{1}{4}$

$$\lim_{x\to 0}\frac{\sqrt{\cos x}(1-\cos 2x)}{x^2}=\lim_{x\to 0}\frac{\sqrt{\cos x}2\sin^2 x}{x^2}=2\lim_{x\to 0}\frac{\sqrt{\cos x}\sin^2 x}{x^2}=2$$

所以$原式=\dfrac{1}{4}+2=\dfrac{9}{4}$.

例 17 求$\lim_{x\to\infty}\left(\sin\dfrac{2}{x}+\cos\dfrac{1}{x}\right)^x$.

解 方法一:这是 1^∞ 型未定式,先求对数 $\ln\left(\sin\dfrac{2}{x}+\cos\dfrac{1}{x}\right)^x=x\ln\left(\sin\dfrac{2}{x}+\cos\dfrac{1}{x}\right)$的极限,有

$$\lim_{x\to\infty}x\ln\left(\sin\frac{2}{x}+\cos\frac{1}{x}\right)=\lim_{x\to\infty}x\ln\left(1+\sin\frac{2}{x}+\cos\frac{1}{x}-1\right)\left(令\ x=\frac{1}{t}\right)$$

$$=\lim_{t\to 0}\frac{\sin 2t+\cos t-1}{t}=2$$

故$原式=e^2$.

方法二:利用重要极限,有

$$原式=\lim_{x\to\infty}\left[\left(1+\sin\frac{2}{x}+\cos\frac{1}{x}-1\right)^{\frac{1}{\sin\frac{2}{x}+\cos\frac{1}{x}-1}}\right]^{x\left(\sin\frac{2}{x}+\cos\frac{1}{x}-1\right)}$$

由于$\lim_{x\to\infty}x\left(\sin\dfrac{2}{x}+\cos\dfrac{1}{x}-1\right)=2$,所以$原式=e^2$.

评注 求这类幂指函数的极限时,可利用恒等式$f(x)^{g(x)}=e^{g(x)\ln f(x)}$,先求出指数的极限$\lim g(x)\ln f(x)=A$,则原极限$\lim f(x)^{g(x)}=e^A$;对于 1^∞ 型,我们还可以直接应用重要极限即凑 e 的方法来计算.

例 18 当 $x\to\infty$ 时,若$\dfrac{1}{ax^2+bx+c}=o\left(\dfrac{1}{x+1}\right)$,则参数 a,b,c 应取何值?

解 由已知,有 $$\lim_{x\to\infty}\frac{x+1}{ax^2+bx+c}=0$$

则
$$\lim_{x\to\infty}\frac{\frac{1}{x}+\frac{1}{x^2}}{a+\frac{b}{x}+\frac{c}{x^2}}=0$$

显然，只要 $a\neq0$，b 和 c 为任意常数都可以.

例 19 求 $\lim\limits_{x\to0}\left(\dfrac{2+e^{\frac{1}{x}}}{1+e^{\frac{4}{x}}}+\dfrac{\sin x}{|x|}\right)$.

解 因为
$$\lim_{x\to0^-}\left(\frac{2+e^{\frac{1}{x}}}{1+e^{\frac{4}{x}}}-\frac{\sin x}{x}\right)=2-1=1$$
$$\lim_{x\to0^+}\left(\frac{2e^{\frac{-4}{x}}+e^{\frac{-3}{x}}}{e^{\frac{-4}{x}}+1}+\frac{\sin x}{x}\right)=0+1=1$$

所以
$$\lim_{x\to0}\left(\frac{2+e^{\frac{1}{x}}}{1+e^{\frac{4}{x}}}+\frac{\sin x}{|x|}\right)=1$$

例 20 讨论函数 $f(x)=\begin{cases}\cos\dfrac{\pi x}{2}, & |x|\leqslant1;\\ |x-1|, & |x|>1.\end{cases}$ 的连续性，若有间断点，说明其类型.

解 由于初等函数在其定义区间上连续，所以只需考查 $f(x)$ 在分段点 $x=\pm1$ 处是否间断.

当 $x=1$ 时，$f(1)=\cos\dfrac{\pi}{2}=0$，而
$$\lim_{x\to1^+}f(x)=\lim_{x\to1^+}|x-1|=0=\lim_{x\to1^-}f(x)=\lim_{x\to1^-}\cos\frac{\pi}{2}=0$$
故在 $x=1$ 处 $f(x)$ 连续.

当 $x=-1$ 时，$f(-1)=\cos\left(-\dfrac{\pi}{2}\right)=0$，而
$$\lim_{x\to-1^+}f(x)=\lim_{x\to-1^+}\cos\left(-\frac{\pi}{2}\right)=0,\ \lim_{x\to-1^-}f(x)=\lim_{x\to-1^-}|x-1|=2$$
故 $x=-1$ 是 $f(x)$ 的间断点，且为第一类跳跃间断点.

评注 研究分段函数在分段点处是否有极限、是否连续，以及求含有形如 $e^{\frac{1}{x}}$，$|x|$，$[x]$，$\arctan\dfrac{1}{x}$ 项的函数在 $x\to0$ 时的极限时，常分左右极限讨论. 在以后各章中请读者留意有关分段函数的问题.

例 21 求函数 $f(x)=\lim\limits_{n\to+\infty}\dfrac{1-x^{2n}}{1+x^{2n}}e^{\frac{1}{x}}$ 的间断点，并说明其类型.

解 由于
$$\lim_{n\to+\infty}x^{2n}=\begin{cases}0, & |x|<1;\\ 1, & |x|=1;\\ +\infty, & |x|>1.\end{cases}$$

所以
$$f(x)=\begin{cases}e^{\frac{1}{x}}, & 0<|x|<1;\\ 0, & |x|=1;\\ -e^{\frac{1}{x}}, & |x|>1.\end{cases}$$

可能的间断点是 $-1,1,0$.

又因为
$$f(-1-0)=-e^{-1},\ f(-1+0)=e^{-1}$$
$$f(1-0)=e,\ f(1+0)=-e$$
$$f(0-0)=0,\ f(0+0)=+\infty$$

所以 $x=\pm1$ 是 $f(x)$ 的第一类跳跃型间断点,$x=0$ 是 $f(x)$ 的第二类无穷型间断点.

例 22 证明:$f(x)=x^2$ 在 $[a,b]$ 上一致连续,但在 $(-\infty,+\infty)$ 上不一致连续.

证明 由于 $x_1,x_2\in[a,b]$ 时,有
$$|f(x_1)-f(x_2)|=|x_1^2-x_2^2|=|x_1+x_2|\cdot|x_1-x_2|$$
$$\leqslant(|x_1|+|x_2|)\cdot|x_1-x_2|\leqslant2(|a|+|b|)|x_1-x_2|$$

所以 $\forall\varepsilon>0$,取 $\delta=\dfrac{\varepsilon}{2(|a|+|b|)}$,当 $x_1,x_2\in[a,b]$ 且 $|x_1-x_2|<\delta$ 时,就有 $|f(x_1)-f(x_2)|<\varepsilon$. 所以 $f(x)=x^2$ 在 $[a,b]$ 上一致连续.

又因为若取定 $\varepsilon_0=1$,无论正数 δ 多么小,总存在 $x_1=\dfrac{1}{\delta}$,$x_2=x_1+\dfrac{\delta}{2}$ 满足 $|x_1-x_2|=\dfrac{\delta}{2}<\delta$,但
$$|f(x_1)-f(x_2)|=|x_1^2-x_2^2|=|x_1+x_2|\cdot|x_1-x_2|=1+\frac{\delta^2}{4}>1=\varepsilon_0$$

所以 $f(x)=x^2$ 在 $(-\infty,+\infty)$ 上不一致连续.

例 23 函数 $f(x)$ 在区间 $[a,+\infty)$ 上连续,且 $\lim\limits_{x\to+\infty}f(x)=A$($A$ 为有限数),证明 $f(x)$ 在 $[a,+\infty)$ 上有界.

证明 由于 $\lim\limits_{x\to+\infty}f(x)=A$,根据函数极限定义,对于 $\varepsilon=1$,$\exists X>0$,当 $x>X$ 时,$|f(x)-A|<1$ 成立. 于是,当 $x>X$ 时,
$$|f(x)|=|[f(x)-A]+A|\leqslant|f(x)-A|+|A|<1+|A|$$

又因为 $f(x)$ 在区间 $[a,+\infty)$ 上连续,则 $f(x)$ 在闭区间 $[a,X]$ 上连续,由闭区间上连续函数的性质,存在 $M>0$,使 $|f(x)|\leqslant M$.

取 $M_0=\max\{M,|A|+1\}$,那么对 $x\in[a,+\infty)$,都有 $|f(x)|\leqslant M_0$,所以 $f(x)$ 在 $[a,+\infty)$ 上有界.

例 24 设 $f(x)$ 在闭区间 $[a,b]$ 上连续,且 $f(x)$ 在 $[a,b]$ 上无零点,证明:$f(x)$ 在 $[a,b]$ 上

不变号.

证明 反证. 若$f(x)$在$[a,b]$上变号,不妨设$\exists x_1,x_2\in[a,b]$,使得$f(x_1)>0,f(x_2)<0$,则$f(x_1)\cdot f(x_2)<0$. 由闭区间上连续函数的零点定理知$\exists \xi\in(x_1,x_2)$,使得$f(\xi)=0$,即ξ是$f(x)$在$[a,b]$上的一个零点,这与$f(x)$在$[a,b]$上无零点矛盾. 因此$f(x)$在$[a,b]$上不变号.

例 25 证明:实系数齐次方程 $x^{2n+1}+a_0x^{2n}+\cdots+a_{2n}=0$ 至少存在一个实根,其中 a_i $(i=0,1,\cdots,2n)$是给定实数.

证明 设$f(x)=x^{2n+1}+a_0x^{2n}+\cdots+a_{2n}$,当$x\neq 0$时,有

$$f(x)=x^{2n+1}\cdot\left(1+\frac{a_0}{x}+\cdots+\frac{a_{2n}}{x^{2n+1}}\right)$$

故 $\lim\limits_{x\to-\infty}f(x)=-\infty$, $\lim\limits_{x\to+\infty}f(x)=+\infty$,因此,存在$a>0$,使$f(-a)<0,f(a)>0$. 又因为$f(x)$在$[-a,a]$上连续,根据连续函数的介值性,存在$\xi\in(-a,a)$使$f(\xi)=0$. 所以方程$f(x)=0$至少存在一个实根.

1.3 同步训练题

1. 求$f(x)$的定义域:

(1)$f(x)=\ln(1-\ln x)$;　　(2)$f(x)=\sqrt{x-2}+\ln(4+3x-x^2)$.

2. 求$f(x)$的反函数$\varphi(x)$及其定义域:

(1)$f(x)=\dfrac{1}{1+e^x}$;　　(2) $f(x)=\dfrac{1-x}{1+x}$;

(3)$f(x)=\begin{cases}x^2+1, x\leqslant 0;\\ \dfrac{1-2x}{1+x}, x>0.\end{cases}$

3. 在$(-\infty,+\infty)$上$f(x)$为偶函数,$g(x)$为奇函数,且$f(x)$与$g(x)$都不恒为零,试确定下列函数的奇偶性:

(1)$f(x)\cdot g(x)$;　　(2)$f[g(x)]$;

(3)$f[f(x)]$;　　(4)$g[f(x)]$;

(5)$g[g(x)]$.

4. 下列函数是否为周期函数,若是则求出最小正周期:

(1)$\sin(\dfrac{x}{2}+3)$;　(2) $\cos^2x$;　(3)$x\tan x$;　(4)$|\sin x|$.

5. $f(x)$是以 2 为周期的周期函数,且又是偶函数,若已知在$[0,1]$上$f(x)=x^2-2x$,则$f\left(-\dfrac{5}{2}\right)=$________.

6. $f(x)$ 在 $[0,1]$ 上为单调增函数，且 $f(0)=-2, f\left(\frac{1}{2}\right)=-\frac{1}{2}, f\left(\frac{2}{3}\right)=0$，$f(1)=1$，$g(x)$ 是 $f(x)$ 的反函数，则 $g(1)-g(0)$ 的值应是多少？

7. 用 $\varepsilon-N, \varepsilon-X, \varepsilon-\delta$ 的极限定义，证明下列极限：

(1) $\lim\limits_{n\to+\infty}\frac{n!}{n^n}=0$；　(2) $\lim\limits_{x\to a}\sqrt{x}=\sqrt{a}\,(a>0)$；

(3) $\lim\limits_{x\to\infty}\frac{2x+3}{3x}=\frac{2}{3}$.

8. 设数列 $\{x_n\}$ 单调减，数列 $\{y_n\}$ 单调增，且 $\lim\limits_{n\to\infty}(x_n-y_n)=0$，证明这两个数列均收敛，且 $\lim\limits_{n\to\infty}x_n=\lim\limits_{n\to\infty}y_n$.

9. 求下列极限：

(1) $\lim\limits_{n\to1}\frac{n-1}{n^3-1}$；　(2) $\lim\limits_{n\to\infty}\frac{n^2+1}{(n+1)(n^2+4)}$；

(3) $\lim\limits_{n\to\infty}\sqrt{n}(\sqrt{n+5}-\sqrt{n})$；　(4) $\lim\limits_{n\to\infty}\left(\frac{1}{n^2+1}+\frac{2}{n^2+1}+\cdots+\frac{n}{n^2+1}\right)$；

(5) $\lim\limits_{x\to\infty}\frac{(3x+5)^8}{(x^6+1)x^2}$；　(6) $\lim\limits_{x\to1}\frac{1-x^3}{\sqrt[3]{x}-1}$；

(7) $\lim\limits_{x\to\frac{\pi}{2}}\frac{\sin2x}{\cos x}$；　(8) $\lim\limits_{x\to\pi}\frac{\tan^2x}{\sec x+1}$；

(9) $\lim\limits_{x\to0}\frac{\sin x+\sin3x}{\sin2x}$；　(10) $\lim\limits_{x\to1}\left(\frac{3}{1-x^3}-\frac{1}{1-x}\right)$；

(11) $\lim\limits_{t\to\infty}\left(1-\frac{2}{t}\right)^{3t}$；　(12) $\lim\limits_{x\to0}\left(1+\frac{x}{2}\right)^{\frac{x-1}{x}}$；

(13) $\lim\limits_{x\to\infty}\left(\sqrt{x+\sqrt{x+\sqrt{x}}}-\sqrt{x-2\sqrt{x}}\right)$；　(14) $\lim\limits_{x\to+\infty}\frac{\cos x-6x}{3x+\sin2x}$；

(15) $\lim\limits_{x\to+\infty}e^{-x}\sin x$；　(16) $\lim\limits_{h\to0}\frac{\sin(x+h)-\sin x}{h}$；

(17) $\lim\limits_{n\to\infty}\left(1-\frac{1}{2^2}\right)\left(1-\frac{1}{3^2}\right)\cdots\left(1-\frac{1}{n^2}\right)$；　(18) $\lim\limits_{x\to0}\frac{\cos3x-\cos7x}{x\ln(1+2x)}$；

(19) $\lim\limits_{x\to e}\frac{\ln x-1}{x-e}$；　(20) $\lim\limits_{n\to+\infty}n[\ln(n+1)-\ln n]$；

(21) $\lim\limits_{n\to+\infty}n(a^{\frac{1}{n}}-1)$；　(22) $\lim\limits_{x\to0}\left(\frac{2^x+3^x+6^x}{3}\right)^{\frac{1}{x}}$；

(23) $\lim\limits_{x\to0}\frac{3\sin x+x^2\cos\frac{1}{x}}{(1+\cos x)\ln(1+x)}$；　(24) $\lim\limits_{x\to0^+}\frac{1-\sqrt{\cos x}}{x(1-\cos\sqrt{x})}$；

(25) $\lim\limits_{n\to+\infty}\sin^2(\pi\sqrt{n^2+n})$.

10. 试确定下列各题中参数 a 或 b 的值:

(1) $\lim\limits_{x\to2}\dfrac{x^3+ax^2+b}{x-2}=8$; (2) $\lim\limits_{x\to\infty}\left(\dfrac{x^2}{x+1}-ax-b\right)=0$;

(3) $\lim\limits_{x\to\infty}\left(\dfrac{x+2a}{x-a}\right)^x=8(a\neq0)$.

11. 确定 a,b 的值,使 $f(x)$ 在 $(-\infty,+\infty)$ 上处处连续:

(1) $f(x)=\begin{cases}ax\sin\dfrac{1}{x}, & x>0;\\ x^2-b, & x\leqslant0.\end{cases}$ (2) $f(x)=\begin{cases}\dfrac{\ln(1+2x)}{ax}, & x>0;\\ 1, & x=0;\\ \dfrac{b}{\pi}\arctan\dfrac{1}{x}, & x<0.\end{cases}$

12. 求下列各函数的间断点,并指出其类型:

(1) $f(x)=\dfrac{x^2-1}{x^2-3x+2}$; (2) $f(x)=\dfrac{1}{1+2^{\frac{1}{x-1}}}$;

(3) $f(x)=\dfrac{x}{\sin x}$.

13. 设 $f(x)=\begin{cases}\dfrac{1+2^{-\frac{1}{x}}}{1-2^{-\frac{1}{x}}}, & x\neq0;\\ 1, & x=0.\end{cases}$ 求 $\lim\limits_{x\to0^+}f(x)$, $\lim\limits_{x\to0^-}f(x)$, $\lim\limits_{x\to\infty}f(x)$, $\lim\limits_{x\to0}f(|x|)$.

14. 设 $f(x)$ 是连续函数,求证 $|f(x)|$ 也是连续函数.

15. 试证方程 $x2^x=1$ 至少有一个小于 1 的正根.

16. 设函数 $f(x)$ 在闭区间 $[0,2a]$ 上连续,且 $f(0)=f(2a)$,则在 $[0,a]$ 上至少存在一点 ξ,使 $f(\xi)=f(\xi+a)$.

1.4 测 验 题

1. 填空题

(1) 设 $f(x+2)=\mathrm{e}^{x^2+4x}-x$,则 $f(x)=$________.

(2) 函数 $f(x)=\sqrt{1-\lg x}$ 的定义域为________.

(3) 设 $f(x)=\begin{cases}a+bx^2, & x\leqslant0;\\ \dfrac{\sin bx}{x}, & x>0.\end{cases}$ 在 $x=0$ 处连续,则参数 a 与 b 的关系是________.

(4) $\lim\limits_{x\to0^+}\dfrac{1-\mathrm{e}^{\frac{1}{x}}}{x+\mathrm{e}^{\frac{1}{x}}}=$________.

2. 单项选择题

(1) $x\to 0$ 时,$1-\cos x$ 是 x^2 的(　　).

A. 高阶无穷小　　B. 等价无穷小

C. 低阶无穷小　　D. 同阶非等价无穷小

(2) 设 $f(x)=\sqrt{1+x+x^2}-\sqrt{1-x+x^2}$,则 $f(x)$ 为(　　).

A. 奇函数　　B. 偶函数

C. 无界函数　　D. $\lim\limits_{x\to\infty}f(x)=1$

(3) 设 $\lim\limits_{n\to\infty}x_n y_n=0$,则下列命题正确的是(　　).

A. 若 x_n 发散,则 y_n 发散　　B. 若 x_n 无界,则 y_n 无界

C. 若 x_n 有界,则 y_n 必为无穷小　　D. 若 $\dfrac{1}{x_n}$ 为无穷小,则 y_n 必为无穷小

(4) 设 $g(x)=\begin{cases}2-x, x\leqslant 0;\\ x+2, x>0.\end{cases}$ $f(x)=\begin{cases}x^2, x<0;\\ -x, x\geqslant 0.\end{cases}$ 则 $g[f(x)]=$(　　).

A. $\begin{cases}2+x^2, x<0\\ 2-x, x>0\end{cases}$　　B. $\begin{cases}2-x^2, x<0\\ 2+x, x\geqslant 0\end{cases}$　　C. $\begin{cases}2-x^2, x<0\\ 2-x, x\geqslant 0\end{cases}$　　D. $\begin{cases}2+x^2, x<0\\ 2+x, x\geqslant 0\end{cases}$

3. 计算题

(1) $\lim\limits_{n\to\infty}\left(\dfrac{1}{n^2+n+1}+\dfrac{2}{n^2+n+2}+\cdots+\dfrac{n}{n^2+n+n}\right)$;

(2) $\lim\limits_{n\to\infty}\left(1+\dfrac{1}{2}+\dfrac{1}{4}+\cdots\dfrac{1}{2^n}\right)$;　　(3) $\lim\limits_{x\to+\infty}\dfrac{x\cos x}{\sqrt{1+x^3}}$;

(4) $\lim\limits_{x\to\infty}\left(\dfrac{x^2}{x^2-1}\right)^x$;　　(5) $\lim\limits_{x\to 0}\dfrac{\sqrt{1+x+x^2}-1}{\sin 2x}$.

4. 设 $f(x)=\begin{cases}\sin\ln(x^2-1)^2, x\leqslant 0;\\ \dfrac{\sin\pi x}{x(x^2+2x-3)}, x>0.\end{cases}$ 试确定 $f(x)$ 的间断点,并指出间断点的类型.

5. 用 $\varepsilon-X$ 极限定义证明 $\lim\limits_{x\to\infty}\dfrac{3x^2-x}{x^2+5x}=3$.

6. 设 $x_0>0, x_n=\dfrac{2(1+x_{n-1})}{2+x_{n-1}}, n=1,2,\cdots$,证明 $\lim\limits_{n\to\infty}x_n$ 存在,并求此极限值.

7. 设 $f(x)$ 在 $[a,b]$ 上连续,$f(a)=f(b)$,证明存在 $\xi\in[a,b]$,使

$$f(\xi)=f\left(\xi+\frac{b-a}{2}\right)$$

1.5 同步训练题答案

1. (1) $(0,e)$；(2) $[2,4)$.

2. (1) $\varphi(x)=\ln\frac{1-x}{x},x\in(0,1)$；

(2) $\varphi(x)=\frac{1-x}{1+x},x\in(-\infty,-1)\cup(-1,+\infty)$；

(3) $\varphi(x)=\begin{cases}\frac{1-x}{2+x}, & -2<x<1;\\ -\sqrt{x-1}, & 1\leqslant x<+\infty.\end{cases}$

3. (1)奇函数；(2)偶函数；(3)偶函数；(4)偶函数；(5)奇函数.

4. (1)是最小正周期为 4π 的周期函数；(2)是最小正周期为 π 的周期函数；(3)不是周期函数；(4)是最小正周期为 π 的周期函数.

5. $-\frac{3}{4}$.

6. $g(1)-g(0)=\frac{1}{3}$.

7. (1)**提示** $\forall\varepsilon>0$，要证 $\left|\frac{n!}{n^n}\right|=\frac{1}{n}\frac{2}{n}\cdots\frac{n}{n}<\varepsilon$，只需证 $\frac{1}{n}\frac{2}{n}\cdots\frac{n}{n}<\frac{1}{n}<\varepsilon$ 即可.

(2)**提示** 不妨设 $|x-a|<a$.

8. **提示** 利用单调有界原理.

9. (1) $\frac{1}{3}$；(2) 0；(3) $\frac{5}{2}$；(4) $\frac{1}{2}$；(5) 3^8；(6) -9；(7) 2；(8) -2；(9) 2；(10) 1；(11) e^{-6}；(12) $e^{-\frac{1}{2}}$；(13) $\frac{3}{2}$；

(14) $\lim\limits_{x\to+\infty}\frac{\cos x-6x}{3x+\sin 2x}=\lim\limits_{x\to+\infty}\frac{\frac{\cos x}{x}-6}{3+\frac{\sin 2x}{x}}=-2$；

(15) 0；(16) $\cos x$；(17) $\frac{1}{2}$；(18) 10；(19) e^{-1}（提示：令 $t=x-e$）；(20) 1；(21) $\ln a$；

(22) $\lim\limits_{x\to 0}\left(\frac{2^x+3^x+6^x}{3}\right)^{\frac{1}{x}}=\lim\limits_{x\to 0}\left(1+\frac{2^x+3^x+6^x-3}{3}\right)^{\frac{3}{2^x+3^x+6^x-3}\cdot\frac{2^x+3^x+6^x-3}{3x}}$，

又因为 $\lim\limits_{x\to 0}\frac{2^x+3^x+6^x-3}{3x}=\lim\limits_{x\to 0}\frac{(2^x-1)+(3^x-1)+(6^x-1)}{3x}$

且

$$\lim_{x\to 0}\frac{2^x-1}{3x}=\frac{\ln 2}{3}$$

$$\lim_{x\to 0}\frac{3x-1}{3x}=\frac{\ln 3}{3}$$

$$\lim_{x\to 0}\frac{6^x-1}{3x}=\frac{\ln 6}{3}$$

故原式 $=6^{\frac{2}{3}}$.

(23) $\frac{3}{2}$;(24) $\frac{1}{2}$;

(25) $\lim\limits_{n\to\infty}\sin^2(\pi\sqrt{n^2+n})=\lim\limits_{n\to\infty}\sin^2(\pi\sqrt{n^2+n}-n\pi)$

$$=\lim_{n\to\infty}\sin^2\frac{n\pi}{\sqrt{n^2+n}+n}=\sin^2\frac{\pi}{2}=1.$$

10. (1) $a=-1, b=-4$;(2) $a=1, b=-1$;(3) $a=\ln 2$.

11. (1) $b=0$, a 任意;(2) $a=2, b=-2$.

12. (1) $x=1$ 是可去间断点, $x=2$ 为无穷型间断点;

(2) $x=1$ 是跳跃型第一类间断点;

(3) $x=n\pi(n=0,\pm1,\pm2\cdots)$ 为间断点,其中 $n=0$ 时, $x=0$ 为可去间断点,其余为无穷型第二类间断点.

13. $\lim\limits_{x\to 0^+}f(x)=1$, $\lim\limits_{x\to 0^-}f(x)=-1$, $\lim\limits_{x\to\infty}f(x)$ 不存在, $\lim\limits_{x\to 0}f(|x|)=1$.

14. **证明** 由于已知 $f(x)$ 是连续函数,则有 $\lim\limits_{x\to x_0}f(|x|)=f(x_0)$.

即对 $\forall\varepsilon>0$, $\exists\delta>0$,使得当 $|x-x_0|<\delta$ 时,

$$|f(x)-f(x_0)|<\varepsilon$$

$$\big||f(x)|-|f(x_0)|\big|<|f(x)-f(x_0)|<\varepsilon$$

即 $\lim\limits_{x\to x_0}|f(x)|=|f(x_0)|$,所以 $|f(x)|$ 也连续.

15. **提示** 令 $f(x)=x2^x-1$,在 $[0,1]$ 上应用零点定理.

16. **提示** 令 $F(x)=f(x)-f(x+a)$,在 $[0,a]$ 上应用零点定理.

1.6 测验题答案

1. (1) $e^{x^2-4}-x+2$;(2) $0<x\leqslant 10$;(3) $a=b$;(4) -1.

2. (1) D; (2) A;(3) D; (4) D.

3. (1) $\frac{1}{2}$; (2) 2;(3) 0 ;(4) 1;(5) $\frac{1}{4}$.

4. $x=-1$ 是第二类振荡型间断点, $x=0$ 是第一类跳跃型间断点, $x=1$ 是第一类可去间

断点.

5. **证明** $\forall\varepsilon>0$,要找 $X>0$,使当 $|x|>X$ 时,有:$\left|\dfrac{3x^2-x}{x^2+5x}-3\right|<\varepsilon$,只需 $\left|\dfrac{3x^2-x}{x^2+5x}-3\right|<\dfrac{16}{|x|-5}<\varepsilon$,故取 $X=\dfrac{16}{\varepsilon}+5$,当 $|x|>X$ 时,$\left|\dfrac{3x^2-x}{x^2+5x}-3\right|<\varepsilon$,所以 $\lim\limits_{x\to\infty}\dfrac{3x^2-x}{x^2+5x}=3$.

6. 根据单调有界原理,$\{x_n\}$ 单调有界,所以 $\lim\limits_{n\to\infty}x_n=A$,求得 $A=\sqrt{2}$.

7. **提示** 令 $F(x)=f(x)-f\left(x+\dfrac{b+a}{2}\right)$,在 $\left[a,\dfrac{b+a}{2}\right]$ 上应用零点定理.

《微积分教程》部分习题解答

习题1-2

2. 根据数列极限的定义证明:

(3) $\lim\limits_{n\to\infty}\dfrac{\sqrt{n^2+a^2}}{n}=1$;　(4) $\lim\limits_{n\to\infty}0.\underbrace{999\cdots9}_{n个}=1$.

解 (3) $\left|\dfrac{\sqrt{n^2+a^2}}{n}-1\right|=\dfrac{\sqrt{n^2+a^2}-n}{n}=\dfrac{a^2}{n(\sqrt{n^2+a^2}+n)}<\dfrac{a^2}{n}$,要使 $\left|\dfrac{\sqrt{n^2+a^2}}{n}-1\right|<\varepsilon$,只要 $\dfrac{a^2}{n}<\varepsilon$,即 $n>\dfrac{a^2}{\varepsilon}$. 对 $\forall\varepsilon>0$,取 $N=\left[\dfrac{a^2}{\varepsilon}\right]$,只要 $n>N$,有 $\left|\dfrac{\sqrt{n^2+a^2}}{n}-1\right|<\varepsilon$,所以 $\lim\limits_{n\to\infty}\dfrac{\sqrt{n^2+a^2}}{n}=1$.

(4) $|0.\underbrace{999\cdots9}_{n个}-1|=\dfrac{1}{10^n}$,要使 $|0.\underbrace{999\cdots9}_{n个}-1|<\varepsilon$,只要 $10^n>\dfrac{1}{\varepsilon}$,即 $n>\lg\dfrac{1}{\varepsilon}$,于是 $\forall\varepsilon>0(\varepsilon<1)$. 取 $N=\left[\lg\dfrac{1}{\varepsilon}\right]$,只要 $n>N$ 就有 $|0.\underbrace{999\cdots9}_{n个}-1|<\varepsilon$,所以 $\lim\limits_{n\to\infty}0.\underbrace{999\cdots9}_{n个}=1$.

4. 若 $\lim\limits_{n\to\infty}u_n=a$,证明 $\lim\limits_{n\to\infty}|u_n|=|a|$. 并举例说明反过来未必成立.

证明 $\big||u_n|-|a|\big|\leqslant|u_n-a|$,由 $\lim\limits_{n\to\infty}u_n=a$ 知,对 $\forall\varepsilon>0$,$\exists N\in\mathbf{N}^+$,当 $n>N$ 时,$|u_n-a|<\varepsilon$,从而 $\big||u_n|-|a|\big|<\varepsilon$,所以 $\lim\limits_{n\to\infty}|u_n|=|a|$.

反之未必成立,例如假设 $u_n=(-1)^n$,显然 $\lim\limits_{n\to\infty}|u_n|=\lim\limits_{n\to\infty}1=1$,但 $\lim\limits_{n\to\infty}u_n$ 不存在.

5. 设数列 $\{x_n\}$ 有界,又 $\lim\limits_{n\to\infty}y_n=0$,证明:$\lim\limits_{n\to\infty}x_ny_n=0$.

证明 $\{x_n\}$ 有界,故 $\exists M>0$,对一切 n 均有 $|x_n|\leqslant M$,$\forall\varepsilon>0$,由于 $\lim\limits_{n\to\infty}y_n=0$,所以对于

$\varepsilon_1 = \dfrac{\varepsilon}{M} > 0$, $\exists N$, 只要 $n > N$, 就有 $|y_n| < \varepsilon_1 = \dfrac{\varepsilon}{M}$, 于是有

$$|x_n y_n - 0| = |x_n||y_n| < M\frac{\varepsilon}{M} = \varepsilon$$

故
$$\lim_{n\to\infty} x_n y_n = 0.$$

6. 设数列 $\{x_n\}$, 若 $x_{2k-1} \to a(k\to\infty)$, $x_{2k} \to a(k\to\infty)$, 证明: $\lim\limits_{n\to\infty} x_n = a$.

证明 $\forall \varepsilon > 0$. 因为 $x_{2k} \to a(k\to\infty)$, $\exists K_1$, 只要 $2k > 2K_1$, 就有 $|x_{2k} - a| < \varepsilon$; 因为 $x_{2k-1} \to a(k\to\infty)$, 对上面 $\varepsilon > 0$, $\exists K_2$, 只要 $2k-1 > 2K_2 - 1$, 就有 $|x_{2k-1} - a| < \varepsilon$, 取 $N = \max\{2K_1, 2K_2 - 1\}$, 只要 $n > N$, 就有 $|x_n - a| < \varepsilon$, 故 $\lim\limits_{n\to\infty} x_n = a$.

习题 1 - 3

5. 证明: 函数 $f(x) = |x|$, 当 $x\to 0$ 时极限为零.

证明 要使 $\big||x| - 0\big| = |x| = |x - 0| < \varepsilon$, 只需取 $\delta = \varepsilon$, 即 $\forall \varepsilon > 0$, $\exists \delta = \varepsilon$. 只要 $0 < |x - 0| < \delta$, 就有 $\big||x| - 0\big| < \varepsilon$, 所以 $\lim\limits_{x\to 0}|x| = 0$.

6. 求 $f(x) = \dfrac{x}{x}$, $\varphi(x) = \dfrac{|x|}{x}$, 当 $x\to 0$ 时的左、右极限, 并说明它们在 $x\to 0$ 时的极限是否存在.

解 $\lim\limits_{x\to 0^+}\dfrac{x}{x} = \lim\limits_{x\to 0^+} 1 = 1$, $\lim\limits_{x\to 0^-}\dfrac{x}{x} = \lim\limits_{x\to 0^-} 1 = 1$, 所以 $\lim\limits_{x\to 0} f(x) = 1$; $\lim\limits_{x\to 0^+}\dfrac{|x|}{x} = \lim\limits_{x\to 0^+} 1 = 1$, $\lim\limits_{x\to 0^-}\dfrac{|x|}{x} = \lim\limits_{x\to 0^-}\dfrac{-x}{x} = -1$, 所以 $\lim\limits_{x\to 0}\varphi(x)$ 不存在.

7. 证明: 如果函数 $f(x)$ 当 $x\to x_0$ 时的极限存在, 则函数 $f(x)$ 在 x_0 的某个去心邻域内有界.

证明 $\lim\limits_{x\to x_0} f(x) = A$, 则对 $\forall \varepsilon > 0$, $\exists \delta > 0$, 当 $0 < |x - x_0| < \delta$ 时, 有 $|f(x) - A| < \varepsilon$.

$|f(x)| = |f(x) - A + A| \leqslant |f(x) - A| + |A| < \varepsilon + |A|$,

取 $\varepsilon = 1$, 则 $|f(x)| < 1 + |A|$. 即 $f(x)$ 在 x_0 的某去心邻域内有界.

8. 证明: 若 $x\to +\infty$ 及 $x\to -\infty$ 时, 函数 $f(x)$ 的极限都存在且都等于 A, 则 $\lim\limits_{x\to\infty} f(x) = A$.

证明 $\lim\limits_{x\to +\infty} f(x) = A$, 即 $\forall \varepsilon > 0$, $\exists M_1 > 0$, 当 $x > M_1$ 时, 有 $|f(x) - A| < \varepsilon$; $\lim\limits_{x\to -\infty} f(x) = A$, 即 $\forall \varepsilon > 0$, $\exists M_2 > 0$, 当 $x < -M_2$ 时, 有 $|f(x) - A| < \varepsilon$. 取 $M = \max\{M_1, M_2\}$, 则有 $\forall \varepsilon > 0$, $\exists M > 0$, 当 $|x| > M$ 时, 有 $|f(x) - A| < \varepsilon$. 即 $\lim\limits_{x\to\infty} f(x) = A$.

习题 1－4

1. 根据定义证明：

(2) $y=x\sin\dfrac{1}{x}$，当 $x\to 0$ 时为无穷小.

证明 $\left|x\sin\dfrac{1}{x}-0\right|=\left|x\sin\dfrac{1}{x}\right|\leqslant|x|=|x-0|$，$\forall\varepsilon>0$，要使 $\left|x\sin\dfrac{1}{x}-0\right|<\varepsilon$，只需 $|x-0|<\varepsilon$. 取 $\delta=\varepsilon$，当 $0<|x-0|<\delta$，就有 $\left|x\sin\dfrac{1}{x}-0\right|<\varepsilon$，即 $\lim\limits_{x\to 0}x\sin\dfrac{1}{x}=0$.

4. 函数 $y=x\cos x$ 在 $(-\infty,+\infty)$ 内是否有界？又当 $x\to+\infty$ 时，这个函数是否为无穷大，为什么？

解 $y=x\cos x$ 在 $(-\infty,+\infty)$ 内无界，因为 $\forall M>0$，在 $(-\infty,+\infty)$ 内总有 x，使得 $|y(x)|>M$. 例如，$y(2k\pi)=2k\pi\cos 2k\pi=2k\pi(k=0,1,2,\cdots)$，当 k 充分大时，就有 $|y(2k\pi)|>M$.

$y=x\cos x$ 当 $x\to+\infty$ 时不是无穷大，因为 $\forall M>0$，找不到 N，对一切大于 N 的 x，都有 $|y(x)|>M$，例如，$y\left(2k\pi+\dfrac{\pi}{2}\right)=\left(2k\pi+\dfrac{\pi}{2}\right)\cos\left(2k\pi+\dfrac{\pi}{2}\right)=0(k=0,1,2,\cdots)$，对任何大的 N，当 k 充分大时，总有 $x=2k\pi+\dfrac{\pi}{2}>N$，但 $|y(x)|=0<M$.

习题 1－5

1. 计算下列极限：

(6) $\lim\limits_{x\to\infty}\left(2-\dfrac{1}{x}+\dfrac{1}{x^2}\right)$；

(10) $\lim\limits_{x\to\infty}\left(1+\dfrac{1}{x}\right)\left(2-\dfrac{1}{x^2}\right)$；

(11) $\lim\limits_{n\to\infty}\left(1+\dfrac{1}{2}+\dfrac{1}{4}+\cdots+\dfrac{1}{2^n}\right)$；

(12) $\lim\limits_{n\to\infty}\dfrac{1+2+3+\cdots+(n-1)}{n^2}$；

(13) $\lim\limits_{n\to\infty}\dfrac{(n+1)(n+2)(n+3)}{5n^3}$；

(14) $\lim\limits_{x\to 1}\left(\dfrac{1}{1-x}-\dfrac{3}{1-x^3}\right)$.

解 (6) $\lim\limits_{x\to\infty}\left(2-\dfrac{1}{x}+\dfrac{1}{x^2}\right)=2$.

(10) $\lim\limits_{x\to\infty}\left(1+\dfrac{1}{x}\right)\left(2-\dfrac{1}{x^2}\right)=\lim\limits_{x\to\infty}\left(1+\dfrac{1}{x}\right)\lim\limits_{x\to\infty}\left(2-\dfrac{1}{x^2}\right)=2$.

(11) $\lim\limits_{n\to\infty}\left(1+\dfrac{1}{2}+\dfrac{1}{4}+\cdots+\dfrac{1}{2^n}\right)=\lim\limits_{n\to\infty}\dfrac{1-\dfrac{1}{2^{n+1}}}{1-\dfrac{1}{2}}=2$.

(12) $\lim\limits_{n\to\infty}\dfrac{1+2+3+\cdots+(n-1)}{n^2}=\lim\limits_{n\to\infty}\dfrac{\frac{(n-1)n}{2}}{n^2}=\dfrac{1}{2}$.

(13) $\lim\limits_{n\to\infty}\dfrac{(n+1)(n+2)(n+3)}{5n^3}=\dfrac{1}{5}\lim\limits_{n\to\infty}\left(1+\dfrac{1}{n}\right)\left(1+\dfrac{2}{n}\right)\left(1+\dfrac{3}{n}\right)=\dfrac{1}{5}$.

(14) $\lim\limits_{x\to1}\left(\dfrac{1}{1-x}-\dfrac{3}{1-x^3}\right)=\lim\limits_{x\to1}\dfrac{1+x+x^2-3}{(1-x)(1+x+x^2)}$

$$=\lim_{x\to1}\left[-\frac{(1-x)(x+2)}{(1-x)(1+x+x^2)}\right]=-\lim_{x\to1}\frac{x+2}{1+x+x^2}=-1.$$

3. 计算下列极限：

(1) $\lim\limits_{x\to0}x^2\sin\dfrac{1}{x}$；　　(2) $\lim\limits_{x\to\infty}\dfrac{\arctan x}{x}$.

解　(1) $x\to0$ 时，x^2 为无穷小量，而 $\left|\sin\dfrac{1}{x}\right|\leqslant1$，$\sin\dfrac{1}{x}$ 为有界变量，所以 $\lim\limits_{x\to0}x^2\sin\dfrac{1}{x}=0$.

(2) $x\to\infty$ 时，$\dfrac{1}{x}$ 为无穷小量，而 $|\arctan x|\leqslant\dfrac{\pi}{2}$，因为 $\arctan x$ 为有界变量，所以 $\lim\limits_{x\to\infty}\dfrac{\arctan x}{x}=\lim\limits_{x\to\infty}\dfrac{1}{x}\arctan x=0$.

习题 1-6

2. 计算下列极限：

(1) $\lim\limits_{x\to0}(1-x)^{\frac{1}{x}}$；　　(2) $\lim\limits_{x\to0}(\cos x)^{\frac{1}{x^2}}$；

(3) $\lim\limits_{x\to\infty}\left(\dfrac{1+x}{x}\right)^{3x}$；　　(4) $\lim\limits_{x\to\infty}\left(1-\dfrac{1}{x}\right)^{kx}$（$k$ 为正整数）.

解　(1) $\lim\limits_{x\to0}(1-x)^{\frac{1}{x}}=\lim\limits_{x\to0}\{[1+(-x)]^{\left(\frac{1}{-x}\right)}\}^{-1}=\dfrac{1}{\mathrm{e}}$.

(2) $\lim\limits_{x\to0}(\cos x)^{\frac{1}{x^2}}=\lim\limits_{x\to0}[(1+\cos x-1)^{\frac{1}{\cos x-1}}]^{\frac{\cos x-1}{x^2}}=\mathrm{e}^{-\frac{1}{2}}$.

(3) $\lim\limits_{x\to\infty}\left(\dfrac{1+x}{x}\right)^{3x}=\lim\limits_{x\to\infty}\left[\left(1+\dfrac{1}{x}\right)^{x}\right]^{3}=\mathrm{e}^3$.

(4) $\lim\limits_{x\to\infty}\left(1-\dfrac{1}{x}\right)^{kx}=\lim\limits_{x\to\infty}\left[\left(1+\dfrac{1}{-x}\right)^{(-x)}\right]^{(-k)}=\mathrm{e}^{-k}$.

3. 利用极限存在准则证明：

(1) $\lim\limits_{n\to\infty}\sqrt{1+\dfrac{1}{n}}=1$；

(2) $\lim\limits_{n\to\infty}n\left(\dfrac{1}{n^2+\pi}+\dfrac{1}{n^2+2\pi}+\cdots+\dfrac{1}{n^2+n\pi}\right)=1$；

(3)数列$\sqrt{2}$, $\sqrt{2+\sqrt{2}}$, $\sqrt{2+\sqrt{2+\sqrt{2}}}$, …的极限存在.

证明 (1) $\sqrt{1+\frac{1}{n}}=\sqrt{\frac{n+1}{n}}=\frac{\sqrt{n^2+n}}{n}$,

$$1=\frac{n}{n}<\frac{\sqrt{n^2+n}}{n}<\frac{\sqrt{n^2+2n+1}}{n}=\frac{n+1}{n},\lim_{n\to\infty}\frac{n+1}{n}=1,$$

由夹逼准则得 $\lim\limits_{n\to\infty}\sqrt{1+\frac{1}{n}}=1$.

(2)因为 $n\cdot\frac{n}{n^2+n\pi}\leqslant n\left(\frac{1}{n^2+\pi}+\frac{1}{n^2+2\pi}+\cdots+\frac{1}{n^2+n\pi}\right)\leqslant n\cdot\frac{n}{n^2+\pi}$,

而
$$\lim_{n\to\infty}n\cdot\frac{n}{n^2+n\pi}=\lim_{n\to\infty}\frac{1}{1+\frac{\pi}{n}}=1,\lim_{n\to\infty}n\cdot\frac{n}{n^2+\pi}=\lim_{n\to\infty}\frac{1}{1+\frac{\pi}{n^2}}=1$$

所以
$$\lim_{n\to\infty}\left(\frac{1}{n^2+\pi}+\frac{1}{n^2+2\pi}+\cdots+\frac{1}{n^2+n\pi}\right)=1$$

(3) $x_{n+1}=\sqrt{2+x_n}\,(n=1,2,\cdots)$, $x_1=\sqrt{2}$.

①数列 x_n 有界:

当 $n=1$ 时, $x_1=\sqrt{2}<2$, 假定 $n=k$ 时, $x_k<2$, 则当 $n=k+1$ 时, $x_{k+1}=\sqrt{2+x_k}<\sqrt{2+2}<2$, 所以 $x_n<2(n=1,2,\cdots)$.

②数列 x_n 单调递增:

因为

$$x_{n+1}-x_n=\sqrt{2+x_n}-x_n=\frac{2+x_n-x_n{}^2}{\sqrt{2+x_n}+x_n}$$
$$=\frac{-(x_n-2)(x_n+1)}{\sqrt{2+x_n}+x_n}$$

由 $x_n<2$ 得 $x_{n+1}-x_n>0$, 所以$\{x_n\}$为单调递增数列.

根据①②知 $\lim\limits_{n\to\infty}x_n$ 存在, 设为 A, 由于 $x_{n+1}=\sqrt{2+x_n}$, $x_{n+1}^2=2+x_n$, $\lim\limits_{n\to\infty}x_{n+1}^2=\lim\limits_{n\to\infty}(2+x_n)$, 得 $A^2=2+A$, 即 $A^2-A-2=0$, 得 $A_1=2$, $A_2=-1$(舍去), 故 $\lim\limits_{n\to\infty}x_n=2$.

习题 1－7

5. 利用等价无穷小的性质,求下列极限:

(1) $\lim\limits_{x\to 0}\dfrac{\tan 3x}{2x}$; (2) $\lim\limits_{x\to 0}\dfrac{\sin(x^n)}{(\sin x)^m}$($m,n$ 为正整数);

(3) $\lim\limits_{x\to 0}\dfrac{e^{x^2}-1}{1-\cos(\ln(1+\sin x))}$.

解 (1) $\lim\limits_{x\to 0}\dfrac{\tan 3x}{2x}=\lim\limits_{x\to 0}\dfrac{3x}{2x}=\dfrac{3}{2}$.

(2) $\lim\limits_{x\to 0}\dfrac{\sin(x^n)}{(\sin x)^m}=\lim\limits_{x\to 0}\dfrac{\sin(x^n)}{x^n}\cdot\dfrac{x^m}{(\sin x)^m}\cdot\dfrac{x^n}{x^m}=\lim\limits_{x\to 0}\dfrac{x^n}{x^m}=\begin{cases}1, & m=n;\\ 0, & m<n;\\ \infty, & m>n.\end{cases}$

(3) 由于 $x\to 0$ 时,$\ln(1+\sin x)\to 0$,所以 $1-\cos[\ln(1+\sin x)]\sim\dfrac{1}{2}\ln^2(1+\sin x)$,又由于 $x\to 0$时,$\sin x\to 0$,所以 $\ln(1+\sin x)\sim\sin x\sim x$,且 $e^{x^2}-1\sim x^2$,故

$$原式=\lim_{x\to 0}\frac{x^2}{\frac{1}{2}\ln^2(1+\sin x)}=\lim_{x\to 0}\frac{x^2}{\frac{1}{2}\sin^2 x}=2$$

习题 1－8

2. 下列函数在指出的点处间断,说明这些间断点属于哪一类;如果是可去间断点,则补充或改变函数的定义使它连续:

(1) $y=\dfrac{x^2-1}{x^2-3x+2}$,$x=1$,$x=2$;

(2) $y=\dfrac{x}{\tan x}$,$x=k\pi$,$x=k\pi+\dfrac{\pi}{2}$ $(k=0,\pm 1,\pm 2,\cdots)$;

(3) $y=\cos^2\dfrac{1}{x}$,$x=0$;

(4) $y=\begin{cases}x-1, x\leqslant 1;\\ 3-x, x>1.\end{cases}$ $x=1$.

解 (1) 对 $x=1$,因为

$$\lim_{x\to 1}=\frac{x^2-1}{x^2-3x+2}=\lim_{x\to 1}\frac{(x-1)(x+1)}{(x-2)(x-1)}=\lim_{x\to 1}\frac{x+1}{x-2}=-2$$

所以,$x=1$ 为第一类可去间断点,重新定义函数

$$F_1(x)=\begin{cases}\dfrac{x^2-1}{x^2-3x+2}, & x\neq 1,2;\\ -2, & x=1.\end{cases}$$

则 $F_1(x)$ 在 $x=1$ 处连续，显然 $x=2$ 为第二类无穷间断点.

(2) 对 $x=0$，因为 $\lim\limits_{x\to 0}\dfrac{x}{\tan x}=1$，所以 $x=0$ 为第一类可去间断点，重新定义函数

$$F_1(x)=\begin{cases}\dfrac{x}{\tan x}, & x\neq k\pi,k\pi+\dfrac{\pi}{2}(k=0,\pm1,\pm2,\cdots);\\ 1, & x=0.\end{cases}$$

则 $F_1(x)$ 在 $x=0$ 处连续.

对 $x=k\pi(k=\pm1,\pm2,\cdots)$，因为 $\lim\limits_{x\to k\pi}=\dfrac{x}{\tan x}=\infty$，所以为第二类无穷间断点.

对 $x=k\pi+\dfrac{\pi}{2}(k=0,\pm1,\pm2,\cdots)$，因为 $\lim\limits_{x\to k\pi+\frac{\pi}{2}}=\dfrac{x}{\tan x}=0$，所以为第一类可去间断点. 重新定义函数

$$F_2(x)=\begin{cases}\dfrac{x}{\tan x}, & x\neq k\pi,k\pi+\dfrac{\pi}{2}(k=0,\pm1,\pm2,\cdots);\\ 0, & x=k\pi+\dfrac{\pi}{2}(k=0,\pm1,\pm2,\cdots).\end{cases}$$

则 $F_2(x)$ 在 $x=k\pi+\dfrac{\pi}{2}(k=0,\pm1,\pm2,\cdots)$ 处连续.

(3) 对 $x=0$，因为 $\lim\limits_{x\to 0}\cos^2\dfrac{1}{x}$ 不存在，所以 $x=0$ 为第二类振荡间断点.

(4) 对 $x=1$，因为

$$\lim_{x\to 1^+}y=\lim_{x\to 1^+}(3-x)=2,\lim_{x\to 1^-}y=\lim_{x\to 1^-}(x-1)=0$$

所以 $x=1$ 为第一类跳跃间断点.

3. 讨论函数 $f(x)=\lim\limits_{n\to\infty}\dfrac{1-x^{2n}}{1+x^{2n}}x$ 的连续性，若有间断点，判别其类型.

解 $f(x)=\lim\limits_{n\to\infty}\dfrac{1-x^{2n}}{1+x^{2n}}x=\begin{cases}-x, & |x|>1;\\ 0, & |x|=1;\\ x, & |x|<1.\end{cases}$

在分段点 $x=-1$ 处，因为

$$\lim_{x\to -1^-}f(x)=\lim_{x\to -1^-}(-x)=1,\lim_{x\to -1^+}f(x)=\lim_{x\to -1^+}x=-1$$

所以 $x=-1$ 为第一类跳跃间断点.

在分段点 $x=1$ 处，因为

$$\lim_{x\to 1^-}f(x)=\lim_{x\to 1^-}x=1,\lim_{x\to 1^+}f(x)=\lim_{x\to 1^+}(-x)=-1$$

所以 $x=1$ 为第一类跳跃间断点.

习题 1－9

2. 求下列极限：

(1) $\lim\limits_{x\to 0}\sqrt{x^2-2x+5}$；

(2) $\lim\limits_{\alpha\to\frac{\pi}{4}}(\sin 2\alpha)^3$；

(3) $\lim\limits_{x\to\frac{\pi}{6}}\ln(2\cos 2x)$；

(4) $\lim\limits_{x\to 0}\dfrac{\sqrt{x+1}-1}{x}$；

(5) $\lim\limits_{x\to 1}\dfrac{\sqrt{5x-4}-\sqrt{x}}{x-1}$；

(6) $\lim\limits_{x\to a}\dfrac{\sin x-\sin a}{x-a}$；

(7) $\lim\limits_{x\to+\infty}(\sqrt{x^2+x}-\sqrt{x^2-x})$.

解 (1) $\lim\limits_{x\to 0}\sqrt{x^2-2x+5}=\sqrt{0^2-2\times 0+5}=\sqrt{5}$.

(2) $\lim\limits_{x\to\frac{\pi}{4}}(\sin 2\alpha)^3=\left(\sin 2\times\dfrac{\pi}{4}\right)^3=1$.

(3) $\lim\limits_{x\to\frac{\pi}{6}}\ln(2\cos 2x)=\ln\left[2\times\cos\left(2\cdot\dfrac{\pi}{6}\right)\right]=\ln\left(2\cos\dfrac{\pi}{3}\right)=\ln 1=0$.

(4)
$$\lim_{x\to 0}\frac{\sqrt{x+1}-1}{x}=\lim_{x\to 0}\frac{(\sqrt{x+1}-1)(\sqrt{x+1}+1)}{x(\sqrt{x+1}+1)}$$
$$=\lim_{x\to 0}\frac{x}{x(\sqrt{x+1}+1)}=\lim_{x\to 0}\frac{1}{\sqrt{x+1}+1}=\frac{1}{2}.$$

(5)
$$\lim_{x\to 1}\frac{\sqrt{5x-4}-\sqrt{x}}{x-1}=\lim_{x\to 1}\frac{(\sqrt{5x-4}-\sqrt{x})(\sqrt{5x-4}+\sqrt{x})}{(x-1)(\sqrt{5x-4}+\sqrt{x})}$$
$$=\lim_{x\to 1}\frac{4}{\sqrt{5x-4}+\sqrt{x}}=\frac{4}{\sqrt{5-4}+1}=2.$$

(6)
$$\lim_{x\to a}\frac{\sin x-\sin a}{x-a}=\lim_{x\to a}\frac{2\cos\frac{x+a}{2}\cdot\sin\frac{x-a}{2}}{x-a}$$
$$=\lim_{x\to a}\cos\frac{x+a}{2}\cdot\lim_{x\to a}\frac{\sin\frac{x-a}{2}}{\frac{x-a}{2}}$$
$$=\cos\frac{a+a}{2}\cdot 1=\cos a.$$

(7)
$$\lim_{x\to+\infty}(\sqrt{x^2+x}-\sqrt{x^2-x})=\lim_{x\to+\infty}\frac{2x}{\sqrt{x^2+x}+\sqrt{x^2-x}}$$

$$= \lim_{x \to +\infty} \frac{2x}{x\left(\sqrt{1+\frac{1}{x}}+\sqrt{1-\frac{1}{x}}\right)}$$

$$= \lim_{x \to +\infty} \frac{2}{\sqrt{1+\frac{1}{x}}+\sqrt{1-\frac{1}{x}}} = 1.$$

3. 求下列极限：

(1) $\lim\limits_{x \to \infty} e^{\frac{1}{x}}$；　　(2) $\lim\limits_{x \to 0} \ln \dfrac{\sin x}{x}$；

(3) $\lim\limits_{x \to \infty} \left(1+\dfrac{1}{x}\right)^{\frac{x}{2}}$；　　(4) $\lim\limits_{x \to 0} (1+3\tan^2 x)^{\cot^2 x}$.

解　(1) $\lim\limits_{x \to \infty} e^{\frac{1}{x}} = e^{\lim\limits_{x \to \infty} \frac{1}{x}} = e^0 = 1$.

(2) $\lim\limits_{x \to 0} \ln \dfrac{\sin x}{x} = \ln\left(\lim\limits_{x \to 0} \dfrac{\sin x}{x}\right) = \ln 1 = 0$.

(3) $\lim\limits_{x \to \infty} \left(1+\dfrac{1}{x}\right)^{\frac{x}{2}} = \lim\limits_{x \to \infty} \left[\left(1+\dfrac{1}{x}\right)^{x}\right]^{\frac{1}{2}} = e^{\frac{1}{2}}$.

(4) $\lim\limits_{x \to 0} [(1+3\tan^2 x)^{\frac{1}{3\tan^2 x}}]^3 = e^3$.

4. 设函数

$$f(x) = \begin{cases} e^x, & x < 0; \\ a + x, & x \geqslant 0. \end{cases}$$

应当怎样选择数 a，使得 $f(x)$ 成为在 $(-\infty, +\infty)$ 内的连续函数.

解　当 $x > 0$ 时，$f(x) = a + x$ 连续；当 $x < 0$ 时，$f(x) = e^x$ 连续. $x = 0$ 时，$f(0) = a$，$\lim\limits_{x \to 0^+} f(x) = \lim\limits_{x \to 0^-} f(x) = a$，则 $\lim\limits_{x \to 0^-} f(x) = a$，故 $e^0 = a$，所以 $a = 1$.

习题 1－10

1. 证明：方程 $x^5 - 3x = 1$ 至少有一个根介于 1 与 2 之间.

证明　令 $f(x) = x^5 - 3x - 1$，因为 $f(1) = -3 < 0$，$f(2) = 25 > 0$，所以由零点定理可得，至少存在一点 $\xi \in (1,2)$ 使 $f(\xi) = 0$，则 ξ 为方程 $x^5 - 3x = 1$ 的根，且 $\xi \in (1,2)$.

2. 证明：方程 $x = a\sin x + b$，其中 $a > 0, b > 0$，至少有一个正根，并且它不超过 $a + b$.

证明　设 $f(x) = x - a\sin x - b$，$f(0) = -b < 0$，$f(a+b) = a[1 - \sin(a+b)]$，当 $\sin(a+b) < 1$ 时，$f(a+b) > 0$，由零点定理知，至少存在 $\xi \in (a, a+b)$ 使 $f(\xi) = 0$，所以 ξ 为原方程的根，且不超过 $a + b$；当 $\sin(a+b) = 1$ 时，$f(a+b) = 0$，$a + b$ 即为满足条件的根.

3. 若$f(x)$在$[1,n]$上连续,则在$[1,n]$上必有ξ,使$f(\xi)=\dfrac{f(1)+2f(2)+\cdots+nf(n)}{\dfrac{n(n+1)}{2}}$.

证明 因为$f(x)$在$[1,n]$上连续,故可设$M=\max\limits_{1\leqslant x\leqslant n}\{f(x)\}$,$m=\min\limits_{1\leqslant x\leqslant n}\{f(x)\}$,则有

$$m\leqslant\frac{f(1)+2f(2)+\cdots+nf(n)}{\dfrac{n(n+1)}{2}}\leqslant M$$

则由介值定理知$\exists\xi\in[1,n]$,使

$$f(\xi)=\frac{f(1)+2f(2)+\cdots+nf(n)}{\dfrac{n(n+1)}{2}}$$

4. 证明:若$f(x)$在$(-\infty,+\infty)$内连续,且$\lim\limits_{x\to\infty}f(x)$存在,则$f(x)$必在$(-\infty,+\infty)$内有界.

证明 不妨设$\lim\limits_{x\to\infty}f(x)=A$,则对$\varepsilon=1$,$\exists X>0$,当$|x|>X$时,有

$$|f(x)-A|<1$$

那么

$$A-1<f(x)<A+1$$

因为$f(x)$在闭区间$[-X,X]$连续,由有界性定理知$\exists M_0>0$,使

$$|f(x)|\leqslant M_0,x\in[-X,X]$$

取$N=\max\{M_0,|A-1|,|A+1|\}$,则$|f(x)|\leqslant M$,$x\in(-\infty,+\infty)$,即$f(x)$在$(-\infty,+\infty)$有界.

第 2 章　导数与微分

2.1　知 识 要 点

2.1.1　导数

1. 函数$f(x)$在一点x_0可导的定义(详见教材)

形式 1：$f'(x_0)=\lim\limits_{x\to x_0}\dfrac{f(x)-f(x_0)}{x-x_0}$.

形式 2：$f'(x_0)=\lim\limits_{\Delta x\to 0}\dfrac{f(x_0+\Delta x)-f(x_0)}{\Delta x}$.

形式 3：$f'(x_0)=\lim\limits_{\Delta x\to 0}\dfrac{\Delta y}{\Delta x}$.

2. 导数的几何意义：$f'(x_0)$是曲线$y=f(x)$在点$(x_0,f(x_0))$的切线的斜率.

3. 导数的物理意义：$s'(t_0)$是做变速直线运动的物体在t_0时刻的瞬时速度.

4. 可导与连续的关系：可导必连续，反之不然.

5. 证明函数$y=f(x)$在点x_0可导的方法：

(1)利用在x_0点可导的定义；

(2)证明分段函数在分段点处是否可导常用下面这个充要条件

$$f'(x_0)\text{ 存在}\Leftrightarrow f'_-(x_0)=f'_+(x_0)$$

其中，$f'_-(x_0)=\lim\limits_{x\to x_0^-}\dfrac{f(x)-f(x_0)}{x-x_0}$，$f'_+(x_0)=\lim\limits_{x\to x_0^+}\dfrac{f(x)-f(x_0)}{x-x_0}$.

2.1.2　计算导数的方法

1. 利用基本初等函数的求导公式、导数的四则运算法则(见教材).

2. 利用导数的复合运算法则：$\{f[\varphi(x)]\}'=f'[\varphi(x)]\cdot\varphi'(x)$或$\dfrac{dy}{dx}=\dfrac{dy}{du}\cdot\dfrac{du}{dx}$.

3. 求高阶导数的方法

(1)几个常用的n阶导数公式：

$(a^x)^{(n)}=a^x(\ln a)^n$　　　　$[\ln(1+x)]^{(n)}=(-1)^{n-1}\dfrac{(n-1)!}{(1+x)^n}$

$(\sin x)^{(n)}=\sin(x+\dfrac{n\pi}{2})$　　　　$(\cos x)^{(n)}=\cos(x+\dfrac{n\pi}{2})$

实际计算时,经常利用上述几个高阶导数公式,通过四则运算、变量替换方法求 n 阶导数(见例10).

(2)通过观察函数每次求导时的规律性变化,归纳出 n 阶导数.

(3)求两个函数乘积的高阶导数时,经常用莱布尼茨公式:

$$[u(x)v(x)]^{(n)} = \sum_{i=0}^{n} C_n^i u^{(i)}(x)v^{(n-i)}(x)$$

4. 反函数求导:函数与其反函数的导数互为倒数,即 $\dfrac{dy}{dx}=\dfrac{1}{\dfrac{dx}{dy}}$.

5. 隐函数求导

若方程 $F(x,y)=0$ 在区间 (a,b) 内确定了可导的函数 $y=f(x)$,则 $f'(x)$ 可以对方程 $F(x,y)=0$ 两边求导求得. 要特别注意的是,$F(x,y)$ 中的 y 要始终视为 x 的函数,y 的函数就是 x 的复合函数,此时应按复合函数求导法则进行(见例11,12).

6. 参变量求导

若函数 $x=\varphi(t)$,$y=\psi(t)$ 在区间 (α,β) 内可导,且 $\varphi'(t)\neq 0$,则方程组 $\begin{cases}x=\varphi(t)\\ y=\psi(t)\end{cases}(\alpha<t<\beta)$ 定义了一个可导的函数 $y=f(x)$,且

$$\frac{dy}{dx}=\frac{\psi'(t)}{\varphi'(t)}$$

要特别注意 $\dfrac{\psi'(t)}{\varphi'(t)}$ 是 x 的复合函数,因此求二阶导数时,应按复合函数求导法则进行,即:要先将一阶导数的结果对 t 求导,再乘上 t 对 x 的导数,$\dfrac{d^2y}{dx^2}=\dfrac{d}{dt}\left[\dfrac{\psi'(t)}{\varphi'(t)}\right]\cdot\dfrac{dt}{dx}$(见例13).

7. 对数求导法

在求某些函数(如幂指函数或连乘形式函数)的导数时,常对函数 $y=f(x)$ 两边同时取对数,再利用隐函数求导法来求导数,此法称为对数求导法,对数求导法的公式为

$$f'(x) = f(x)\cdot[\ln f(x)]'$$

本章最重要的问题是如何对不同表达形式的函数求导,计算时要特别注意是对哪一个变量求导(见例14).

2.1.3 微分

1. 函数 $f(x)$ 在 x_0 可微的定义

若 $\Delta y=f(x_0+\Delta x)-f(x_0)=A\cdot\Delta x+o(\Delta x)\ (\Delta x\to 0)$,其中,$A$ 是不依赖于 Δx 的常数,则称 $f(x)$ 在点 x_0 是可微的(详见教材),且 $dy=A\cdot\Delta x$ 为函数 $f(x)$ 在点 x_0 相应于自变量增量 Δx 的微分.

2. 函数 $f(x)$ 在点 x_0 的微分 dy 的几何意义是曲线 $f(x)$ 在点 $(x_0,f(x_0))$ 切线上点的纵坐标的相应增量.

3. $f(x)$ 在点 x_0 可微 $\Leftrightarrow f(x)$ 在点 x_0 可导,且 $dy=f'(x_0)\cdot dx$.

4. 微分的计算

(1)基本初等函数的微分公式、微分的四则运算法则.

(2)一阶微分的形式不变性.

若 $y=f(u)$ 是可微函数,不论 u 作为自变量还是作为中间变量,函数 $y=f(u)$ 的一阶微分都有形式 $dy=f'(u)du$.

注 这点与求导不同,求导要特别注意对哪个变量进行求导.

(3)函数 $f(x)$ 的近似计算公式

$$f(x)\approx f(x_0)+f'(x_0)\cdot(x-x_0)$$

当 $f(x_0)$, $f'(x_0)$ 都很容易计算,且 $\Delta x=x-x_0$ 很小时,我们常用上式进行近似计算.

2.1.4 思考

1. 若函数 $f(x)$ 和 $g(x)$ 在点 x_0 处都不可导,则函数 $f(x)\pm g(x)$ 或 $f(x)\cdot g(x)$ 在点 x_0 处是否一定不可导?

答:不一定. 例如 $f(x)=|x|$, $g(x)=-|x|$,则 $f(x)$, $g(x)$ 在 $x=0$ 处都不可导,但 $f(x)+g(x)=0$ 及 $f(x)\cdot g(x)=-x^2$ 在 $x=0$ 处都可导.

2. 若函数 $f(x)$ 在 x_0 处可导,是否存在 x_0 的一个邻域,在此邻域内 $f(x)$ 连续?

答:不一定. 例如 $f(x)=\begin{cases}0, x\text{ 为有理数};\\ x^2, x\text{ 为无理数}.\end{cases}$ 则 $f'(0)=\lim\limits_{x\to 0}\dfrac{f(x)-0}{x-0}=0$,但 $f(x)$ 除在 $x=0$ 外都不连续.

3. 若函数 $u=\varphi(x)$ 在点 x_0 处可导,而函数 $y=f(u)$ 在点 $u_0=\varphi(x_0)$ 处不可导,则 $y=f[\varphi(x)]$ 在点 x_0 处是否一定不可导?

答:不一定. 例如 $u=\varphi(x)=x^2$ 在点 $x=0$ 可导,而函数 $y=f(u)=|u|$ 在 $u=0$ 不可导,但 $y=f[\varphi(x)]=|x^2|=x^2$ 在点 $x=0$ 可导.

4. 若 x_0 为定值, $f'(x_0)$ 与 $[f(x_0)]'$ 有什么区别?

答: $f'(x_0)$ 与 $[f(x_0)]'$ 有不同的含义. $f'(x_0)$ 表示函数 $f(x)$ 在点 $x=x_0$ 处的导数,也即导函数 $f'(x)$ 在点 $x=x_0$ 处的函数值;而 $[f(x_0)]'$ 则表示对常数 $f(x_0)$ 求导数,结果为零.

5. 符号 $\{f[g(x)]\}'$, $f'[g(x)]$, $f[g'(x)]$ 的区别是什么?(见例 9)

答: $\{f[g(x)]\}'$ 表示函数 $y=f(u)$ 与 $u=g(x)$ 的复合函数 $f[g(x)]$ 的导函数, $\{f[g(x)]\}'=f'[g(x)]\cdot g'(x)$. 而 $f'[g(x)]$ 表示函数 $y=f(u)$ 的导函数 $f'(u)$ 与 $u=g(x)$ 的复合函数. $f[g'(x)]$ 表示函数 $y=f(u)$ 与 $u=g'(x)$ 的复合函数.

2.2 典型例题

例1 若函数$f(x)$在x_0处可导，计算$\lim\limits_{h\to 0}\dfrac{f(x_0+\alpha h)-f(x_0+\beta h)}{h}$的值，其中$\alpha,\beta$为某非零常数.

解 由已知得$\lim\limits_{h\to 0}\dfrac{f(x_0+h)-f(x_0)}{h}=f'(x_0)$，

于是

$$\begin{aligned}&\lim_{h\to 0}\frac{f(x_0+\alpha h)-f(x_0+\beta h)}{h}\\&=\lim_{h\to 0}\frac{f(x_0+\alpha h)-f(x_0)+f(x_0)-f(x_0+\beta h)}{h}\\&=\lim_{h\to 0}\left[\alpha\cdot\frac{f(x_0+\alpha h)-f(x_0)}{\alpha h}-\beta\cdot\frac{f(x_0+\beta h)-f(x_0)}{\beta h}\right]\\&=\alpha f'(x_0)-\beta f'(x_0)=(\alpha-\beta)f'(x_0)\end{aligned}$$

评注 应注意函数$f(x)$在x_0处可导是$\lim\limits_{h\to 0}\dfrac{f(x_0+\alpha h)-f(x_0+\beta h)}{h}$存在的充分条件，而非必要条件. 例如$f(x)=|x|$，取$x_0=0,\alpha=1,\beta=-1$，则

$$\lim_{h\to 0}\frac{f(x_0+\alpha h)-f(x_0+\beta h)}{h}=\lim_{h\to 0}\frac{f(h)-f(-h)}{h}=\lim_{h\to 0}\frac{|h|-|h|}{h}=0$$

但我们知道$f(x)=|x|$在$x_0=0$处不可导.

例2 讨论函数$f(x)=\begin{cases}\dfrac{x}{1+e^{\frac{1}{x}}}, x\neq 0;\\0, \quad x=0.\end{cases}$在$x=0$处的连续性与可导性.

解 由于

$$\lim_{x\to 0}f(x)=\lim_{x\to 0}\frac{x}{1+e^{\frac{1}{x}}}=0=f(0)$$

$$f'_+(0)=\lim_{x\to 0^+}\frac{\dfrac{x}{1+e^{\frac{1}{x}}}-0}{x}=\lim_{x\to 0^+}\frac{1}{1+e^{\frac{1}{x}}}=0$$

$$f'_-(0)=\lim_{x\to 0^-}\frac{\dfrac{x}{1+e^{\frac{1}{x}}}-0}{x}=\lim_{x\to 0^-}\frac{1}{1+e^{\frac{1}{x}}}=1$$

故$f'_-(0)\neq f'_+(0)$，从而$f(x)$在$x=0$点不可导.

评注 由于分段函数在分段点处不一定连续、可导，因此必须利用定义或其充要条件求其

在分段点的导数.

例 3 求常数 A,B 的值,使函数

$$f(x)=\begin{cases}\sin x+2Ae^{x}, & x<0;\\ 9\arctan x+2B(x-1)^{3}, & x\geqslant 0.\end{cases}$$

在点 $x=0$ 处可导.

分析 根据可导必连续,因此,所求的 A,B 应满足 $f(x)$ 在点 $x=0$ 既连续,又可导.

解 由 $f(x)$ 在 $x=0$ 点连续的充要条件是

$$\lim_{x\to0^+}f(x)=\lim_{x\to0^-}f(x)=f(0)$$

而 $\lim\limits_{x\to0^+}f(x)=-2B,\lim\limits_{x\to0^-}f(x)=2A,\ f(0)=-2B$,故 $A=-B$.

又因为 $f(x)$ 在点 $x=0$ 可导的充要条件是

$$f'_+(0)=f'_-(0)$$

而

$$f'_+(0)=\lim_{x\to0^+}\frac{f(x)-f(0)}{x}=\lim_{x\to0^+}\frac{9\arctan x+2B(x-1)^3+2B}{x}$$

$$=\lim_{x\to0^+}\frac{9\arctan x-2B[(1-x)^3-1]}{x}=9-2B(-3)=9+6B$$

$$f'_-(0)=\lim_{x\to0^-}\frac{f(x)-f(0)}{x}=\lim_{x\to0^-}\frac{\sin x+2Ae^x+2B}{x}$$

$$=\lim_{x\to0^-}\frac{\sin x+2A(e^x-1)}{x}=1+2A$$

所以

$$9+6B=1+2A$$

综上

$$A=1,B=-1$$

例 4 设函数 $f(x)=2x^2+x|x|$,求 $f'(x)$,并证明 $f''(0)$ 不存在.

分析 证明 $f''(0)$ 不存在,就是要证导函数 $f'(x)$ 在点 $x=0$ 不可导,因此首先求出导函数 $f'(x)$.

解 由于

$$f'(0)=\lim_{x\to0}\frac{2x^2+x|x|}{x}=0,$$

所以

$$f'(x)=\begin{cases}6x, x\geqslant0;\\ 2x, x<0.\end{cases}$$

而

$$\lim_{x\to0^+}\frac{f'(x)-f'(0)}{x}=\lim_{x\to0}\frac{6x-0}{x}=6$$

$$\lim_{x\to0^-}\frac{f'(x)-f'(0)}{x}=\lim_{x\to0}\frac{2x-0}{x}=2$$

所以 $\lim\limits_{x\to0}\dfrac{f'(x)-f'(0)}{x}$ 不存在,即 $f''(0)$ 不存在.

例 5 设函数 $f(x)$ 在点 x_0 可导,求 $\lim\limits_{x\to x_0}\dfrac{xf(x_0)-x_0f(x)}{x-x_0}$.

解 $f(x)$ 在点 x_0 处可导,故

$$f'(x_0)=\lim_{x\to x_0}\frac{f(x)-f(x_0)}{x-x_0}$$

于是

$$\begin{aligned}\lim_{x\to x_0}\frac{xf(x_0)-x_0f(x)}{x-x_0}&=\lim_{x\to x_0}\frac{xf(x_0)-x_0f(x)+xf(x)-xf(x)}{x-x_0}\\&=\lim_{x\to x_0}\left\{\frac{x[f(x_0)-f(x)]}{x-x_0}+\frac{x-x_0}{x-x_0}f(x)\right\}\\&=\lim_{x\to x_0}\frac{x[f(x_0)-f(x)]}{x-x_0}+\lim_{x\to x_0}f(x)\\&=-x_0f'(x_0)+f(x_0)\end{aligned}$$

评注 导数的概念是利用极限定义的,因此函数在一点的导数经常用来计算极限.

例 6 设函数 $f(x)$ 在点 $x=1$ 处连续,且 $\lim\limits_{x\to 1}\dfrac{f(x)}{x-1}=2$,那么 $f(x)$ 在点 $x=1$ 处(　　).

A. 不可导　　B. 可导,且可求出导数值

C. 可导,但不能求出导数值　　D. 无法判断

解 选 B.

分析 判断 $f(x)$ 在点 $x=1$ 处是否可导,关键看 $\lim\limits_{x\to 1}\dfrac{f(x)-f(1)}{x-1}$ 是否存在,因此,需要得到 $f(1)$ 的值. 由于 $f(x)$ 在点 $x=1$ 处连续,所以

$$f(1)=\lim_{x\to 1}f(x)=\lim_{x\to 1}\left[(x-1)\frac{f(x)}{x-1}\right]=\lim_{x\to 1}(x-1)\lim_{x\to 1}\frac{f(x)}{x-1}=0$$

因此

$$f'(1)=\lim_{x\to 1}\frac{f(x)-f(1)}{x-1}=\lim_{x\to 1}\frac{f(x)}{x-1}=2$$

例 7 求下列函数的导数:

(1) $y=\ln\dfrac{\tan x+1}{\tan x-1}$;　　(2) $y=\sqrt{x+\sqrt{x+\sqrt{x}}}$;

(3) $y=\arcsin\dfrac{2x}{\sqrt{x^2+1}}$;　　(4) $y=e^{2x+1}\cos x^2$;

(5) $f(x)=(x-1)(x-2)\cdots(x-99)$,求 $f'(1)$.

解 (1)方法一: $y'=[\ln(\tan x+1)-\ln(\tan x-1)]'=[\ln(\tan x+1)]'-[\ln(\tan x-1)]'$

$$=\frac{\sec^2x}{\tan x+1}-\frac{\sec^2x}{\tan x-1}=\sec^2x\left(\frac{1}{\tan x+1}-\frac{1}{\tan x-1}\right)=\frac{2\sec^2x}{1-\tan^2x}.$$

方法二：$dy=d\ln(\tan x+1)-d\ln(\tan x-1)=\dfrac{\sec^2 x}{\tan x+1}dx-\dfrac{\sec^2 x}{\tan x-1}dx$

$$=\sec^2 x\left(\frac{1}{\tan x+1}-\frac{1}{\tan x-1}\right)dx=\frac{2\sec^2 x}{1-\tan^2 x}dx.$$

故 $$y'=\frac{2\sec^2 x}{1-\tan^2 x}$$

注(2)(3)(4)题也可类似用微分方法求解，这里不再赘述.

(2) $$y'=\left(\sqrt{x+\sqrt{x+\sqrt{x}}}\right)'=\frac{1}{2\sqrt{x+\sqrt{x+\sqrt{x}}}}\left(x+\sqrt{x+\sqrt{x}}\right)'$$

$$=\frac{1}{2\sqrt{x+\sqrt{x+\sqrt{x}}}}\left[1+\frac{1}{2\sqrt{x+\sqrt{x}}}(x+\sqrt{x})'\right]$$

$$=\frac{1}{2\sqrt{x+\sqrt{x+\sqrt{x}}}}\left[1+\frac{1}{2\sqrt{x+\sqrt{x}}}\left(1+\frac{1}{2\sqrt{x}}\right)\right].$$

(3) $$y'=\frac{1}{\sqrt{1-\left(\frac{2x}{\sqrt{x^2+1}}\right)^2}}\left[\frac{2x}{\sqrt{x^2+1}}\right]'$$

$$=\frac{1}{\sqrt{1-\left(\frac{2x}{\sqrt{x^2+1}}\right)^2}}\cdot\frac{2\sqrt{x^2+1}-2x\frac{x}{\sqrt{x^2+1}}}{x^2+1}$$

$$=\frac{\sqrt{x^2+1}}{\sqrt{1-3x^2}}\cdot\frac{\frac{2(x^2+1)-2x^2}{\sqrt{x^2+1}}}{x^2+1}=\frac{2}{(x^2+1)\sqrt{1-3x^2}}.$$

(4) $y'=2e^{2x+1}\cos x^2+e^{2x+1}(-\sin x^2)\cdot 2x=2e^{2x+1}(\cos x^2-x\sin x^2)$.

(5) $f'(1)=\lim\limits_{x\to 1}\dfrac{f(x)-f(1)}{x-1}=(1-2)(1-3)\cdots(1-99)=98!$

评注 一般地，求初等函数的导数，需要综合运用基本求导公式、四则运算、复合运算求导及微分求导法则，但也不要忽略了利用定义求导的方法.

例8 设 $y=e^{f^3(x)}f(e^{x^3})$，且 f 为可导函数，求 $\dfrac{dy}{dx}$.

解 $$\frac{dy}{dx}=e^{f^3(x)}[f^3(x)]'f(e^{x^3})+e^{f^3(x)}f'(e^{x^3})[e^{x^3}]'$$

$$=e^{f^3(x)}3f^2(x)f'(x)f(e^{x^3})+e^{f^3(x)}f'(e^{x^3})e^{x^3}3x^2$$

$= 3e^{f^3(x)}[f^2(x)f(e^{x^3})f'(x) + x^2e^{x^3}f'(e^{x^3})].$

评注 当求导函数中含有抽象函数部分时,应分析清楚函数是怎样构成的,然后综合运用四则运算与复合运算求导进行求解.

例 9 设 $y = f(x^2) = \sin x^4$,求

(1) $\frac{dy}{dx}, \frac{dy}{dx^2}$;　　(2) $[f(x^2)]'', f''(x^2), [f'(x^2)]'$.

分析 $\frac{dy}{dx^2}$的含义是指在函数 $y = y(x)$ 中将 x^2 视为一个整体,求 y 对 x^2 的导数;$\frac{dy}{dx^3}$的含义类似.

解 (1) $\frac{dy}{dx} = 4x^3\cos x^4$,或记为$[f(x^2)]' = 4x^3\cos x^4$.

设 $t = x^2$,则 $y = \sin t^2$,$\frac{dy}{dx^2} = \frac{dy}{dt} = 2t\cos t^2 = 2x^2\cos x^4$,或记为$f'(x^2) = 2x^2\cos x^4$.

(2) $[f(x^2)]'' = (4x^3\cos x^4)' = 12x^2\cos x^4 - 4x^3 \cdot 4x^3\sin x^4$
$= 12x^2\cos x^4 - 16x^6\sin x^4$.

$f''(x^2) = f''(t) = (2t\cos t^2)'_t = 2\cos t^2 - 2t \cdot 2t\sin t^2 = 2\cos x^4 - 4x^4\sin x^4$.

$[f'(x^2)]' = (2x^2\cos x^4)'_x = 4x\cos x^4 - 2x^2 \cdot 4x^3\sin x^4$
$= 4x\cos x^4 - 8x^5\sin x^4$.

评注 本题在求导时,要特别注意是对哪个变量求导.

例 10 求下列函数的 n 阶导数:

(1) $y = \frac{1}{x^2 - 3x + 2}$;(2) $y = e^x\sin x$;(3) $f(x) = x^2\ln(1 + x)$.

解 (1) $y = \frac{1}{x^2 - 3x + 2} = \frac{1}{(x-1)(x-2)} = \frac{1}{x-2} - \frac{1}{x-1}$,

于是 $y^{(n)} = \frac{(-1)^n \cdot n!}{(x-2)^{n+1}} - \frac{(-1)^n \cdot n!}{(x-1)^{n+1}}$.

(2) $y' = e^x\sin x + e^x\cos x = \sqrt{2}e^x\sin(x + \frac{\pi}{4})$.

$y'' = \sqrt{2}e^x\sin(x + \frac{\pi}{4}) + \sqrt{2}e^x\cos(x + \frac{\pi}{4}) = 2 \cdot e^x\sin(x + 2 \cdot \frac{\pi}{4})$.

⋮　　　　⋮

由归纳法得 $y^{(n)} = 2^{\frac{n}{2}}e^x\sin(x + n \cdot \frac{\pi}{4})$.

(3) 由莱布尼茨公式,得

$f^{(n)}(x) = C_n^0x^2[\ln(1+x)]^{(n)} + C_n^1 2x[\ln(1+x)]^{(n-1)} + C_n^2 2[\ln(1+x)]^{(n-2)}$

$$=x^2\frac{(-1)^{n-1}(n-1)!}{(1+x)^n}+2nx\frac{(-1)^{n-2}(n-2)!}{(1+x)^{n-1}}+n(n-1)\frac{(-1)^{n-3}(n-3)!}{(1+x)^{n-2}}.$$

评注 求 n 阶导数的方法有:利用已知的高阶导数公式,通过四则运算、变量替换方法求 n 阶导数;求出函数的一阶、二阶、三阶或四阶导数后,通过观察函数每次求导时的规律性变化,归纳出 n 阶导数;求两个函数乘积的高阶导数时,经常用莱布尼茨公式.

例 11 求下列隐函数的导数:

(1) $y\sin x-\cos(x-y)=0$;　　(2) $e^{x\ln y}=\ln x-\ln y$;

(3) $(\cos x)^y=(\sin y)^x$;　　(4) $\ln(x^2+y)=x^3y+\sin x$.

解 (1)方法一:方程两边对 x 求导,得

$$y'\sin x+y\cos x+\sin(x-y)(1-y')=0$$

整理得
$$y'=\frac{y\cos x+\sin(x-y)}{\sin(x-y)-\sin x}$$

方法二:方程两边对 x 微分,得

$$d(y\sin x)-d[\cos(x-y)]=0$$

$$\sin x dy+y\cos x dx+\sin(x-y)(dx-dy)=0$$

整理得
$$\frac{dy}{dx}=\frac{y\cos x+\sin(x-y)}{\sin(x-y)-\sin x}$$

注(2)(3)(4)题也可类似用微分方法求解,这里不再赘述.

(2)方程两边对 x 求导,得

$$e^{x\ln y}\left(\ln y+x\frac{y'}{y}\right)=\frac{1}{x}-\frac{y'}{y}$$

整理得
$$y'=\frac{\frac{1}{x}-e^{x\ln y}\cdot\ln y}{\frac{1}{y}+\frac{x}{y}e^{x\ln y}}=\frac{y-xy^{x+1}\ln y}{x+x^2y^x}$$

(3)方程两边取对数,得

$$y\ln(\cos x)=x\ln(\sin y)$$

上式两边 x 求导,得

$$y'\ln(\cos x)+\frac{-\sin x}{\cos x}y=\ln(\sin y)+x\frac{\cos y}{\sin y}y'$$

整理得
$$y'=\frac{\ln(\sin y)+y\tan x}{\ln(\cos x)-x\cot y}$$

(4)方程两边对 x 求导,得

$$\frac{2x+y'}{x^2+y}=3x^2y+x^3y'+\cos x$$

整理得
$$y'=\frac{3x^2y+\cos x+\dfrac{2x}{x^2+y}}{\dfrac{1}{x^2+y}-x^3}$$

例 12 求下列隐函数的二阶导数:

(1)设 $y=\tan(x+y)$,求$\dfrac{d^2y}{dx^2}$;

(2)设 $y=x+\ln x$,求$\dfrac{d^2x}{dy^2}\Big|_{x=1}$;

(3)设 $y=f[x\phi(x)]$,其中$f(x),\phi(x)$有二阶导数,求$\dfrac{d^2y}{dx^2}$.

解 (1)方程 $y=\tan(x+y)$的两边同时对 x 求导,得
$$y'=\sec^2(x+y)(1+y')=(\tan^2(x+y)+1)(1+y')$$
$$=(y^2+1)(1+y')=-1-\frac{1}{y^2}$$
$$y''=(-1-\frac{1}{y^2})'=\frac{2yy'}{y^4}=-\frac{2}{y^3}(1+\frac{1}{y^2})$$

(2)方程 $y=x+\ln x$ 两边同时微分,得
$$dy=dx+\frac{1}{x}dx$$
即
$$\frac{dx}{dy}=\frac{x}{x+1}$$
所以
$$\frac{d^2x}{dy^2}=\frac{d}{dy}(\frac{dx}{dy})=\frac{d}{dy}(\frac{x}{x+1})=\frac{d}{dx}(\frac{x}{x+1})\frac{dx}{dy}=\frac{1}{(x+1)^2}\frac{x}{x+1}=\frac{x}{(x+1)^3}$$

当 $x=1$ 时,$\dfrac{dx}{dy}\Big|_{x=1}=\dfrac{1}{2},\dfrac{d^2x}{dy^2}\Big|_{x=1}=\dfrac{1}{8}$.

(3)$y'=f'[x\phi(x)][x\phi(x)]'=f'[x\phi(x)][\phi(x)+x\phi'(x)]$.

$y''=f''[x\phi(x)][\phi(x)+x\phi'(x)]^2+f'[x\phi(x)][\phi'(x)+\phi'(x)+x\phi''(x)]$

$\quad=f''[x\phi(x)][\phi(x)+x\phi'(x)]^2+f'[x\phi(x)][2\phi'(x)+x\phi''(x)]$.

评注 隐函数求导时,关键是在运算过程中将 y 视为中间变量. 如果要求导数值时,一般应根据所给的变量 x 的值,通过原方程确定出 y 的值,再代入导函数中求出导数值.

例 13 用对数求导法求下列函数的导数:

(1)$y=x^{2^x}+x^{x^2}$; (2)$y=(1+x^2)^{\sin x}$.

解 (1)$y'=e^{2^x\ln x}(2^x\ln x\ln 2+2^x\dfrac{1}{x})+e^{x^2\ln x}(2x\ln x+x^2\dfrac{1}{x})$

$\quad=2^xx^{2^x}(\dfrac{1}{x}+\ln x\ln 2)+x^{x^2}(2x\ln x+x)$.

(2)方程两边取对数,得

$$\ln y = \sin x \ln(1+x^2)$$

上式两边对 x 求导,得

$$\frac{y'}{y} = \cos x \ln(1+x^2) + \sin x \frac{2x}{1+x^2}$$

整理得

$$y' = (1+x^2)^{\sin x}\left[\cos x \ln(1+x^2) + \sin x \frac{2x}{1+x^2}\right]$$

例 14 求下列参数方程的$\frac{dy}{dx}, \frac{d^2y}{dx^2}$:

(1) $\begin{cases} x = \sqrt{t^2+1} \\ y = \dfrac{t-1}{\sqrt{t^2+1}} \end{cases}$; (2) $\begin{cases} x = a\left(\ln\tan\dfrac{t}{2} + \cos t\right) \\ y = a\sin t \end{cases}$.

解 (1)求参数方程的一阶导数一般可采用下面两种方法.

方法一:利用参数方程的求导法则,得

$$\frac{dy}{dx} = \frac{\frac{dy}{dt}}{\frac{dx}{dt}} = \frac{\dfrac{\sqrt{t^2+1} - (t-1)\dfrac{t}{\sqrt{t^2+1}}}{t^2+1}}{\dfrac{t}{\sqrt{t^2+1}}} = \frac{t+1}{t(t^2+1)}$$

方法二:x,y 两式分别对 t 求微分,得

$$dx = \frac{t}{\sqrt{t^2+1}}dt$$

$$dy = \frac{\sqrt{t^2+1} - (t-1)\dfrac{t}{\sqrt{t^2+1}}}{t^2+1}dt$$

得

$$\frac{dy}{dx} = \frac{t+1}{t(t^2+1)}.$$

$$\frac{d^2y}{dx^2} = \frac{\dfrac{d\left(\frac{dy}{dt}\right)}{dt}}{\dfrac{dx}{dt}} = \frac{\dfrac{-2t^3-3t^2-1}{t^2(t^2+1)^2}}{\dfrac{t}{\sqrt{t^2+1}}} = \frac{-2t^3-3t^2-1}{t^3(t^2+1)^{\frac{3}{2}}}.$$

(2)利用参数方程的求导法则,得

$$\frac{dy}{dx}=\frac{\frac{dy}{dt}}{\frac{dx}{dt}}=\frac{a\cos t}{\frac{a\cos^2 t}{\sin t}}=\tan t$$

$$\frac{d^2y}{dx^2}=\frac{\frac{d\left(\frac{dy}{dt}\right)}{dt}}{\frac{dx}{dt}}=\frac{\frac{1}{\cos^2 t}}{\frac{a\cos^2 t}{\sin t}}=\frac{\sin t}{a\cos^4 t}$$

评注 参数方程求二阶导数时,一定要按复合运算求导法则进行.

例 15 设 $y=f(x)$ 是由 $\begin{cases}x^x+tx-t^2=0\\ \arctan(ty)=\ln(1+t^2y^2)\end{cases}$ 确定,求 $\frac{dy}{dx}$.

分析 本题应首先分析清楚 $f(x)$ 是如何构成的. 设方程 $x^x+tx-t^2=0$ 确定了一个可导的函数 $x=x(t)$,方程 $\arctan(ty)=\ln(1+t^2y^2)$ 也确定了一个可导的函数 $y=y(t)$,所以实际上 $f(x)$ 是用参数方程 $\begin{cases}x=x(t)\\ y=y(t)\end{cases}$ 表示的.

解 设 $u=x^x$,则

$$\ln u=x\ln x$$

方程 $\ln u=x\ln x$ 两边对 t 求导,得

$$\frac{u_t'}{u}=x_t'\ln x+x\frac{x_t'}{x}$$

即

$$u_t'=x_t'(1+\ln x)\cdot u$$

方程 $x^x=t^2-tx$ 两边对 t 求导,得

$$x_t'(1+\ln x)\cdot u=2t-x-tx_t'$$

得到

$$x_t'=\frac{2t-x}{(t^2-tx)(1+\ln x)+t}$$

方程 $\arctan(ty)=\ln(1+t^2y^2)$ 两边对 t 求导,得

$$\frac{1}{1+t^2y^2}(y+ty_t')=\frac{2ty^2+2t^2yy_t'}{1+t^2y^2}$$

$$y_t'=\frac{2ty^2-y}{t-2t^2y}=-\frac{y}{t}$$

$$\frac{dy}{dx}=\frac{y_t'}{x_t'}=-\frac{y}{t}\cdot\frac{(t^2-tx)(1+\ln x)+t}{2t-x}=\frac{y[(t-x)(1+\ln x)+1]}{x-2t}$$

例 16 当 a 为何值时,曲线 $y=ax^2$, $y=\ln x$ 相切?并求切线方程.

解 先求切点的坐标. 由已知得

$$(ax^2)' = (\ln x)'$$

则
$$2ax = \frac{1}{x}$$

即
$$x = \frac{1}{\sqrt{2a}}$$

当 $x = \frac{1}{\sqrt{2a}}$ 时, $y = a(\frac{1}{\sqrt{2a}})^2 = \ln \frac{1}{\sqrt{2a}}$.

从而
$$a = \frac{1}{2e}$$

所以 $a = \frac{1}{2e}$ 时曲线 $y = ax^2$, $y = \ln x$ 相切, 且切线方程为

$$y = \frac{1}{\sqrt{e}}(x - \sqrt{e}) + \frac{1}{2}$$

例 17 证明曲线 $\sqrt{x} + \sqrt{y} = \sqrt{a}\,(a > 0)$ 上任何一点的切线所截两坐标轴的截距之和为 a.

解 设切点的坐标为 (x_0, y_0), 则 $\sqrt{x_0} + \sqrt{y_0} = \sqrt{a}$.

方程 $\sqrt{x} + \sqrt{y} = \sqrt{a}$ 两边对 x 求导, 得

$$\frac{1}{2\sqrt{x}} + \frac{1}{2\sqrt{y}}\frac{dy}{dx} = 0$$

整理为
$$\frac{dy}{dx} = -\frac{\sqrt{y}}{\sqrt{x}}$$

所以, 曲线在 (x_0, y_0) 处的切线方程为

$$y = -\frac{\sqrt{y_0}}{\sqrt{x_0}}(x - x_0) + y_0$$

整理为
$$\frac{x}{\sqrt{ax_0}} + \frac{y}{\sqrt{ay_0}} = 1$$

故切线的截距为
$$\sqrt{ax_0} + \sqrt{ay_0} = (\sqrt{a})^2 = a$$

例 18 已知 $f(x)$ 是周期为 5 的连续函数, 它在 $x = 0$ 的某个邻域内满足关系式

$$f(1 + \sin x) - 3f(1 - \sin x) = 8x + \alpha(x)$$

其中 $\alpha(x)$ 是当 $x \to 0$ 时比 x 高阶的无穷小, 且 $f(x)$ 在 $x = 1$ 处可导, 求曲线 $y = f(x)$ 在点 $(6, f(6))$ 处的切线方程.

分析 由于 $f(x)$ 是周期为 5 的连续函数, 所以 $f(1) = f(6)$, $f'(1) = f'(6)$. 因此, 求曲线在点 $(6, f(6))$ 处的切线方程, 只需求出 $f(1)$ 和 $f'(1)$ 即可.

解 由已知, 得

$$\lim_{x\to 0}\alpha(x)=\lim_{x\to 0}[f(1+\sin x)-3f(1-\sin x)-8x]=-2f(1)=0$$

即

$$f(1)=0$$

而 $f'(1)=\lim_{h\to 0}\dfrac{f(1+h)-f(1)}{h}$,因此

$$\lim_{x\to 0}\frac{f(1+\sin x)-3f(1-\sin x)}{\sin x}=\lim_{x\to 0}\frac{f(1+\sin x)-f(1)-3[f(1-\sin x)-f(1)]}{\sin x}$$

$$=f'(1)+3f'(1)=4f'(1)$$

又因为

$$\lim_{x\to 0}\frac{f(1+\sin x)-3f(1-\sin x)}{\sin x}=8+\lim_{x\to 0}\frac{8x+\alpha(x)}{\sin x}$$

$$=8+\lim_{x\to 0}\frac{\alpha(x)}{x}\cdot\frac{x}{\sin x}=8+0=8$$

所以

$$f'(1)=2$$

因为 $f(x)$ 是周期函数,$f'(x)$ 也是周期函数,且周期不变,所以

$$f'(6)=f'(1+5)=f'(1)=2,\ f(6)=f(1+5)=f(1)=0$$

综上所求切线方程为

$$y=2(x-6)$$

例 19 已知函数 $f(x)$ 对 $(-\infty,+\infty)$ 的任意两点 x_1,x_2 均满足

$$f(x_1+x_2)=f(x_1)\cdot f(x_2)\text{ 且 }f'(0)=1$$

(1)求 $f(0)$;(2)讨论 $y=f(x)$ 在 $(-\infty,+\infty)$ 上的连续性;(3)讨论 $y=f(x)$ 在 $(-\infty,+\infty)$ 上的可导性.

解 (1)由 $f'(0)=1$ 得,$f(x)$ 不恒为常数,又由于 $f(x+0)=f(x)\cdot f(0)$,因此 $f(0)=1$.

(2)$f(x)$ 在 $x=0$ 点可导,故 $f(x)$ 在 $x=0$ 点连续,因此 $\lim_{x\to 0}f(x)=f(0)$,

$\forall x\in(-\infty,+\infty)$,有

$$\lim_{\Delta x\to 0}f(x+\Delta x)=\lim_{\Delta x\to 0}f(x)f(\Delta x)=f(x)\cdot\lim_{\Delta x\to 0}f(\Delta x)=f(x)f(0)=f(x)$$

所以 $f(x)$ 在 $(-\infty,+\infty)$ 上连续.

(3) $\forall x\in(-\infty,+\infty)$,有

$$f'(x)=\lim_{\Delta x\to 0}\frac{f(x+\Delta x)-f(x)}{\Delta x}=\lim_{\Delta x\to 0}\frac{f(x)\cdot f(\Delta x)-f(x)}{\Delta x}=f(x)\cdot\lim_{\Delta x\to 0}\frac{f(\Delta x)-f(0)}{\Delta x}$$

$$=f(x)\cdot f'(0)=f(x)$$

所以 $f(x)$ 在 $(-\infty,+\infty)$ 上可导.

例 20 求下列函数的微分:

(1)$y=\ln(1+\sqrt{x})$;(2)$y^2f(x)+xf(y)=x^2$,$f(x)$ 可微.

解 求函数的微分可采用两种方法,详见(1)题,(2)题求法与(1)题类似.

(1)方法一:先求函数的导数

$$y' = [\ln(1+\sqrt{x})]' = \frac{\frac{1}{2\sqrt{x}}}{1+\sqrt{x}}$$

因此
$$dy = d[\ln(1+\sqrt{x})] = \frac{\frac{1}{2\sqrt{x}}}{1+\sqrt{x}}dx$$

方法二：式 $y=\ln(1+\sqrt{x})$ 两边微分，得

$$dy = d[\ln(1+\sqrt{x})] = \frac{\frac{1}{2\sqrt{x}}}{1+\sqrt{x}}dx$$

(2) $y^2f(x)+xf(y)=x^2$ 两边同时对 x 微分，得

$$d[y^2f(x)+xf(y)] = dx^2$$

$$2yf(x)dy + y^2f'(x)dx + f(y)dx + xf'(y)dy = 2xdx$$

整理得
$$dy = \frac{2x-f(y)-y^2f'(x)}{2yf(x)+xf'(y)}dx$$

例 21 求 arctan1.01 的近似值.

解 取 $y=f(x)=\arctan x, x_0=1, \Delta x=0.01$，则

$$y = f(x_0+\Delta x) = \arctan 1.01, f(x_0) = \frac{\pi}{4}, f'(x_0) = \frac{1}{1+x_0^2} = \frac{1}{2}$$

所以
$$\arctan 1.01 \approx \frac{\pi}{4} + \frac{1}{2}\times 0.01 \approx 0.79$$

2.3 同步训练题

1. 选择题：

(1) 设 $f(x)=\begin{cases} e^{ax}, & x\leqslant 0; \\ b(1-x^2), & x>0. \end{cases}$ 处处可导，则(　　).

A. $a=b=1$　　B. $a=-2, b=-1$

C. $a=1, b=0$　　D. $a=0, b=1$

(2) 设 $f(x)=(x^{2008}-1)g(x)$，其中 $g(x)$ 在 $x=1$ 点连续，且 $g(1)=1$，则 $f'(1)$ 为(　　).

A. $[2008x^{2007}g(x)+(x^{2008}-1)g'(x)]|_{x=1}$　　B. 2008

C. 2007　　D. 不存在

(3)设$\frac{\mathrm{d}}{\mathrm{d}x}f(x)=g(x)$,$h(x)=x^2$,则$\frac{\mathrm{d}}{\mathrm{d}x}f[h(x)]=($　　$)$.

A. $g(x^2)$　　B. $2xg(x)$　　C. $2x^2g(x^2)$　　D. $2xg(x^2)$

(4)设$y=y(x)$由方程$y=f(x^2+y^2)+f(x+y)$所确定,且$y(0)=2$,其中f为可导函数,且$f'(2)=\frac{1}{2}$,$f'(4)=1$,则$y'(0)=($　　$)$.

A. 1　　B. $-\frac{1}{7}$　　C. $\frac{1}{7}$　　D. 0

(5)若$\Delta y=f(x_0+\Delta x)-f(x_0)$与$\Delta x(\tan\Delta x-3\cos2\Delta x)$为$\Delta x\to0$时的等价无穷小,则$f'(x_0)=($　　$)$.

A. -1　　B. -2　　C. -3　　D. 1

2. 求函数在指定点的导数:

(1)设$f'(0)$存在,且$\lim\limits_{x\to0}\frac{2}{x}\left[f(x)-f\left(\frac{x}{3}\right)\right]=a$,求$f'(0)$;

(2)设$f(x)$在$x=1$处连续,且$\lim\limits_{x\to1}\frac{f(x)}{5(x-1)}=2$,求$f'(1)$.

3. 讨论下列函数在指定点处的可导性:

(1)确定a,b的值,使函数$f(x)=\begin{cases}\sin ax, & x<0;\\ \ln(1+x)+b, & x\geqslant0.\end{cases}$在$(-\infty,+\infty)$上处处可导;

(2)$f(x)=\left(x-\frac{\pi}{2}\right)|\cos x|$,$x=\frac{\pi}{2}$;

(3)设$F(x)=\lim\limits_{t\to\infty}t^2\left[f\left(x+\frac{\pi}{t}\right)-f(x)\right]\tan\frac{x}{t}$,其中$f(x)$二阶可导,试求$F(x)$及$F'(x)$.

4. 求下列函数的导数或微分:

(1)$y=\arcsin(\sin x)$,求y';　　(2)$y=\arctan\frac{1+x}{1-x}$,求y';

(3)$y=\ln\tan\frac{x}{2}-\cos x\cdot\ln\tan x$,求$y'$;　　(4)$y=\ln(\mathrm{e}^x+\sqrt{1+\mathrm{e}^{2x}})$,求$y'$;

(5)$y=\sqrt[x]{x}\,(x>0)$,求y';　　(6)$y=\ln(1+x^x)$,求$\mathrm{d}y$.

5. 按要求计算下列各题:

(1)若$f(t)=\lim\limits_{x\to\infty}t\left(1+\frac{1}{x}\right)^{2tx}$,求$f'(t)$;

(2)设$\varphi(x)=\lim\limits_{x\to t}\frac{\sqrt{x}-\sqrt{t}+\sqrt{x-t}}{\sqrt{x^2-t^2}}$,求$\varphi'(t)$;

(3)$f'(x)=\frac{2x}{\sqrt{1-x^2}}$,求$\frac{\mathrm{d}}{\mathrm{d}x}f(\sqrt{1-x^2})$;

(4)设$f(x)$可导，$f'(0)=1$，$y=f(x^2+\sin^2 x)+f(\arctan x)$，求$y'(0)$；

(5)已知$\dfrac{d}{dx}\left[f\left(\dfrac{1}{x^2}\right)\right]=\dfrac{1}{x}$，求(1)$f'(x)$；(2)$f(x)$.

6. 求下列函数的二阶导数：

(1)$y=\cos^2 x\cdot\ln x$；　　(2)$y=\dfrac{x}{\sqrt{1-x^2}}$；

(3)$y=xf(e^{-x})$，$f''(t)$存在.

7. 求下列函数的n阶导数：

(1)$y=\sqrt{1+x}$；　　(2)$y=\dfrac{x+b}{x-a}$；

(3)$y=3^{2x+5}$.

8. 求下列隐函数的导数：

(1)设$x=y+\arctan y$，求$\dfrac{dy}{dx}$；

(2)设$\ln y=xy+\cos x$，求$\left.\dfrac{dy}{dx}\right|_{x=0}$，$\left.\dfrac{d^2y}{dx^2}\right|_{x=0}$.

9. 求下列参数方程的导数：

(1)$\begin{cases}x=a\cos^3 t\\ y=a\sin^3 t\end{cases}$，求$\dfrac{dy}{dx}$和$\dfrac{d^2y}{dx^2}$；(2)$\begin{cases}x=\ln(1+t^2)\\ y=\dfrac{\pi}{2}-\arctan t\end{cases}$，求$\dfrac{dy}{dx}$和$\dfrac{d^2y}{dx^2}$.

10. 求解下列问题：

(1)过曲线$y^2=2x^3$上的哪一点所作的切线垂直于直线$4x-3y+2=0$；

(2)求曲线$\begin{cases}x=\dfrac{1+t}{t^3}\\ y=\dfrac{3}{2t^2}+\dfrac{1}{2t}\end{cases}$在点(2,2)处的切线方程和法线方程；

(3)当a与b为何值时，才能使曲线$y=\ln\dfrac{x}{e}$与曲线$y=ax^2+bx$在$x=1$处有共同的切线.

2.4 测　验　题

1. 选择题

(1)设$f(x)=\begin{cases}\sqrt{|x|}\sin\dfrac{1}{x^2}, & x\neq 0;\\ 0, & x=0.\end{cases}$ 则$f(x)$在点$x=0$处(　　).

A. 极限不存在　　B. 极限存在,但不连续

C. 连续,但不可导　　D. 可导

(2)函数$f(x)=\lim\limits_{n\to\infty}\sqrt[n]{1+x^{2n}}$在$(-\infty,+\infty)$连续且(　　).

A. 处处可导　　B. 仅有一个不可导的点

C. 仅有两个不可导的点　　D. 至少有三个不可导的点

(3)设函数$f(x)$可导,$F(x)=f(x)(1+|\sin x|)$,则$f(0)=0$是$F(x)$在$x=0$处可导的(　　).

A. 充分必要条件　　B. 充分条件,但非必要条件

C. 必要条件,但非充分条件　　D. 既非充分条件,又非必要条件

(4)若$f(x)$为可导的偶函数,则曲线$y=f(x)$在任一点(x,y)和点$(-x,y)$处的切线斜率(　　).

A. 彼此相等　　B. 互为相反数

C. 互为倒数　　D. 不能确定其关系

(5)设$F(x)=\begin{cases}\dfrac{f(x)}{x}, & x\neq 0;\\ f(0), & x=0.\end{cases}$其中$f(x)$在$x=0$处可导,$f'(0)\neq 0$,$f(0)=0$,则$x=0$是$F(x)$的(　　).

A. 连续点　　B. 第一类间断点

C. 第二类间断点　　D. 无法确定

2. 计算题

(1)求下列函数在指定点的导数:

①设$\lim\limits_{x\to 0}\dfrac{xf(x)}{e^{2x^2}-1}=1$,且$f(0)=0$,求$f'(0)$;

②设函数对任意x均满足$f(1+x)=af(x)$,且$f'(0)=b$,其中a,b为常数,求$f'(1)$;

③设$f(x)=\begin{cases}\sin x, & x<0;\\ \ln(1+x), & x\geqslant 0.\end{cases}$求$f'_-(0)$和$f'_+(0)$,回答$f'(0)$是否存在.

(2)设$f(x)=\begin{cases}\ln(1+ax^b), & x\geqslant 0;\\ \dfrac{e^{x^2}-1}{\sin 2x}, & x<0.\end{cases}$在$x=0$点可导,求$a,b$的值.

(3)设$\varphi(x)=\begin{cases}x^3\sin\dfrac{1}{x}, & x\neq 0;\\ 0, & x=0.\end{cases}$又因为函数$f(x)$在$(-\infty,+\infty)$内可导,求$F(x)=f[\varphi(x)]$的导数.

(4)求下列函数的导数:

①$y=\sqrt[3]{x}\log_5{}^{x}+2^x\ln x$,求 y';

②$y=\dfrac{x^2\tan x}{1-e^x}$,求 y';

③$y=\sqrt{\tan\sqrt{1-2x}-x}$,求 y';

④$y=\arcsin\sqrt{\dfrac{x}{1+x}}-\cot(3^x+\pi)$,求 y';

⑤$y=(\cos 2x)^{\arctan x^2}$,求 y';

⑥设 $y=[f(x^3)]^{\frac{1}{x}}$, $f(x)>0$ 且可微,求 y'.

(5)设函数 $y=f(x)$ 由方程 $e^y+xy=e$ 所确定,求 $y''(0)$.

(6)求下列参数方程的导数:

①设$\begin{cases}x=t+\sin t\\y=2-\cos t\end{cases}$,求 y'';②设$\begin{cases}x=te^t\\e^t+e^y=2\end{cases}$,求$\dfrac{dy}{dx}\Big|_{t=0}$,$\dfrac{d^2y}{dx^2}\Big|_{t=0}$.

3. 证明题

(1)设物体作直线运动,速度 $v(t)=\sqrt{k^2+\dfrac{b^2}{s(t)}}$,其中 $s(t)$ 为位移,k,b 为正的常数. 证明加速度 $a(t)$ 的大小与位移 $s(t)$ 的平方成反比.

(2)设 $f(x)$ 在 $(-\infty,+\infty)$ 内有定义,$\forall x,y\in R$,有 $f(x+y)=f(x)f(y)$,且 $f(x)=1+xg(x)$,其中 $\lim\limits_{x\to 0}g(x)=1$,证明在 $(-\infty,+\infty)$ 内 $f(x)$ 处处可导,并求 $f'(x)$.

4. 应用题

(1)求曲线$\begin{cases}x=\dfrac{3at}{1+t^2}\\y=\dfrac{3at^2}{1+t^2}\end{cases}$在 $t=2$ 相应点处的切线和法线方程.

(2)设 $f(x)=\begin{cases}ax+b, x<1;\\\ln x, \quad x\geqslant 1.\end{cases}$问 a,b 取何值时, $f(x)$ 在 $x=1$ 处连续、可导且求 $x=1$ 时,曲线 $y=f(x)$ 在相应点处的法线方程.

(3)设 $f(x)=e^{0.1x(1-x)}$,用微分求 $f(1.05)$ 的近似值.

2.5 同步训练题答案

1. (1)D;(2)B;(3)D;(4)B;(5)C.

2. (1)$\dfrac{3}{4}a$;(2)10.

3. (1) $a=1, b=0$;(2)连续且可导;(3) $\pi x f'(x), \pi[f'(x)+xf''(x)]$.

4. (1) $\frac{\cos x}{|\cos x|}$;(2) $\frac{1}{x^2+1}$;(3) $\sin x \ln\tan x$;(4) $\frac{e^x}{\sqrt{1+e^{2x}}}$;(5) $\frac{1}{x^2}\sqrt[x]{x}(1-\ln x)$;

(6) $\frac{x^x(1+\ln x)}{1+x^x}dx$.

5. (1) $(2t+1)e^{2t}$;(2) $-(2t)^{-\frac{3}{2}}, \frac{1+y^2}{2+y^2}$;(3) $\frac{2x}{|x|}$;(4)1;(5) $-\frac{1}{2x}, -\frac{1}{2}\ln|x|+C$.

6. (1) $-2\cos 2x\ln x - 2\frac{\sin 2x}{x} - \frac{\cos^2 x}{x^2}$;(2) $\frac{3x}{(1-x^2)^{\frac{5}{2}}}$;

(3) $e^{-x}\{xf'(e^{-x}) + xe^{-x}f''(e^{-x}) - 2f'(e^{-x})\}$.

7. (1) $\frac{1}{2}(\frac{1}{2}-1)\cdots(\frac{1}{2}-n+1)(1+x)^{\frac{1}{2}-n}$;(2) $(-1)^n\frac{(a+b)\cdot n!}{(x-a)^{n+1}}$;

(3) $3^5(2\ln 3)^n 3^{2x}$.

8. (1) $\frac{1+y^2}{2+y^2}$;(2) $e^2, 3e^3-e$.

9. (1) $-\tan t, \frac{1}{3a}\sec^4 t\csc t$;(2) $-\frac{1}{2t}, \frac{1+t^2}{4t^3}$.

10. (1) $(\frac{1}{8}, -\frac{1}{16})$;(2) $7x-10y+6=0, 10x+7y-34=0$;(3) $a=2, b=-3$.

2.6 测验题答案

1. (1)C;(2)C;(3)A;(4)B;(5)B.

2. (1)①2;② ab;③ 0.

(2) $\frac{1}{2}$, 1.

(3) $F'(x)=\begin{cases} f'(x^3\sin\frac{1}{x})(3x^2\sin\frac{1}{x}-x\cos\frac{1}{x}), & x\neq 0; \\ 0, & x=0. \end{cases}$

(4)① $\sqrt[3]{x}(\frac{3}{4}x\log_5{}^x+\frac{1}{x\ln 5})+2^x(\ln 2\ln x+\frac{1}{x})$;

② $\frac{(2x\tan x+x^2\sec^2 x)+x^2e^x\tan x}{(1-e^x)^2}$;③ $-\frac{\sec^2\sqrt{1-2x}+\sqrt{1-2x}}{2\sqrt{1-2x}\cdot\sqrt{\tan\sqrt{1-2x}-x}}$;

④ $\frac{1}{2(1+x)\sqrt{x}} - \csc(3^x+\pi)3^x\ln 3$;

⑤$y=(\cos 2x)^{\arctan x^2}\left[\dfrac{2x\ln(\cos 2x)}{1+x^4}-2\arctan x^2\tan 2x\right]$;

⑥$dy=\left\{[f(x^3)]^{\frac{1}{x}}\left[\dfrac{3xf'(x^3)}{f(x^3)}-\dfrac{\ln f(x^3)}{x^2}\right]\right\}dx.$

(5)e^{-2}.

(6)①$\dfrac{1}{(1+\cos t)^2}$;②$\dfrac{dy}{dx}\Big|_{t=0}=-\dfrac{1}{(1+t)e^y}\Big|_{t=0}=-1$,

$$\frac{d^2y}{dx^2}\Big|_{t=0}=-\frac{1+(1+t)\dfrac{dy}{dx}}{(1+t)^3e^{t+y}}\Big|_{t=0}=0.$$

3. (1)略;(2)$f'(x)=f(x)$.

4. (1)$4x+3y-12a=0,3x-4y+6a=0$;(2)$a=1,b=-1,x+y-1=0$;

(3)0.995.

《微积分教程》部分习题解答

习题2－1

7. 设$f(x)$为偶函数,且$f'(0)$存在,求证$f'(0)=0$.

证明 由$f(x)$是偶函数可知

$$f'_+(0)=\lim_{x\to0^+}\frac{f(x)+f(0)}{x-0}=\lim_{-x\to0^-}-\frac{f(-x)-f(0)}{-x-0}=-f'_-(0)$$

又因为$f'(0)$存在,必有$f'_+(0)=f'_-(0)$,所以$f'(0)=0$.

9. 讨论下列函数在$x=0$的连续性和可导性:

(1)$y=x^{\frac{2}{3}}$;　　(2)$f(x)=\begin{cases}x\sin\dfrac{1}{x}, & x\neq0;\\ 0, & x=0.\end{cases}$

解 (1)因为$\lim\limits_{x\to0}x^{\frac{2}{3}}=0$,故

$$\lim_{x\to0}\frac{f(x)-f(0)}{x-0}=\lim_{x\to0}\frac{x^{\frac{2}{3}}}{x}=\lim_{x\to0}x^{-\frac{1}{3}}=\infty$$

所以$y=x^{\frac{2}{3}}$在$x=0$处连续但不可导.

(2)因为$\lim\limits_{x\to0}x\sin\dfrac{1}{x}=0$,故

$$\lim_{x\to 0}\frac{f(x)-f(0)}{x-0}=\lim_{x\to 0}\frac{x\sin\frac{1}{x}=0}{x}=\lim_{x\to 0}\sin\frac{1}{x}\text{不存在}$$

所以 $f(x)=x\sin\frac{1}{x}$ 在 $x=0$ 处连续但不可导.

12. 证明:如函数 $f(x)$ 在点 x_0 右导数存在,那么函数 $f(x)$ 在点 x_0 在点 x_0 右连续.

证明 由已知 $f'_+(x_0)=A$,即

$$\lim_{x\to x_0^+}\frac{f(x)-f(x_0)}{x-x_0}=A$$

则

$$\frac{f(x)-f(x_0)}{x-x_0}=A+\alpha,\ \lim_{x\to x_0^+}\alpha=0$$

于是

$$f(x)=f(x_0)+A(x-x_0)+\alpha(x-x_0)$$

所以

$$\lim_{x\to x_0^+}f(x)=\lim_{x\to x_0^+}[f(x_0)+A(x-x_0)+\alpha(x-x_0)]=f(x_0)$$

即 $f(x)$ 在 x_0 处右连续.

13. 设 $f(x)=(x-a)\varphi(x)$,其中 $\varphi(x)$ 在 $x=a$ 连续但不可导,试利用导数定义证明 $f(x)$ 在 $x=a$ 可导.

证明 $f'(a)=\lim\limits_{x\to a}\dfrac{f(x)-f(a)}{x-a}=\lim\limits_{x\to a}\dfrac{(x-a)\varphi(x)-0}{x-a}=\lim\limits_{x\to a}\varphi(x)$.

由于 $\varphi(x)$ 在 $x=a$ 处连续,即 $\lim\limits_{x\to a}\varphi(x)=\varphi(a)$,所以 $f'(a)=\varphi(a)$.

习题 2-2

8. 若 $u_1(x),u_2(x),\cdots,u_n(x)$ 在 x 处都可导,试证明 $u_1(x)u_2(x)\cdots u_n(x)$ 在 x 处也可导,且 $[u_1(x)u_2(x)\cdots u_n(x)]'=u_1'(x)u_2(x)\cdots u_n(x)+u_1(x)u_2'(x)\cdots u_n(x)+\cdots+u_1(x)u_2(x)\cdots u_n'(x)$.

证明 由数学归纳法:当 $n=2$ 时,$[u_1(x)u_2(x)]'=u_1'(x)u_2(x)+u_1(x)u_2'(x)$ 成立.

假设 $n=k$ 时 $[u_1(x)u_2(x)\cdots u_k(x)]'=u_1'(x)u_2(x)\cdots u_k(x)+\cdots+u_1(x)u_2(x)\cdots u_k'(x)$ 成立,则 $n=k+1$ 时

$[u_1(x)u_2(x)\cdots u_k(x)u_{k+1}(x)]'=[u_1(x)u_2(x)\cdots u_k(x)]'u_{k+1}(x)+\cdots+[u_1(x)u_2(x)\cdots u_k(x)]u'_{k+1}(x)=u_1'(x)u_2(x)\cdots u_k(x)u_{k+1}(x)+\cdots+u_1(x)u_2(x)\cdots u_k'(x)u_{k+1}(x)+\cdots+u_1(x)u_2(x)\cdots u_k(x)u'_{k+1}(x)$

说明 $n=k+1$ 时所证等式也成立,得证.

习题 2－3

5. 求下列函数在指定阶的导数：

(1) $y=x^2e^{2x}(n=20)$.

解 (1)因为 $(e^{2x})^{(n)}=2^ne^{2x}$，$(x^2)'=2x$，$(x^2)''=2$，$(x^2)^{(n)}=0(n\geqslant 3)$，所以

$$\begin{aligned}y^{(20)}&=\sum_{k=0}^{20}C_{20}^k(x^2)^{(k)}(e^{2x})^{(20-k)}\\&=C_{20}^0x^2(e^{2x})^{(20)}+C_{20}^1 2x(e^{2x})^{(19)}+C_{20}^2 2(e^{2x})^{(18)}\\&=2^{20}x^2e^{2x}+20\cdot 2x\cdot 2^{19}e^{2x}+190\cdot 2\cdot 2^{18}e^{2x}\\&=2^{20}e^{2x}(x^2+20x+95)\end{aligned}$$

习题 2－4

2. 试从 $\dfrac{dx}{dy}=\dfrac{1}{y'}$ 推出：

(1) $\dfrac{d^2x}{dy^2}=-\dfrac{y''}{(y')^3}$；　　(2) $\dfrac{d^3x}{dy^3}=\dfrac{3(y'')^2-y'y'''}{(y')^5}$.

解 (1) $\dfrac{d^2x}{dy^2}=\dfrac{d}{dy}\left(\dfrac{dx}{dy}\right)=\dfrac{d}{dy}\left(\dfrac{1}{y'}\right)=\dfrac{d}{dx}\left(\dfrac{1}{y'}\right)\cdot\dfrac{dx}{dy}=\dfrac{-y''}{y'^2}\cdot\dfrac{1}{y'}=\dfrac{-y''}{y'^3}$.

(2) $\dfrac{d^3x}{dy^3}=\dfrac{d}{dy}\left(\dfrac{-y''}{y'^3}\right)=\dfrac{d}{dx}\left(\dfrac{-y''}{y'^3}\right)\cdot\dfrac{dx}{dy}=-\dfrac{y'''y'^3-(y'')^2 3(y')^2}{y'^6}\cdot\dfrac{1}{y'}$

$=\dfrac{3(y'')^2-y'y'''}{y'^5}$.

4. 证明：椭圆 $\dfrac{x^2}{a^2}+\dfrac{y^2}{b^2}=1$ 在点 $P(x_0,y_0)$ 的切线方程是 $\dfrac{xx_0}{a^2}+\dfrac{yy_0}{b^2}=1$.

证明 方程 $\dfrac{x^2}{a^2}+\dfrac{y^2}{b^2}=1$ 两端同时对 x 求导，得

$$\frac{2x}{a^2}+\frac{2yy'}{b^2}=0$$

整理，得

$$y'=-\frac{b^2x}{a^2y}$$

所以椭圆在点 $P(x_0,y_0)$ 的切线斜率为 $k=-\dfrac{b^2x_0}{a^2y_0}$，因为切线方程为

$$y-y_0=-\frac{b^2x_0}{a^2y_0}(x-x_0)$$

整理,得

$$\frac{xx_0}{a^2}+\frac{yy_0}{b^2}=\frac{x_0^2}{a^2}+\frac{y_0^2}{b^2}$$

又点 $P(x_0,y_0)$ 是椭圆上一点,故有

$$\frac{x_0^2}{a^2}+\frac{y_0^2}{b^2}=1$$

所以椭圆在点 $P(x_0,y_0)$ 的切线方程为

$$\frac{xx_0}{a^2}+\frac{yy_0}{b^2}=1$$

5. 求下列方程所确定的隐函数的二阶导数 $\frac{\mathrm{d}^2y}{\mathrm{d}x^2}$:

(2) $\arctan\frac{y}{x}=\ln\sqrt{x^2+y^2}$.

解 方程 $\arctan\frac{y}{x}=\ln\sqrt{x^2+y^2}$ 两端同时对 x 求导,得

$$\frac{1}{1+\left(\frac{y}{x}\right)^2}\cdot\frac{y'x-y}{x^2}=\frac{1}{\sqrt{x^2+y^2}}\cdot\frac{2x+2yy'}{2\sqrt{x^2+y^2}}$$

整理,得

$$y'=\frac{x+y}{x-y}$$

又因为

$$y''=\frac{(1+y')(x+y)-(x+y)(1-y')}{(x-y)^2}$$

将 $y'=\frac{x+y}{x-y}$ 代入上式,整理得

$$y''=\frac{2(x^2+y^2)}{(x-y)^3}$$

6. 求下列参数方程所确定的函数的二阶导数 $\frac{\mathrm{d}^2y}{\mathrm{d}x^2}$:

(4) $\begin{cases}x=\ln(1+t^2)\\ y=t-\arctan t\end{cases}$.

解 $\frac{\mathrm{d}y}{\mathrm{d}x}=\frac{1-\frac{1}{1+t^2}}{\frac{2t}{1+t^2}}=\frac{t}{2}$.

$$\frac{\mathrm{d}^2y}{\mathrm{d}x^2}=\frac{\mathrm{d}\left(\frac{t}{2}\right)}{\mathrm{d}x}=\frac{\mathrm{d}\left(\frac{t}{2}\right)}{\mathrm{d}t}\frac{\mathrm{d}t}{\mathrm{d}x}=\frac{1-\frac{1}{1+t^2}}{\frac{2t}{1+t^2}}=\frac{1}{2}\cdot\frac{1}{\frac{2t}{1+t^2}}=\frac{1+t^2}{4t}.$$

第3章　中值定理与导数应用

3.1　知识要点

3.1.1　中值定理

中值定理的具体内容见表3-1.

表3-1　中值定理

	Rolle 定理	Lagrange 定理	Cauchy 定理
条件	若$f(x)$满足 (1)在$[a,b]$上连续 (2)在(a,b)内可导 (3)$f(a)=f(b)$	若$f(x)$满足 (1)在$[a,b]$上连续 (2)在(a,b)内可导	若$f(x),g(x)$满足 (1)在$[a,b]$上连续 (2)在(a,b)内可导 $\forall x\in(a,b),g'(x)\neq 0$
结论	至少存在一点$\xi\in(a,b)$，使$f'(\xi)=0$	至少存在一点 $\xi\in(a,b)$，使得 $f'(\xi)=\dfrac{f(b)-f(a)}{b-a}$	至少存在一点 $\xi\in(a,b)$，使得 $\dfrac{f(b)-f(a)}{g(b)-g(a)}=\dfrac{f'(\xi)}{g'(\xi)}$

中值定理是在函数与导数之间建立了桥梁，是导数应用的理论基础. 在应用中值定理证明时，关键是要构造合适的辅助函数(见例1,2,3,4).

3.1.2　洛必达法则

1. 在$x\to a$时的洛必达法则见表3-2.

表3-2　$x\to a$时的洛必达法则

	$\dfrac{0}{0}$型	$\dfrac{\infty}{\infty}$型
条件	(1)当$x\to a$时，函数$f(x)$与$g(x)$都以零为极限； (2)在点a的某去心邻域内，$f'(x)$与$g'(x)$都存在且$g'(x)\neq 0$； (3)$\lim\limits_{x\to a}\dfrac{f'(x)}{g'(x)}=A$(或$\infty$)	(1)当$x\to a$时，函数$f(x)$与$g(x)$都以无穷为极限； (2)在点a的某去心邻域内，$f'(x)$与$g'(x)$都存在且$g'(x)\neq 0$； (3)$\lim\limits_{x\to a}\dfrac{f'(x)}{g'(x)}=A$(或$\infty$)
结论	$\lim\limits_{x\to a}\dfrac{f(x)}{g(x)}=\lim\limits_{x\to a}\dfrac{f'(x)}{g'(x)}$	$\lim\limits_{x\to a}\dfrac{f(x)}{g(x)}=\lim\limits_{x\to a}\dfrac{f'(x)}{g'(x)}$

2. 在 $x\to\infty$ 时也有类此于表 3－2 的洛必达法则.

3. 对于 $0\cdot\infty,\infty-\infty,1^{\infty},0^0,\infty^0$ 未定式可通过变形将其转化为 $\frac{0}{0}$ 型和 $\frac{\infty}{\infty}$ 型未定式来求.

4. 应用洛必达法则求极限时要注意:

(1)检验未定式是否满足定理的条件;

(2)要和其他求极限的方法(如等价无穷小替换等)结合使用,另外在用洛必达法则之前,能化简的先化简,这样会使求解更加简洁;

(3)求数列极限时,应先将其转化为对应的函数的极限,再应用洛必达法则.

3.1.3 泰勒公式

1. 带拉格朗日余项的泰勒公式

如果函数 $f(x)$ 在含有 x_0 的某个开区间 (a,b) 内具有直到 $(n+1)$ 阶的导数,则当 x 在 (a,b) 内时, $f(x)$ 可以表示为

$$f(x)=f(x_0)+f'(x_0)(x-x_0)+\frac{f''(x_0)}{2!}(x-x_0)^2+\cdots+\frac{f^{(n)}(x_0)}{n!}(x-x_0)^n+R_n(x),$$

其中 $R_n(x)=\frac{f^{(n+1)}(\xi)}{(n+1)!}(x-x_0)^{n+1}$ (ξ 介于 x_0 与 x 之间).

2. 带皮亚诺余项的泰勒公式

如果函数 $f(x)$ 在含有 x_0 的某个开区间 (a,b) 内具有直到 n 阶的导数,则当 x 在 (a,b) 内时, $f(x)$ 可以表示为

$$f(x)=f(x_0)+f'(x_0)(x-x_0)+\frac{f''(x_0)}{2!}(x-x_0)^2+\cdots+\frac{f^{(n)}(x_0)}{n!}(x-x_0)^n+R_n(x),$$

其中 $R_n(x)=o[(x-x_0)^n]$.

若取 $x_0=0$,则泰勒公式变成

$$f(x)=f(0)+f'(0)x+\frac{f''(0)}{2!}x^2+\cdots+\frac{f^{(n)}(0)}{n!}x^n+R_n(x)$$

$$R_n(x)=\frac{f^{(n+1)}(\theta x)}{(n+1)!}x^{n+1}\ (0<\theta<1) \text{或} R_n(x)=o(x^n)$$

称为麦克劳林公式.

3. 五个初等函数的麦克劳林公式

(1) $e^x=1+x+\frac{x^2}{2!}+\cdots+\frac{x^n}{n!}+\frac{e^{\xi}}{(n+1)!}x^{n+1}$ (ξ 介于 0 与 x 之间);

(2) $\sin x=x-\frac{x^3}{3!}+\frac{x^5}{5!}-\cdots+\frac{(-1)^{m-1}}{(2m-1)!}x^{2m-1}+R_{2m}(x)$,

其中 $R_{2m}(x)=\dfrac{\sin\left[\xi+(2m+1)\dfrac{\pi}{2}\right]}{(2m+1)!}x^{2m+1}$（$\xi$ 介于 0 与 x 之间）；

(3) $\cos x=1-\dfrac{x^2}{2!}+\dfrac{x^4}{4!}-\cdots+\dfrac{(-1)^m}{(2m)!}x^{2m}+R_{2m+1}(x)$，

其中 $R_{2m+1}(x)=\dfrac{\cos[\xi+(m+1)\pi]}{(2m+2)!}x^{2m+2}$（$\xi$ 介于 0 与 x 之间）；

(4) $\ln(1+x)=x-\dfrac{x^2}{2}+\dfrac{x^3}{3}-\cdots+\dfrac{(-1)^{n-1}}{n}x^n+R_n(x)$，

其中 $R_n(x)=\dfrac{(-1)^n}{(n+1)(1+\xi)^{n+1}}x^{n+1}$（$\xi$ 介于 0 与 x 之间）；

(5) $(1+x)^\alpha=1+\alpha x+\dfrac{\alpha(\alpha-1)}{2!}x^2+\cdots+\dfrac{\alpha(\alpha-1)\cdots(\alpha-n+1)}{n!}x^n+R_n(x)$，

其中 $R_n(x)=\dfrac{\alpha(\alpha-1)\cdots(\alpha-n+1)(\alpha-n)}{(n+1)!}(1+\xi)^{\alpha-n-1}x^{n+1}$（$\xi$ 介于 0 与 x 之间）.

3.1.4 函数的性质

1. 函数的单调性和凹凸性的判断方法

函数的单调性和凹凸性的判断方法见表 3－3.

表 3－3 函数的单调性和凹凸性

单调性	(1)若在 (a,b) 内 $f'(x)>0$，则 $y=f(x)$ 在 $[a,b]$ 上单调增加； (2)若在 (a,b) 内 $f'(x)<0$，则 $y=f(x)$ 在 $[a,b]$ 上单调减少
凹凸性	(1)若在 (a,b) 内，$f''(x)>0$，则 $f(x)$ 在 $[a,b]$ 上的图形是凹的； (2)若在 (a,b) 内，$f''(x)<0$，则 $f(x)$ 在 $[a,b]$ 上的图形是凸的

2. 函数的极值点和拐点

(1)可能的极值点：驻点、不可导点.

(2)判断极值点的方法：

判别法 1，设 $f(x)$ 在 x_0 的某邻域内连续，见表 3－4.

表 3－4　判别法 1

$(x_0-\delta,x_0)$	x_0	$(x_0,x_0+\delta)$
$f'(x)>0$	极大值点	$f'(x)<0$
$f'(x)<0$	极小值点	$f'(x)>0$
$f'(x)>0$	非极值点	$f'(x)>0$
$f'(x)<0$	非极值点	$f'(x)<0$

判别法 2，$f(x)$在点 x_0 处具有二阶导数，且$f'(x_0)=0$，则见表 3－5.

表 3－5　判别法 2

	x_0
$f''(x_0)>0$	极小值点
$f''(x_0)<0$	极大值点

(3)可能的拐点：

$f''(x_0)=0$ 或$f''(x_0)$不存在时对应的点$(x_0,f(x_0))$.

(4)判断拐点的方法：

若曲线 $y=f(x)$在点 x_0 的左右两侧的凹凸性不同，即$f''(x)$在点 x_0 的左右两侧变号，则对应的点$(x_0,f(x_0))$为拐点.

3. 函数的最值

(1)求出$f(x)$在(a,b)内的所有驻点和不可导点，设它们是 $x_1,x_2,\cdots,x_n$.

(2)计算函数值$f(x_1),f(x_2),\cdots,f(x_n)$及$f(a),f(b)$.

(3)比较以上函数值的大小，最大的即为最大值，最小的即为最小值. 设最大值为 M，最小值为 m，也就是说

$$M=\max_{x\in[a,b]}\{f(a),f(x_1),f(x_2),\cdots,f(x_n),f(b)\}$$
$$m=\min_{x\in[a,b]}\{f(a),f(x_1),f(x_2),\cdots,f(x_n),f(b)\}$$

4. 函数作图的一般步骤

(1)确定函数的定义域，此时判定函数有无奇偶性和周期性会对作图有很大的帮助；

(2)求出函数的单调区间和极值点，曲线的凹凸区间和拐点；

(3)求函数的水平渐进线和铅直渐进线；

(4)求函数在特殊点(包括间断点及一阶导数、二阶导数为零及不存在的点)处的函数值，定出图形上相应的点，结合前面的结果，连接这些点画出函数图形的大概形状.

3.1.5 曲率

1. 需要了解的概念:曲率、曲率圆、曲率半径.

曲率是切线转角关于弧长的变化率.

2. 曲率计算公式

曲率的计算公式见表 3-6.

表 3-6 曲率的计算公式

曲线方程	$y=f(x)$
曲率公式	$K=\dfrac{\lvert y''\rvert}{(1+y'^2)^{3/2}}$

3. 曲率与曲率半径 ρ 的关系:$\rho=\dfrac{1}{K}$.

3.1.6 思考

利用中值定理证明时,辅助函数如何去找?(见例 1,2,3,4)

3.2 典 型 例 题

例 1 ~ 例 6 是与中值定理、泰勒公式有关的证明题.

例 1 设 $f(x)$ 在 $[0,1]$ 上连续,在 $(0,1)$ 内可导,且 $f(0)=f(1)=0$, $f(\frac{1}{2})=1$,证明:至少存在 $\xi\in(0,1)$,使得 $f'(\xi)=1$.

分析 即证 $f'(x)-1=0$ 在 $(0,1)$ 内至少有一个根 ξ. 根据这个结论,我们要找的辅助函数 $F(x)$ 应满足 $F'(x)=f'(x)-1$,则 $F(x)=f(x)-x$. 那么对 $F(x)$ 应用罗尔定理即可得到结论.

证明 构造辅助函数 $F(x)=f(x)-x$,则 $F'(x)=f'(x)-1$,

则 $F(x)$ 在 $[0,1]$ 上连续,$(0,1)$ 内可导,且有 $F(0)=0$. 又因为 $F(\frac{1}{2})=\frac{1}{2}>0$,$F(1)=-1<0$,由介值定理,存在点 $t\in(\frac{1}{2},1)$,使得 $F(t)=0$. 所以 $F(x)$ 在 $[0,t]$ 上满足罗尔定理条件. 因此至少存在点 $\xi\in(0,1)$,使得 $F'(\xi)=0$,即 $f'(\xi)=1$.

例 2 设实数 $a_1,a_2,\cdots,a_n$ 满足 $a_1-\frac{a_2}{3}+\cdots+(-1)^{n-1}\frac{a_n}{2n-1}=0$,证明方程 $a_1\cos x+a_2\cos 3x+\cdots+a_n\cos(2n-1)x=0$,在$(0,\frac{\pi}{2})$内至少有一个实根.

分析 类似于例 1 的分析,根据要证的结论,辅助函数 $F(x)$ 应满足

$$F'(x)=a_1\cos x+a_2\cos 3x+\cdots+a_n\cos(2n-1)x$$

所以辅助函数设为

$$F(x)=a_1\sin x+\frac{a_2}{3}\sin 3x+\cdots+\frac{a_n}{2n-1}\sin(2n-1)x$$

证明 设 $F(x)=a_1\sin x+\frac{a_2}{3}\sin 3x+\cdots+\frac{a_n}{2n-1}\sin(2n-1)x$,则 $F(0)=F(\frac{\pi}{2})=0$,

$$F'(x)=a_1\cos x+a_2\cos 3x+\cdots+a_n\cos(2n-1)x$$

由罗尔定理知,至少存在一点 $\xi\in(0,\frac{\pi}{2})$,使 $F'(\xi)=0$,

即方程

$$a_1\cos x+a_2\cos 3x+\cdots+a_n\cos(2n-1)x=0$$

在$(0,\frac{\pi}{2})$内至少有一个实根.

例 3 设 $y=f(x)(0\leqslant x\leqslant 1)$具有二阶导数,且$f(0)=f(1)$,证明至少存在 $\xi\in(0,1)$,使得 $f''(\xi)=\frac{2f'(\xi)}{1-\xi}$.

证明 方法一:令 $F(x)=(1-x)^2f'(x)$,则 $F'(x)=-2(1-x)f'(x)+(1-x)^2f''(x)$.

因为$f(0)=f(1)$,所以由罗尔定理知 $\exists\eta\in(0,1)$,使 $f'(\eta)=0$,则 $F(\eta)=0$. 又因为 $F(1)=0$,所以对 $F(x)$ 在$[\eta,1]$上应用罗尔定理,至少存在 $\xi\in(\eta,1)\subset(0,1)$,使得 $F'(\xi)=0$,即

$$-2f'(\xi)+(1-\xi)f''(\xi)=0$$

方法二:令 $F(x)=x(1-x)f'(x)-f(x)$,则

$$F'(x)=-2xf'(x)+x(1-x)f''(x)$$

因为 $F(0)=F(1)$,所以由罗尔定理即得结论.

方法三:令 $F(x)=[f(x)-f(0)](1-x)$,则

$$F'(x)=f'(x)(1-x)-f(x)+f(0),F(0)=F(1)$$

由罗尔定理知至少存在 $\eta\in(0,1)$,使 $F'(\eta)=0$,又因为 $F'(1)=0$,所以至少存在 $\xi\in(\eta,1)\subset(0,1)$,使得 $F''(\xi)=0$. 即结论成立.

例 4 设$f(x)$在$[a,b]$上可导,$b>a>0$,证明:至少存在一点 $\xi\in(a,b)$,使得

$$\frac{1}{a-b}[af(b)-bf(a)]=f(\xi)-\xi f'(\xi)$$

证明 令 $F(x)=\dfrac{f(x)}{x},G(x)=\dfrac{1}{x}$,

则 $F'(x)=\dfrac{xf'(x)-f(x)}{x^2},G'(x)=-\dfrac{1}{x^2}$.

对 $F(x)$ 和 $G(x)$ 在 $[a,b]$ 上应用柯西中值定理

$$\frac{\dfrac{f(b)}{b}-\dfrac{f(a)}{a}}{\dfrac{1}{b}-\dfrac{1}{a}}=\frac{\dfrac{\xi f'(\xi)-f(\xi)}{\xi^2}}{-\dfrac{1}{\xi^2}}$$

整理即得结论.

评注 构造辅助函数的一个重要原则是由所证的结论入手,找到相应的辅助函数,而且辅助函数不唯一.

例 5 设 $f(x)$ 在 $[0,1]$ 上具有二阶导数且 $|f''(x)|\leqslant M$, $f(x)$ 在 $(0,1)$ 内取得最大值 M,试证: $|f'(0)|+|f'(1)|\leqslant M$.

证明 由已知设 $f(x)$ 在点 $x_0[x_0\in(0,1)]$ 处取到最大值,则必有 $f'(x_0)=0$.

分别在 $[0,x_0]$ 和 $[x_0,1]$ 上对 $f'(x)$ 应用拉格朗日定理,有

$f'(x_0)-f'(0)=f''(\xi_1)x_0,f'(1)-f'(x_0)=f''(\xi_2)(1-x_0),0<\xi_1<x_0<\xi_2<1.$

故 $|f'(0)|+|f'(1)|=|x_0f''(\xi_1)|+|(1-x_0)f''(\xi_2)|\leqslant x_0M+(1-x_0)M=M.$

例 6 设 $f(x)$ 在 $[a,b]$ 上二阶可导,且 $f'(a)=f'(b)=0$,则在 (a,b) 上至少有一点 ξ 使得 $|f''(\xi)|\geqslant\dfrac{4}{(b-a)^2}|f(b)-f(a)|$.

证明 $f(x)$ 在 $x=a$ 和 $x=b$ 的泰勒展开式分别为

$f(x)=f(a)+f'(a)(x-a)+\dfrac{f''(\xi_1)}{2}(x-a)^2,\xi_1$ 介于 a 与 x 之间;

$f(x)=f(b)+f'(b)(x-b)+\dfrac{f''(\xi_2)}{2}(x-b)^2,\xi_1$ 介于 x 与 b 之间.

当 $x=\dfrac{a+b}{2}$ 时,分别有

$f(\dfrac{a+b}{2})=f(a)+f'(a)\dfrac{b-a}{2}+\dfrac{f''(\xi_1)}{2}(\dfrac{b-a}{2})^2,\xi_1\in(a,\dfrac{a+b}{2})$;

$f(\dfrac{a+b}{2})=f(b)+f'(b)\dfrac{a-b}{2}+\dfrac{f''(\xi_2)}{2}(\dfrac{b-a}{2})^2,\xi_2\in(\dfrac{a+b}{2},b)$.

两式相减得

$|f(b)-f(a)|=\dfrac{1}{8}(b-a)^2|f''(\xi_1)-f''(\xi_2)|$

$$\leqslant \frac{1}{8}(b-a)^2(|f''(\xi_1)|+|f''(\xi_2)|)$$

当 $|f''(\xi_1)| \geqslant |f''(\xi_2)|$ 时,取 $\xi=\xi_1$;当 $|f''(\xi_1)| \leqslant |f''(\xi_2)|$ 时,取 $\xi=\xi_2$,则 $|f(b)-f(a)| \leqslant \frac{1}{4}(b-a)^2|f''(\xi)|$,即 $|f''(\xi)| \geqslant \frac{4}{(b-a)^2}|f(b)-f(a)|$.

例 7 用洛必达法则求下列极限:

(1) $\lim\limits_{x\to 0}\left(\frac{1}{x}-\frac{1}{e^x-1}\right)$;　　(2) $\lim\limits_{x\to 0^+}\frac{(x^{\sin x}-1)\ln(1+x)}{x^2\ln x}$;

(3) $\lim\limits_{x\to 0}\frac{e^x-e^{\sin x}}{\sin^3 x}$;　　(4) $\lim\limits_{x\to 0}\frac{\cos x-e^{-\frac{x^2}{2}}}{x^4}$;

(5) $\lim\limits_{n\to\infty}\left(\sqrt[n]{e}+\frac{1}{n}\right)^n$.

解 (1) $\lim\limits_{x\to 0}\left(\frac{1}{x}-\frac{1}{e^x-1}\right)=\lim\limits_{x\to 0}\frac{e^x-1-x}{x(e^x-1)}=\lim\limits_{x\to 0}\frac{e^x-1}{e^x+xe^x-1}$

$$=\lim_{x\to 0}\frac{e^x}{2e^x+xe^x}=\frac{1}{2}.$$

(2) $\lim\limits_{x\to 0^+}\frac{(x^{\sin x}-1)\ln(1+x)}{x^2\ln x}=\lim\limits_{x\to 0^+}\frac{(x^{\sin x}-1)}{x\ln x}\cdot\frac{\ln(1+x)}{x}$

$$=\lim_{x\to 0^+}\frac{x^{\sin x}-1}{x\ln x}.$$

由于 $\lim\limits_{x\to 0^+}x^{\sin x}=e^{\lim\limits_{x\to 0^+}\sin x\ln x}=e^{\lim\limits_{x\to 0^+}\frac{\ln x}{\csc x}}=e^{\lim\limits_{x\to 0^+}\frac{\frac{1}{x}}{-\cot x\csc x}}=e^{\lim\limits_{x\to 0^+}-\frac{\sin^2 x}{x\cos x}}=e^0=1$,上式仍然是 $\frac{0}{0}$ 型,所以

$$上式=\lim_{x\to 0^+}\frac{x^{\sin x}\left(\cos x\cdot\ln x+\frac{\sin x}{x}\right)}{1+\ln x}=\lim_{x\to 0^+}\frac{\cos x\cdot\ln x+\frac{\sin x}{x}}{1+\ln x}$$

$$=\lim_{x\to 0^+}\frac{\cos x+\frac{\sin x}{x}\cdot\frac{1}{\ln x}}{\frac{1}{\ln x}+1}=1$$

(3) $\lim\limits_{x\to 0}\frac{e^x-e^{\sin x}}{\sin^3 x}=\lim\limits_{x\to 0}\frac{e^{\sin x}(e^{x-\sin x}-1)}{x^3}=\lim\limits_{x\to 0}\frac{e^{x-\sin x}-1}{x^3}$,

当 $x\to 0$ 时,$e^{x-\sin x}-1\sim x-\sin x$,所以

$$上式=\lim_{x\to 0}\frac{x-\sin x}{x^3}=\lim_{x\to 0}\frac{1-\cos x}{3x^2}=\frac{1}{6}$$

(4) $\lim\limits_{x\to 0}\frac{\cos x-e^{-\frac{x^2}{2}}}{x^4}=\lim\limits_{x\to 0}\frac{-\sin x+xe^{-\frac{x^2}{2}}}{4x^3}=\lim\limits_{x\to 0}\frac{-\cos x+e^{-\frac{x^2}{2}}-x^2e^{-\frac{x^2}{2}}}{12x^2}$

$$=\lim_{x\to 0}\frac{-\cos x+e^{-\frac{x^2}{2}}}{12x^2}-\frac{1}{12}=\lim_{x\to 0}\frac{\sin x-xe^{-\frac{x^2}{2}}}{24x}-\frac{1}{12}$$

$$=\frac{1}{24}-\frac{1}{24}-\frac{1}{12}=-\frac{1}{12}$$

(5)首先考察$\lim\limits_{x\to+\infty}(e^{\frac{1}{x}}+\frac{1}{x})^x$.

由于 $\lim\limits_{x\to+\infty}(e^{\frac{1}{x}}+\frac{1}{x})^x=e^{\lim\limits_{x\to+\infty}\frac{\ln(e^{\frac{1}{x}}+\frac{1}{x})}{\frac{1}{x}}}$，

而 $\lim\limits_{x\to+\infty}\dfrac{\ln(e^{\frac{1}{x}}+\frac{1}{x})}{\frac{1}{x}}=\lim\limits_{t\to 0^+}\dfrac{\ln(e^t+t)}{t}=\lim\limits_{t\to 0^+}\dfrac{e^t+1}{e^t+t}=2.$

所以
$$\lim_{x\to+\infty}(e^{\frac{1}{x}}+\frac{1}{x})^x=e^2$$

由数列极限与函数极限的关系，得
$$\lim_{n\to\infty}(\sqrt[n]{e}+\frac{1}{n})^n=e^2$$

评注 数列极限不能直接用洛必达法则，要先把它转化为函数的极限再用.

例 8 利用泰勒公式求下列极限：

(1) $\lim\limits_{x\to 0}\dfrac{e^x-\sin x-1}{1-\sqrt{1-x^2}}$； (2) $\lim\limits_{x\to 0}\left(1+\dfrac{1}{x^2}-\dfrac{1}{x^3}\ln\dfrac{2+x}{2-x}\right)$.

解 (1) 因为$\sqrt{1-x^2}=(1-x^2)^{\frac{1}{2}}=1-\frac{1}{2}x^2+o(x^2)$，

$e^x=1+x+\frac{1}{2}x^2+o(x^2)$，$\sin x=x+o(x^2)$，

所以 原式$=\lim\limits_{x\to 0}\dfrac{1+x+\frac{1}{2}x^2+o(x^2)-x-o(x^2)-1}{1-1+\frac{1}{2}x^2+o(x^2)}$

$$=\lim_{x\to 0}\frac{\frac{1}{2}x^2+o(x^2)}{\frac{1}{2}x^2+o(x^2)}=1.$$

(2) $\ln(1+x)=x-\dfrac{x^2}{2}+\dfrac{x^3}{3}-\cdots+\dfrac{(-1)^{n-1}}{n}x^n+o(x^n)$，

所以 $\ln\dfrac{2+x}{2-x}=\ln(1+\dfrac{x}{2})-\ln(1-\dfrac{x}{2})$

$$=\left[\frac{x}{2}-\frac{1}{2}\left(\frac{x}{2}\right)^2+\frac{1}{3}\left(\frac{x}{2}\right)^3+o(x^3)\right]-\left[-\frac{x}{2}-\frac{1}{2}\left(\frac{x}{2}\right)^2-\frac{1}{3}\left(\frac{x}{2}\right)^3+o(x^3)\right]$$

$$=x+\frac{1}{12}x^3+o(x^3).$$

因此　原式 $=\lim\limits_{x\to0}\left[1+\dfrac{1}{x^2}-\dfrac{1}{x^3}\left(x+\dfrac{1}{12}x^3+o(x^3)\right)\right]$

$$=\lim_{x\to0}\left[\frac{11}{12}+\frac{o(x^3)}{x^3}\right]=\frac{11}{12}.$$

例 9　设 $f(x)$ 具有一阶连续导数，$f''(0)$ 存在，$f'(0)=0$，$f(0)=0$，试证明由

$$g(x)=\begin{cases}f'(0),x=0;\\ \dfrac{f(x)}{x},x\neq0.\end{cases}$$

所定义的函数 $g(x)$ 具有一阶连续导数.

证明　由题设知，当 $x\neq0$ 时有

$$g'(x)=\frac{xf'(x)-f(x)}{x^2}$$

它显然是连续的，故只需证明当 $x=0$ 时 $g'(x)$ 也是连续的. 首先求 $g'(0)$ 的值.

因为 $\lim\limits_{x\to0}\dfrac{g(x)-g(0)}{x-0}=\lim\limits_{x\to0}\dfrac{\dfrac{f(x)}{x}-f'(0)}{x}$

$$=\lim_{x\to0}\frac{f(x)-xf'(0)}{x^2}=\lim_{x\to0}\frac{f'(x)-f'(0)}{2x}=\frac{1}{2}f''(0).$$

故 $g'(0)$ 存在，且 $g'(0)=\dfrac{f''(0)}{2}$. 又因为

$$\lim_{x\to0}g'(x)=\lim_{x\to0}\frac{xf'(x)-f(x)}{x^2}$$

$$=\lim_{x\to0}\left\{\frac{x[f'(x)-f'(0)]}{x^2}-\frac{f(x)-xf'(0)}{x^2}\right\}$$

$$=\lim_{x\to0}\frac{f'(x)-f'(0)}{x}-\lim_{x\to0}\frac{f'(x)-f'(0)}{2x}$$

$$=\frac{f''(0)}{2}=g'(0)$$

所以 $g'(x)$ 在 $x=0$ 处连续.

评注　除第一章求极限的方法之外，现在还可以利用导数定义、洛必达法则、泰勒展开式来求极限.

例 10　求证：$\dfrac{2}{\pi}x<\sin x<x,x\in(0,\dfrac{\pi}{2})$.

证明 设$f(x)=\sin x-\frac{2}{\pi}x$,则$f'(x)=\cos x-\frac{2}{\pi}$.令$f'(x)=0$解得驻点$x_0=\arccos\frac{2}{\pi}$.由$f(0)=f(\frac{\pi}{2})=0$及表3-7可知函数的大体形状如图3-1所示,所以$f(x)\geqslant 0, x\in(0,\frac{\pi}{2})$.

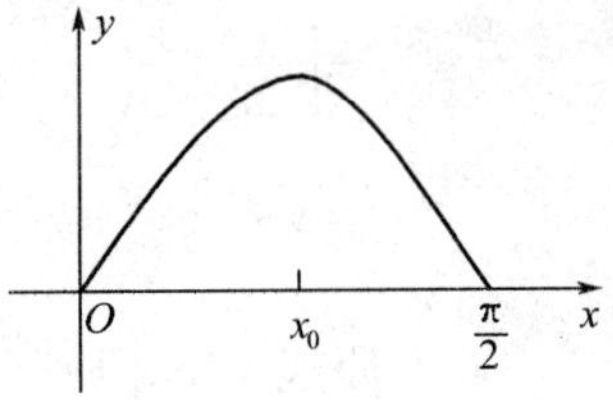

图3-1

即 $$\sin x>\frac{2}{\pi}x, x\in(0,\frac{\pi}{2})$$

表3-7

	$(0,x_0)$	x_0	$(x_0,\frac{\pi}{2})$
$f'(x)$	+	0	-
$f(x)$	↗	极大值	↘

又设$g(x)=\sin x-x, g(0)=0, g'(x)=\cos x-1<0$,所以当$x\in(0,\frac{\pi}{2})$时, $\sin x<x$.

综上,当$x\in(0,\frac{\pi}{2})$时, $\frac{2x}{\pi}<\sin x<x$成立.

例11 试比较e^{π}与π^{e}的大小.

解 方法一:引入辅助函数$f(x)=x-e\ln x$.

由$f'(x)=1-\frac{e}{x}$知,当$x>e$时,$f'(x)>0$, $f(x)$是单调增加的,且$f(e)=0$,从而

$$f(x)=x-e\ln x>0(x>e)$$

又因为$\pi>e$,得

$$f(\pi)=\pi-e\ln\pi>0$$

整理得

$$e^{\pi}>e^{e\ln\pi}=\pi^{e}$$

方法二:设$f(x)=\frac{\ln x}{x}$,当$x>e$时有

$$f'(x)=\frac{1-\ln x}{x^2}<0$$

故$f(x)$在$[e,+\infty)$上严格单调递减,而$\pi>e$,所以

$$\frac{\ln\pi}{\pi}<\frac{\ln e}{e}, e\ln\pi<\pi\ln e$$

即
$$e^{\pi} > \pi^{e}$$

例 12 证明不等式$\dfrac{a^{\frac{1}{n+1}}}{(n+1)^2} < \dfrac{a^{\frac{1}{n}} - a^{\frac{1}{n+1}}}{\ln a} < \dfrac{a^{\frac{1}{n}}}{n^2}(a>1,n\geqslant 1)$

证明 设$f(x)=a^{\frac{1}{x}}$,对$f(x)$在$[n,n+1]$上应用拉格朗日中值定理
$$a^{\frac{1}{n+1}} - a^{\frac{1}{n}} = -\frac{1}{\xi^2}a^{\frac{1}{\xi}}\ln a(n+1-n),n<\xi<n+1$$

由 $a>1$ 知 $\ln a>0$,故 $\dfrac{a^{\frac{1}{n}} - a^{\frac{1}{n+1}}}{\ln a} = \dfrac{a^{\frac{1}{\xi}}}{\xi^2}$.

由 $a^{\frac{1}{n+1}} < a^{\frac{1}{\xi}} < a^{\frac{1}{n}}$ 可知, $\dfrac{a^{\frac{1}{n+1}}}{(n+1)^2} < \dfrac{a^{\frac{1}{\xi}}}{\xi^2} < \dfrac{a^{\frac{1}{n}}}{n^2}$.

故
$$\frac{a^{\frac{1}{n+1}}}{(n+1)^2} < \frac{a^{\frac{1}{n}} - a^{\frac{1}{n+1}}}{\ln a} < \frac{a^{\frac{1}{n}}}{n^2}(a>1,n\geqslant 1)$$

评注 通常除了利用单调性证明不等式以外,还可以利用中值定理、泰勒公式、函数的凹凸性等.

例 13 就 k 的不同取值情况,讨论方程 $x-\dfrac{\pi}{2}\sin x=k$ 在开区间$(0,\dfrac{\pi}{2})$内根的个数.

解 设$f(x)=x-\dfrac{\pi}{2}\sin x$,则$f(x)$在$\left[0,\dfrac{\pi}{2}\right]$上连续,

由$f'(x)=1-\dfrac{\pi}{2}\cos x=0$,解得$f(x)$在$\left(0,\dfrac{\pi}{2}\right)$内的唯一驻点 $x_0=\arccos\dfrac{2}{\pi}$,见表 3-8.

表 3-8

	$(0,x_0)$	x_0	$(x_0,\frac{\pi}{2})$
$f'(x)$	$-$	0	$+$
$f(x)$	↘	最小值	↗

由表 3-8 可知,$y_0=x_0-\dfrac{\pi}{2}\sin x_0$ 为最小值,又因$f(0)=f(\dfrac{\pi}{2})=0$,所以

(1)当 $k<y_0$ 或 $k\geqslant 0$ 时,原方程在$(0,\dfrac{\pi}{2})$内没有根;

(2)当 $k=y_0$ 时,原方程在$(0,\dfrac{\pi}{2})$内有唯一根 x_0;

(3)当 $y_0<k<0$ 时,原方程在$(0,x_0)$和$(x_0,\frac{\pi}{2})$内各恰有一根,即原方程在$(0,\frac{\pi}{2})$内恰有两个不同的根.

例 14 设$f(x)=x^3-3x+q$,其中常数 $q\in(-2,2)$,求函数$f(x)$的零点的个数?

解 $f'(x)=3x^2-3$, $f''(x)=6x$.

令$f'(x)=0$,解得 $x=\pm1$. 因为$f''(1)=6>0$,$f''(-1)=-6<0$,所以 $x=-1$ 为极大值点,$x=1$ 为极小值点,见表 3-9.

表 3-9

	$(-\infty,-1)$	-1	$(-1,1)$	1	$(1,+\infty)$
$f'(x)$	+	0	−	0	+
$f(x)$	↗	极大值	↘	极小值	↗

又因为$f(-1)=2+q>0$, $f(1)=-2+q<0$ 且 $\lim\limits_{x\to+\infty}f(x)=+\infty$, $\lim\limits_{x\to-\infty}f(x)=-\infty$,可知函数大略形状如图 3-2 所示,可知$f(x)$有三个零点.

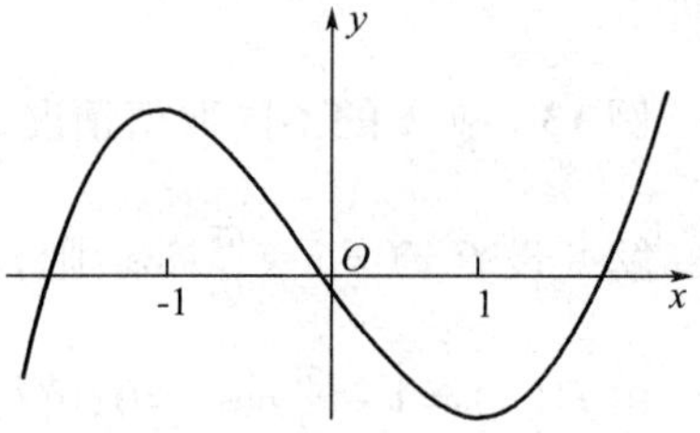

图 3-2

评注 通常可以利用零点定理、罗尔定理、函数的图形来研究方程的根.

例 15 (选择题)已知$f(x)$在 $x=0$ 的某个邻域内连续,且

$$f(0)=0,\quad \lim_{x\to0}\frac{f(x)}{1-\cos x}=2$$

则$f(x)$在点 $x=0$ 处(　　)

A. 不可导;　　B. 可导且$f'(0)\neq0$;　　C. 取得极大值;　　D. 取得极小值.

解 选 D.

所给的四个结论都需考虑$f'(0)$是否存在,是否为零,于是我们先看

$$f'(0)=\lim_{x\to0}\frac{f(x)-f(0)}{x-0}=\lim_{x\to0}\frac{f(x)}{x}=\lim_{x\to0}\frac{f(x)}{1-\cos x}\cdot\frac{1-\cos x}{x}=2\lim_{x\to0}\frac{1-\cos x}{x}=0$$

由此可见 A 与 B 均不对,现由$f(0)=0$, $f'(0)=0$ 知,$f(0)$可能为极值. 因为$\lim\limits_{x\to0}\frac{f(x)}{1-\cos x}=2$,所以由极限的局部保号性可知,存在$\delta>0$,当 $x\in\mathring{U}(0,\delta)$时,$\frac{f(x)}{1-\cos x}>0$,即$f(x)>0=f(0)$,可见$f(0)$为极小值. 故应选 D.

例 16 求椭圆 $x^2-xy+y^2=3$ 上纵坐标最大和最小的点.

解 方程 $x^2-xy+y^2=3$ 两边对 x 求导得：$2x-y-xy'+2yy'=0$，

于是 $y'=\dfrac{2x-y}{x-2y}$. 当 $x=\dfrac{1}{2}y$ 时，$y'=0$.

将 $x=\dfrac{1}{2}y$ 代入椭圆方程，得 $\dfrac{1}{4}y^2-\dfrac{1}{2}y^2+y^2=3$，$y=\pm2$，于是得驻点 $x=\pm1$.

因为椭圆上纵坐标最大和最小的点一定存在，只有两个可能的点，所以必在这两点取得. 又因为当 $x=-1$ 时，$y=-2$，当 $x=1$ 时，$y=2$，所以纵坐标最大和最小的点分别为 $(1,2)$ 和 $(-1,-2)$.

例 17 曲线弧 $y=\sin x$ 上哪一点处的曲率半径最小？求出该点处的曲率半径.

解 $y'=\cos x, y''=-\sin x$

$$\rho=\frac{(1+y'^2)^{\frac{3}{2}}}{|y''|}=\frac{(1+\cos^2x)^{\frac{3}{2}}}{\sin x},0<x<\pi,$$

$$\rho'=\frac{\frac{3}{2}(1+\cos^2x)^{\frac{1}{2}}(-2\cos x\sin x)\cdot\sin x-(1+\cos^2x)^{\frac{3}{2}}\cos x}{\sin^2x}$$

$$=\frac{-(1+\cos^2x)^{\frac{1}{2}}\cos x(3\sin^2x+\cos^2x+1)}{\sin^2x}.$$

在 $(0,\pi)$ 内，令 $\rho'=0$，得驻点 $x=\dfrac{\pi}{2}$.

因为当 $0<x<\dfrac{\pi}{2}$ 时，$\rho'<0$；当 $\dfrac{\pi}{2}<x<\pi$ 时，$\rho'>0$，所以 $x=\dfrac{\pi}{2}$ 是 ρ 的极小值点，同时也是 ρ 的最小值点，最小值为 $\rho=\dfrac{(1+\cos^2\frac{\pi}{2})^{\frac{3}{2}}}{\sin\frac{\pi}{2}}=1$.

3.3 同步训练题

1. 设 $f(x)$ 可导，求证：$f(x)$ 的两个零点之间一定有 $f(x)+f'(x)$ 的零点.

2. 设 $f(x)$ 和 $g(x)$ 在 $[a,b]$ 上连续，在 (a,b) 内可导，且 $f(a)=f(b)=0$，
证明：$f'(x)g(x)+f(x)g'(x)=0$ 在 (a,b) 内有解.

3. 设函数 $f(x)$ 在 $[0,1]$ 上三次可导，且 $f(0)=f(1)=0$，设 $F(x)=x^3f(x)$. 证明：存在 $\xi\in(0,1)$，使 $F'''(\xi)=0$.

4. 设 $f(x)$ 在 $[0,1]$ 上连续，在 $(0,1)$ 内可导，且 $f(0)=0$，$f(\dfrac{1}{2})=1$，$f(1)=-1$，试证：至少存在 $\xi\in(0,1)$，使 $f'(\xi)=2\xi f(\xi)$.

5. 设$f(x)$在闭区间$[a,b]$上连续，在开区间(a,b)内可导，$a>0$. 证明：在(a,b)内存在x_1，x_2,x_3，使$f'(x_1)=(a+b)\dfrac{f'(x_2)}{2x_2}=(a^2+ab+b^2)\dfrac{f'(x_3)}{3x_3^2}$.

6. 设$f(x),g(x)$在$[a,b]$上可导，证明在(a,b)内至少有一点ξ，使

$$\begin{vmatrix} f(a) & f(b) \\ g(a) & g(b) \end{vmatrix} = (b-a)\begin{vmatrix} f(a) & f'(\xi) \\ g(a) & g'(\xi) \end{vmatrix}$$

7. 设$f(x)$在$[0,1]$上连续，在$(0,1)$内可导，且$f(0)=f(1)$. 求证：在$(0,1)$内存在的两个不同的c_1,c_2，使$f'(c_1)+f'(c_2)=0$.

8. 已知$\lim\limits_{x\to 0}(\dfrac{\sin 3x}{x^3}+\dfrac{a}{x^2}+b)=0$，求$a,b$的值.

9. 用洛必达法则求下列极限：

(1) $\lim\limits_{x\to+\infty}\dfrac{\ln(1+e^x)}{\sqrt{1+x^2}}$；　　(2) $\lim\limits_{x\to+\infty}(\dfrac{\pi}{2}-\arctan x)^{\frac{1}{\ln x}}$；

(3) $\lim\limits_{x\to 0}(\dfrac{a^x-x\ln a}{b^x-x\ln b})^{\frac{1}{x^2}}$；　　(4) $\lim\limits_{x\to 0}(\dfrac{a^x+b^x+c^x}{3})^{\frac{1}{x}}(a,b,c>0)$.

10. 利用泰勒公式计算极限：$\lim\limits_{x\to 0}\dfrac{1}{x}(\dfrac{1}{x}-\cot x)$.

11. 设函数$f(x)$在$[0,1]$上具有连续的三阶导数，且$f(0)=1$，$f(1)=2$，$f'(\dfrac{1}{2})=0$. 证明：在$(0,1)$内至少存在一点ξ，使$|f'''(\xi)|\geqslant 24$.

12. 设$f(x)$与$g(x)$在$[0,+\infty)$存在二阶导数，且满足条件：$f(0)=g(0)$，$f'(0)=g'(0)$，$g''(x)>f''(x)\ (x>0)$. 试分别用函数的单调性、拉格朗日中值定理和泰勒公式证明：$x>0$时，$g(x)>f(x)$.

13. 设曲线$y=ax^3+bx^2+cx+2$在$x=1$处有极小值0，且在$(0,2)$处有拐点，试确定a,b和c.

14. 求函数$y=x+\sqrt{5}\ln(1+x^2)$的单调区间和极值，并求该函数图形的凹凸区间和拐点.

15. 数列$1,\sqrt{2},\sqrt[3]{3},\cdots,\sqrt[n]{n},\cdots$中哪一项最大？

16. 证明：当$x>0$时，有$e^x-1>(1+x)\ln(1+x)$.

17. 在椭圆$\dfrac{x^2}{a^2}+\dfrac{y^2}{b^2}=1$位于第一象限的部分上求一点$P$，使该点处的切线、椭圆及两坐标所围图形的面积为最小$(a>0,b>0)$.

18. 过正弦曲线$y=\sin x$上点$M(\dfrac{\pi}{2},1)$处作一抛物线$y=ax^2+bx+c$使抛物线与正弦曲线在M点具有相同曲率和凹向.

3.4 测 验 题

1. 选择题

(1)设在区间[0,1]上$f''(x)>0$,则以下不等式成立的是________.

A. $f'(1)>f'(0)>f(1)-f(0)$　　B. $f'(1)>f(1)-f(0)>f'(0)$

C. $f(1)-f(0)>f'(1)>f'(0)$　　D. $f'(1)>f(0)-f(1)>f'(0)$

(2)设$f(x)$在$x=a$处连续,$\lim\limits_{x\to a}\frac{f(x)}{(x-a)^2}=1$,则________.

A. $x=a$是函数$f(x)$的极大值点

B. $x=a$是函数$f(x)$的极小值点

C. $(a,f(a))$是曲线$y=f(x)$的拐点

D. $x=a$既不是函数$f(x)$的极值点,$(a,f(a))$也不是曲线$y=f(x)$的拐点.

(3)设$x\to 0$时,$e^{\tan x}-e^x$与x^n是同阶无穷小,则n为________.

A. 1　　B. 2　　C. 3　　D. 4

(4)在$(-\infty,+\infty)$内方程$|x|^{\frac{1}{4}}+|x|^{\frac{1}{2}}-\cos x=0$的实根个数为________.

A. 0　　B. 1　　C. 2　　D. 3

2. 计算题

(1)求下列极限:

①$\lim\limits_{x\to 0}\frac{x-\sin x}{x^2(e^x-1)}$;　　②$\lim\limits_{x\to\infty}x[(1+\frac{1}{x})^x-e]$.

(2)已知$f(x)=x^3+ax^2+bx$在$x=1$处有极值-2,试确定系数a和b,并求出$f(x)$的所有极值和曲线$y=f(x)$的拐点.

(3)设函数$f(x)$满足方程$f(x)+4f(-\frac{1}{x})=\frac{1}{x}$,求函数$f(x)$的极大值与极小值.

(4)求函数$y=2x^3-6x^2-18x+7$的单调区间、极值、凹凸区间和拐点.

3. 证明题

(1)证明:当$x_2>x_1>e$时,有$\frac{x_1}{x_2}<\frac{\ln x_1}{\ln x_2}<\frac{x_2}{x_1}$.

(2)设$f(x)$在$[0,1]$上连续,在$(0,1)$内可导,且$f(0)=0$, $f(1)=0$, $f(\frac{1}{2})=1$.

证明:①至少存在一点$\xi\in(\frac{1}{2},1)$,使$f(\xi)=\xi$.

②至少存在一点$\eta\in(0,\xi)$,使$\frac{f'(\eta)-1}{f(\eta)-\eta}=2011$.

(3)已知$f(x)$在$[0,1]$上连续,在$(0,1)$上可导,且$f(0)=0$, $f(1)=1$.

求证:存在$x_1,x_2\in(0,1)$,使得$f'(x_1)f'(x_2)=1$.

(4)若$f'(x)$在$[0,+\infty)$严格单调递增,且$f(0)=0$,证明:$\frac{f(x)}{x}$在$(0,+\infty)$严格单调递增.

(5)设在$[1,+\infty]$上处处有$f''(x)<0$,且$f(1)=2$, $f'(1)=-3$,证明:在$(1,+\infty)$内方程$f(x)=0$仅有一个实根.

3.5 同步训练题答案

1. **提示** 构造辅助函数$F(x)=e^x f(x)$.

2. **提示** 构造辅助函数$F(x)=f(x)g(x)$.

3. **提示** 对$F(x)$,$F'(x)$,$F''(x)$应用三次罗尔定理.

4. **提示** 构造辅助函数$F(x)=e^{-x^2}f(x)$,则根据零点定理可知至少存在一点$\eta\in(\frac{1}{2},1)$,使得$F(\eta)=0$. 对$F(x)$在$[0,\eta]$上应用罗尔定理即可.

5. **证明** 由拉格朗日中值定理可知,存在$x_1\in(a,b)$,使得

$$\frac{f(b)-f(a)}{b-a}=f'(x_1)$$

由柯西中值定理可知,存在$x_2\in(a,b)$,$x_3\in(a,b)$使得

$$\frac{f(b)-f(a)}{b^2-a^2}=\frac{f'(x_2)}{2x_2}\qquad[F(x)=x^2]$$

$$\frac{f(b)-f(a)}{b^3-a^3}=\frac{f'(x_3)}{3x_3^2}\qquad[F(x)=x^3]$$

由上面三个等式可知原结论成立.

6. **提示** 令$F(x)=f(a)g(x)-g(a)f(x)$,对$F(x)$在$[a,b]$上应用拉格朗日中值定理.

7. **提示** 将$[0,1]$分成两部分$[0,\frac{1}{2}]$,$[\frac{1}{2},1]$,分别在其上应用拉格朗日中值定理.

8. **解** 因$\lim\limits_{x\to0}(\frac{\sin3x}{x^3}+\frac{a}{x^2}+b)=0$,又由洛必达法则

$$\lim_{x\to0}\frac{\sin3x+ax+bx^3}{x^3}=\lim_{x\to0}\frac{3\cos3x+a+3bx^2}{3x^2}=0$$

可知必有$\lim\limits_{x\to0}3\cos3x+a+3bx^2=0$,因此$a=-3$.

再继续用洛必达法则

$$\lim_{x\to0}\frac{3\cos3x-3+3bx^2}{3x^2}=\lim_{x\to0}\frac{-9\sin3x+6bx}{6x}=\lim_{x\to0}\frac{-27\cos3x+6b}{6}=0$$

于是 $\lim\limits_{x\to0}(-27\cos3x+6b)=0$,因此 $b=\dfrac{9}{2}$.

9. **解** (1) $\lim\limits_{x\to+\infty}\dfrac{\ln(1+e^x)}{\sqrt{1+x^2}}=\lim\limits_{x\to+\infty}\dfrac{e^x}{(1+e^x)\dfrac{x}{\sqrt{1+x^2}}}=\lim\limits_{x\to+\infty}\dfrac{1}{e^{-x}+1}\cdot\sqrt{\dfrac{1}{x^2}+1}=1.$

(2) $\lim\limits_{x\to\infty}\left(\dfrac{\pi}{2}-\arctan x\right)^{\frac{1}{\ln x}}=e^{\lim\limits_{x\to\infty}\frac{\ln(\frac{\pi}{2}-\arctan x)}{\ln x}}=e^{\lim\limits_{x\to\infty}\frac{-\frac{x}{1+x^2}}{\frac{\pi}{2}-\arctan x}}$

$$=e^{\lim\limits_{x\to\infty}-\frac{x^2}{1+x^2}\cdot\frac{\frac{1}{x}}{\frac{\pi}{2}-\arctan x}}=e^{\lim\limits_{x\to\infty}-\frac{\frac{1}{x}}{\frac{\pi}{2}-\arctan x}}$$

$$=e^{\lim\limits_{x\to\infty}-\frac{-\frac{1}{x^2}}{-\frac{1}{1+x^2}}}=e^{-1}.$$

(3) 令 $\left(\dfrac{a^x-x\ln a}{b^x-x\ln b}\right)^{\frac{1}{x^2}}=y$,得

$$\lim_{x\to0}\ln y=\lim_{x\to0}\frac{\ln(a^x-x\ln a)-\ln(b^x-x\ln b)}{x^2}\left(\frac{0}{0}\right)$$

$$=\lim_{x\to0}\frac{\dfrac{a^x\ln a-\ln a}{a^x-x\ln a}-\dfrac{b^x\ln b-\ln b}{b^x-x\ln b}}{2x}$$

而

$$\lim_{x\to0}\frac{\dfrac{a^x\ln a-\ln a}{a^x-x\ln a}}{2x}=\lim_{x\to0}\frac{(a^x-1)\ln a}{2x}\quad(a^x-x\ln a\to1)$$

$$=\lim_{x\to0}\frac{a^x\ln^2a}{2}=\frac{\ln^2a}{2}.$$

同理

$$\lim_{x\to0}\frac{\dfrac{b^x\ln b-\ln b}{b^x-x\ln b}}{2x}=\frac{\ln^2b}{2}$$

故

$$\lim_{x\to0}\ln y=\frac{\ln^2a-\ln^2b}{2}$$

所以

$$\text{原式}=e^{\frac{\ln2a-\ln2b}{2}}$$

(4) 令 $\left(\dfrac{a^x+b^x+c^x}{3}\right)^{\frac{1}{x}}=y$,得

$$\lim_{x\to0}\ln y=\lim_{x\to0}\frac{\ln\dfrac{a^x+b^x+c^x}{3}}{x}\left(\frac{0}{0}\right)$$

$$=\lim_{x\to 0}\frac{3}{a^x+b^x+c^x}\cdot\frac{a^x\ln a+b^x\ln b+c^x\ln c}{3}$$

$$=\frac{\ln a+\ln b+\ln c}{3}=\frac{\ln abc}{3}$$

故 $$原式=e^{\frac{\ln abc}{3}}=\sqrt[3]{abc}$$

10. **解** 原式 $=\lim\limits_{x\to 0}\dfrac{\tan x-x}{x^2\tan x}=\lim\limits_{x\to 0}\dfrac{\tan x-x}{x^3}(\tan x\sim x)$

$$=\lim_{x\to 0}\frac{\sin x-x\cos x}{x^3}(\cos x\sim 1)$$

$$=\lim_{x\to 0}\frac{x-\frac{x^3}{6}+o(x^3)-x\left[1-\frac{x^2}{2}+o(x^2)\right]}{x^3}=\lim_{x\to 0}\frac{\frac{1}{3}x^3+o(x^3)}{x^3}=\frac{1}{3}$$

11. **证明** 将 $f(x)$ 在 $x_0=\dfrac{1}{2}$ 点展开,并分别令 $x=0$ 和 $x=1$,得

$$f(0)=f(\frac{1}{2})+f'(\frac{1}{2})(-\frac{1}{2})+\frac{f''(\frac{1}{2})}{2}(-\frac{1}{2})^2+\frac{f'''(\xi_1)}{6}(-\frac{1}{2})^3,\xi_1\in(0,\frac{1}{2})①$$

$$f(1)=f(\frac{1}{2})+f'(\frac{1}{2})(\frac{1}{2})+\frac{f''(\frac{1}{2})}{2}(\frac{1}{2})^2+\frac{f'''(\xi_2)}{6}(\frac{1}{2})^3,\xi_2\in(\frac{1}{2},1)②$$

② - ①得

$$1=\frac{1}{48}[f'''(\xi_2)+f'''(\xi_1)]$$

于是 $$2|f'''(\xi)|\geqslant|f'''(\xi_1)|+|f'''(\xi_2)|\geqslant|f'''(\xi_2)+f'''(\xi_1)|=48$$

其中 ξ 为 ξ_1 和 ξ_2 中三阶导数的绝对值较大的点,因此 $\exists\xi\in(0,1)$ 使 $|f'''(\xi)|\geqslant 24$.

12. **提示** 令 $F(x)=f(x)-g(x)$,则 $F(0)=0,F'(0)=0,F''(x)<0(x>0)$

于是 $F'(x)$ 在 $(0,+\infty)$ 单调递减,又由 $F''(0)$ 存在知,$F'(x)$ 在 $x=0$ 连续,即有 $F'(x)$ 在 $[0,+\infty]$ 单调递减. 所以,当 $x>0$ 时,$F'(x)<F'(0)=0$.

方法一:由 $F(x)$ 在 $[0,+\infty]$ 单调递减得,当 $x>0$ 时,$F(x)<F(0)=0$,即 $g(x)>f(x)$.

方法二:由拉格朗日中值定理,得

$$F(x)-F(0)=F'(\xi)x[\xi\in(0,x)]$$
$$=[F'(\xi)-F'(0)]\cdot x=F''(\eta)\cdot\xi\cdot x<0[\eta\in(0,\xi)]$$

故 $$F(x)<0,g(x)>f(x)$$

方法三:根据泰勒公式

$$F(x)=F(0)+F'(0)x+\frac{1}{2}F''(\xi)x^2,其中\ x>0,\xi\in(0,x)$$

故 $F(x)<0, g(x)>f(x)$

13. $a=1, b=0, c=-3$.

14. 单调增加区间$(-\infty, -2-\sqrt{5}]$,$[2-\sqrt{5}, +\infty)$；单调减少区间$[-2-\sqrt{5}, 2-\sqrt{5}]$.

极大值$f(x_1)=\sqrt{5}\ln(10+4\sqrt{5})-2-\sqrt{5}$;极小值$f(x_2)=\sqrt{5}\ln(10-4\sqrt{5})+2-\sqrt{5}$.

图形的凸区间$(-\infty, -1]$,$[1, +\infty)$;凹区间$[-1, 1]$.

拐点为$(-1, \sqrt{5}\ln 2-1)$,$(1, \sqrt{5}\ln 2+1)$.

15. **提示** 令$f(x)=x^{\frac{1}{x}}$,则当$x=\mathrm{e}$时$f(x)$取得最大值,因此$\sqrt[3]{3}$最大.

16. **提示** 令$f(x)=\mathrm{e}^x-1-(1+x)\ln(1+x)$,

17. $P\left(\frac{\sqrt{2}}{2}a, \frac{\sqrt{2}}{2}b\right)$.

18. 抛物线的方程为$y=-\frac{1}{2}x^2+\frac{\pi}{2}x+\left(1-\frac{\pi^2}{8}\right)$.

3.6 测验题答案

1. (1)B ;(2)B;(3)C;(4)C.

2. **解** (1)①
$$\lim_{x\to 0}\frac{x-\sin x}{x^2(\mathrm{e}^x-1)}=\lim_{x\to 0}\frac{1-\cos x}{2x(\mathrm{e}^x-1)+x^2\mathrm{e}^x}$$
$$=\lim_{x\to 0}\frac{\sin x}{2(\mathrm{e}^x-1)+4x\mathrm{e}^x+x^2\mathrm{e}^x}$$
$$=\lim_{x\to 0}\frac{\cos x}{2\mathrm{e}^x+4\mathrm{e}^x+6x\mathrm{e}^x+x^2\mathrm{e}^x}=\frac{1}{6}.$$

② $\lim\limits_{x\to\infty}x\left[\left(1+\frac{1}{x}\right)^x-\mathrm{e}\right]$ (令 $t=\frac{1}{x}$)
$$=\lim_{t\to 0}\frac{(1+t)^{\frac{1}{t}}-\mathrm{e}}{t}=\lim_{t\to 0}\frac{(1+t)^{\frac{1}{t}}\left[-\frac{1}{t^2}\cdot\ln(1+t)+\frac{1}{t}\cdot\frac{1}{1+t}\right]}{1}$$
$$=\lim_{t\to 0}\frac{(1+t)^{\frac{1}{t}}[t-(1+t)\cdot\ln(1+t)]}{t^2(1+t)}\left[注意(1+t)^{\frac{1}{t}}\to\mathrm{e}, 1+t\to 1\right]$$
$$=\mathrm{e}\lim_{t\to 0}\frac{t-(1+t)\cdot\ln(1+t)}{t^2}=\mathrm{e}\lim_{t\to 0}\frac{1-\ln(1+t)-1}{2t}=-\frac{\mathrm{e}}{2}.$$

(2) $\mathrm{a}=0, \mathrm{b}=-3$.

由$f(1)=-2$, $f'(1)=0$确定a, b. 并由此可知,当$x<0$时,$f''(x)<0$,当$x>0$时,$f''(x)>0$,$(0,0)$点是曲线$y=f(x)$的拐点.

(3) $f\left(\frac{1}{2}\right)=-\frac{4}{15}$极大值,$f\left(-\frac{1}{2}\right)=\frac{4}{15}$极小值.

(4) 见表 3 - 10.

表 3 - 10

单增区间	$(3,+\infty)\cup(-\infty,-1)$	凹区间	$(1,+\infty)$
单减区间	$(-1,3)$	凸区间	$(-\infty,1)$
极值点	极大值点:$x=-1$; 极小值点:$x=3$	拐点	$(1,-15)$

3. (1) **提示** $y=\dfrac{\ln x}{x}$在$(e,+\infty)$单调递减, $\dfrac{\ln x_1}{x_1}>\dfrac{\ln x_2}{x_2}$,即$\dfrac{x_1}{x_2}<\dfrac{\ln x_1}{\ln x_2}$.

函数 $y=x\ln x$ 在$(e,+\infty)$单调递增, $x_1\ln x_1<x_2\ln x_2$,即$\dfrac{\ln x_1}{\ln x_2}<\dfrac{x_2}{x_1}$.

(2) **提示** ①设 $F(x)=f(x)-x$, $F(\frac{1}{2})F(1)<0$,根据零点定理可知至少存在一点 $\xi\in(\frac{1}{2},1)$,使得 $F(\xi)=0$. 即$f(\xi)=\xi$.

②令 $G(x)=e^{-2011x}[f(x)-x]$,则 $G(0)=G(\xi)=0$,对 $G(x)$在$[0,\xi]$上应用罗尔定理,则至少存在一点 $\eta\in(0,\xi)$,使 $G'(\eta)=0$.

即 $-2011e^{-2011\eta}[f(\eta)-\eta]+e^{-2011\eta}[f'(\eta)-1]=0$,所以$\dfrac{f'(\eta)-1}{f(\eta)-\eta}=2011$.

(3) **提示** 令 $F(x)=f(x)-1+x$,则 $F(0)=-1$,$F(1)=1$,由零点定理知存在$\xi\in(0,1)$,使得 $F(\xi)=0$. 即$f(\xi)=1-\xi$. 对$f(x)$分别在$[0,\xi]$和$[\xi,1]$上应用 Lagrange 中值定理.

(4) **提示** 对任意的 $x>0$, $f(x)$在$[0,x]$连续,在$(0,x)$可导,故存在 $\xi\in(0,x)$使得

$$\frac{f(x)-f(0)}{x}=\frac{f(x)}{x}=f'(\xi)$$

$$\left[\frac{f(x)}{x}\right]'=\frac{xf'(x)-f(x)}{x^2}=\frac{f'(x)-\dfrac{f(x)}{x}}{x}=\frac{f'(x)-f'(\xi)}{x}$$

因$f'(x)$在$[0,+\infty)$严格单调递增,故$f'(x)>f'(\xi)$,所以$\left[\dfrac{f(x)}{x}\right]'>0$,则$\dfrac{f(x)}{x}$在$(0,+\infty)$严格单调递增.

(5) **提示** 由$f''(x)<0$知$f'(x)$在$[1,+\infty)$严格递减.

由 Lagrange 中值定理,有$f(2)=f(1)+f'(\xi)(2-1)$,$\xi\in(1,2)$.

由于$f'(\xi)<f'(1)=-3$, $f(1)=2$,故 $f(2)<-1<0$.

由连续函数的介值定理,存在 $x_0\in(1,2)$使得$f(x_0)=0$.

又由于$f'(x)$在$[1,+\infty)$严格递减, $f'(1)<0$ 可知对任意的 $x\in[1,+\infty)$有$f'(x)\leqslant$

$f'(1)<0$,故 $f(x)$ 在 $[1,+\infty)$ 严格递减. 所以 $f(x)=0$ 在 $(1,+\infty)$ 内有唯一实根.

《微积分教程》部分习题解答

习题 3－1

4. **提示** 设 $F(x)=a_0x+\frac{a_1}{2}x^2+\cdots+\frac{a_n}{n+1}x^{n+1}$, $F(0)=F(1)=0$,

由罗尔定理知,至少存在一点 $\xi\in(0,1)$ 使得 $F'(\xi)=0$,即 $f(\xi)=0$.

6. **提示** (1)令 $f(x)=\tan x$,对 $f(x)$ 在区间 $[\alpha,\beta]$ 上应用拉格朗日中值定理.

(2)对 $\ln x$ 在 1 与 x 之间应用拉格朗日中值定理有

$$\frac{\ln x}{x-1}=\frac{\ln x-\ln 1}{x-1}=(\ln x)'|_{x=\xi}=\frac{1}{\xi}$$

其中 ξ 介于 1 与 x 之间($1<\xi<x$ 或 $0<x<\xi<1$),

综合知 $0<\xi<1+x$,即 $\frac{1+x}{\xi}>1$.

当 $x>0$ 时,$(x^2-1)\ln x-(x-1)^2=(x-1)^2\left[(x+1)\frac{\ln x}{x-1}-1\right]$

$$=(x-1)^2\left[\frac{x+1}{\xi}-1\right]\geqslant 0.$$

7. **提示** 令 $F(x)=f(x)\cos\frac{x}{2}$, $F(0)=F(\pi)=0$,$F(x)$ 在 $[0,\pi]$ 应用罗尔定理.

9. 设函数 $f(x)$ 在 $[a,b]$ 上连续,在 (a,b) 内可导,且 $f'(x)\neq 0$,证明:至少存在 ξ, $\eta\in(a,b)$ 使 $\frac{f'(\xi)}{f'(\eta)}=\frac{e^b-e^a}{b-a}e^{-\eta}$.

证明 $f(x)$ 和 e^x 在 $[a,b]$ 上应用柯西中值定理

$$\frac{f(b)-f(a)}{e^b-e^a}=\frac{f'(\eta)}{e^\eta}$$

即

$$\frac{f(b)-f(a)}{f'(\eta)}=(e^b-e^a)e^{-\eta}$$

$f(x)$ 在 $[a,b]$ 上应用拉格朗日中值定理

$$f(b)-f(a)=f'(\xi)(b-a)$$

综上可知

$$\frac{f'(\xi)(b-a)}{f'(\eta)}=(e^b-e^a)e^{-\eta}$$

即
$$\frac{f'(\xi)}{f'(\eta)}=\frac{e^b-e^a}{b-a}e^{-\eta}$$

10. **提示** $f(x)$和$\ln x$在$[a,b]$上应用柯西中值定理.

习题 3-2

1. 用洛必达法则求下列极限:

(2) $\lim\limits_{x\to0}\frac{x-\arctan x}{\sin^3 x}$;　　(4) $\lim\limits_{x\to0}\frac{\sqrt{1+\tan x}-\sqrt{1+\sin x}}{x\tan^2 x}$;

(6) $\lim\limits_{x\to0}\frac{e^{\tan x}-e^{\sin x}}{x^3}$;　　(9) $\lim\limits_{x\to1^+}(x-1)\tan\frac{\pi}{2}x$;

(12) $\lim\limits_{x\to+\infty}\left(\frac{\pi}{2}-\arctan x\right)^{\frac{1}{\ln x}}$;　　(16) $\lim\limits_{x\to\frac{\pi}{2}}(\sec x-\tan x)$.

解 (2) $$\lim_{x\to0}\frac{x-\arctan x}{\sin^3 x}=\lim_{x\to0}\frac{x-\arctan x}{x^3}=\lim_{x\to0}\frac{1-\frac{1}{1+x^2}}{3x^2}$$
$$=\lim_{x\to0}\frac{\frac{x^2}{1+x^2}}{3x^2}=\frac{1}{3}.$$

(4) $$\lim_{x\to0}\frac{\sqrt{1+\tan x}-\sqrt{1+\sin x}}{x\tan^2 x}=\lim_{x\to0}\frac{\sqrt{1+\tan x}-\sqrt{1+\sin x}}{x^3}$$
$$=\lim_{x\to0}\frac{\tan x-\sin x}{x^3(\sqrt{1+\tan x}+\sqrt{1+\sin x})}$$
$$=\frac{1}{2}\lim_{x\to0}\frac{\tan x-\sin x}{x^3}$$
$$=\frac{1}{2}\lim_{x\to0}\frac{\tan x(1-\cos x)}{x^3}=\frac{1}{4}.$$

(6) $$\lim_{x\to0}\frac{e^{\tan x}-e^{\sin x}}{x^3}=\lim_{x\to0}\frac{e^{\sin x}(e^{\tan x-\sin x}-1)}{x^3}$$
$$=\lim_{x\to0}\frac{\tan x-\sin x}{x^3}=\frac{1}{3}.$$

(9) $$\lim_{x\to1^+}(x-1)\tan\frac{\pi}{2}x=\lim_{x\to1^+}\frac{x-1}{\cot\frac{\pi}{2}x}=\lim_{x\to1^+}\frac{1}{-\frac{\pi}{2}\csc^2\frac{\pi}{2}x}=-\frac{2}{\pi}.$$

(12) $$\lim_{x\to+\infty}\left(\frac{\pi}{2}-\arctan x\right)^{\frac{1}{\ln x}}=\lim_{x\to+\infty}e^{\frac{1}{\ln x}\ln\left(\frac{\pi}{2}-\arctan x\right)}$$

因为
$$\lim_{x\to+\infty}\frac{\ln\left(\frac{\pi}{2}-\arctan x\right)}{\ln x}=\lim_{x\to+\infty}\frac{\frac{1}{\left(\frac{\pi}{2}-\arctan x\right)}\left(-\frac{1}{1+x^2}\right)}{\frac{1}{x}}$$

$$=\lim_{x\to+\infty}\frac{-\frac{x}{1+x^2}}{\frac{\pi}{2}-\arctan x}=\lim_{x\to+\infty}\frac{1-x^2}{1+x^2}=-1$$

所以
$$\lim_{x\to+\infty}\left(\frac{\pi}{2}-\arctan x\right)^{\frac{1}{\ln x}}=\frac{1}{e}$$

(16) $\lim\limits_{x\to\frac{\pi}{2}}(\sec x-\tan x)=\lim\limits_{x\to\frac{\pi}{2}}\dfrac{1-\sin x}{\cos x}=\lim\limits_{x\to\frac{\pi}{2}}\dfrac{-\cos x}{-\sin x}=0.$

2. 说明下列极限不能用洛必达法则求其极限,并用其他方法求出极限:

(1) $\lim\limits_{n\to+\infty}\dfrac{x+\cos x}{x-\cos x}$;　　(2) $\lim\limits_{n\to+\infty}\dfrac{e^x-e^{-x}}{e^x+e^{-x}}$.

解　(1)这是$\frac{\infty}{\infty}$型未定式,由于$\lim\limits_{x\to\infty}\dfrac{(x+\cos x)'}{(x-\cos x)'}=\lim\limits_{x\to\infty}\dfrac{1-\sin x}{1+\sin x}$不存在,也不为无穷大,所以洛必达法则的条件不满足,不能用洛必达法则求解.

$$\lim_{x\to\infty}\frac{x+\cos x}{x-\cos x}=\lim_{x\to\infty}\frac{1+\frac{1}{x}\cos x}{1-\frac{1}{x}\cos x}=1$$

(2)这是$\frac{\infty}{\infty}$型未定式,如果用洛必达法则,则

$$\lim_{x\to+\infty}\frac{e^x-e^{-x}}{e^x+e^{-x}}=\lim_{x\to+\infty}\frac{e^x+e^{-x}}{e^x-e^{-x}}=\lim_{x\to+\infty}\frac{e^x-e^{-x}}{e^x+e^{-x}}$$

很显然用洛必达法则是求不出此极限的.

$$\lim_{x\to+\infty}\frac{e^x-e^{-x}}{e^x+e^{-x}}=\lim_{x\to+\infty}\frac{1-e^{-2x}}{1+e^{-2x}}=1$$

3. 设$f(x)$二次可导,且$f(0)=0$, $f'(0)=1$, $f''(0)=2$,求$\lim\limits_{x\to0}\dfrac{f(x)-x}{x^2}$.

解　$\lim\limits_{x\to0}\dfrac{f(x)-x}{x^2}=\lim\limits_{x\to0}\dfrac{f'(x)-1}{2x}=\lim\limits_{x\to0}\dfrac{f'(x)-f'(0)}{2(x-0)}=\dfrac{1}{2}f''(0)=1.$

习题 3－3

1. **提示** $f(x)=f(1)+f'(1)(x-1)+\frac{f''(1)}{2!}(x-1)^2+\frac{f'''(1)}{3!}(x-1)^3+\frac{f^{(4)}(\xi)}{4!}(x-1)^4$

$$=8+10(x-1)+9(x-1)^2+4(x-1)^3+(x-1)^4.$$

5. 利用泰勒公式求下列极限：

(1) $\lim\limits_{n\to0}(1+\frac{1}{x^2}-\frac{1}{x^3}\ln\frac{2+x}{2-x})$； (2) $\lim\limits_{x\to0}\frac{\sqrt{3x+4}+\sqrt{4-3x}-4}{x^2}$.

解 (1) $\ln\frac{2+x}{2-x}=\ln(1+\frac{x}{2})-\ln(1-\frac{x}{2})$

$$=\left[\frac{x}{2}-\frac{1}{2}\left(\frac{x}{2}\right)^2+\frac{1}{3}\left(\frac{x}{2}\right)^3+o(x^3)\right]-$$

$$\left[-\frac{x}{2}-\frac{1}{2}\left(-\frac{x}{2}\right)^2+\frac{1}{3}\left(-\frac{x}{2}\right)^3+o(x^3)\right]$$

$$=x+\frac{1}{12}x^3+o(x^3).$$

原式 $=\lim\limits_{x\to0}\left[\frac{11}{12}+\frac{o(x^3)}{x^3}\right]=\frac{11}{12}$.

(2) $\sqrt{3x+4}=2(1+\frac{3}{4}x)^{\frac{1}{2}}=2[1+\frac{1}{2}(\frac{3}{4}x)+\frac{\frac{1}{2}(\frac{1}{2}-1)}{2!}(\frac{3}{4}x)^2+o(x^2)]$

$$=2+\frac{3}{4}x-\frac{1}{4}\cdot\frac{9}{16}x^2+o(x^2).$$

$\sqrt{4-3x}=2(1-\frac{3}{4}x)^{\frac{1}{2}}=2[1+\frac{1}{2}(-\frac{3}{4}x)+\frac{\frac{1}{2}(\frac{1}{2}-1)}{2!}(-\frac{3}{4}x)^2+o(x^2)]$

$$=2-\frac{3}{4}x-\frac{1}{4}\cdot\frac{9}{16}x^2+o(x^2).$$

原式 $=\lim\limits_{x\to0}\frac{-\frac{1}{2}\cdot\frac{9}{16}x^2+o(x^2)}{x^2}=-\frac{9}{32}$.

6. 若函数 $f(x)$ 在 (c,d) 内存在二阶导数，$a,b\in(c,d)$ 且 $f'(a)=0$，证明：在 (a,b) 内至少存在一点 ξ，使得 $f''(\xi)=\frac{2}{(b-a)^2}[f(b)-f(a)]$.

证明 因为 $f(x)$ 在 (c,d) 内存在二阶导数，所以 $f(x)$ 在 $x=a$ 处的泰勒公式为

$$f(x)=f(a)+f'(a)(x-a)+\frac{f''(\eta)}{2!}(x-a)^2$$

$$=f(a)+\frac{f''(\eta)}{2!}(x-a)^2(\eta\text{ 介于 } x \text{ 与 } a \text{ 之间})$$

令上式中 $x=b$,则

$$f(b)=f(a)+\frac{f''(\xi)}{2!}(b-a)^2,\xi\in(a,b)$$

整理得

$$f''(\xi)=\frac{2}{(b-a)^2}[f(b)-f(a)]$$

7. 设函数 $f(x)$ 在 $[-1,1]$ 上具有三阶连续导数,且 $f(-1)=0,f(1)=1,f'(0)=0$. 证明:在 $(-1,1)$ 内至少存在一点 ξ,使得 $f'''(\xi)=3$.

证明 $f(x)=f(0)+\frac{f''(0)}{2!}x^2+\frac{f'''(\eta)}{3!}x^3$($\eta$ 介于 0 与 x 之间),

令 $x=1$,则 $1=f(1)=f(0)+\frac{f''(0)}{2!}+\frac{f'''(\eta_1)}{3!}[\eta_1\in(0,1)]$.

令 $x=-1$,则 $0=f(-1)=f(0)+\frac{f''(0)}{2!}-\frac{f'''(\eta_2)}{3!}[\eta_2\in(-1,0)]$.

两式相减得

$$f'''(\eta_1)+f'''(\eta_2)=6$$

由于函数 $f(x)$ 在闭区间 $[-1,1]$ 上具有三阶连续导数,所以 $f'''(x)$ 在 $[\eta_2,\eta_1]\subset[-1,1]$ 上存在最大值 M 和最小值 m,故 $m\leqslant\frac{1}{2}[f'''(\eta_1)+f'''(\eta_2)]\leqslant M$,即 $m\leqslant 3\leqslant M$. 由零点定理可知至少存在一点 $\xi\in(\eta_2,\eta_1)\subset(-1,1)$,使得 $f'''(\xi)=3$.

习题 3-4

3. (2)**提示** $f(x)=\frac{x^2}{2}-1+\cos x$, 利用单调性证明.

5. 讨论方程 $\ln x=ax(a>0)$ 有几个实根.

解 令 $f(x)=\ln x-ax$,则 $f'(x)=\frac{1}{x}-a$. 由 $f'(x)=0$ 解得 $x=\frac{1}{a}$.

当 $0<x<\frac{1}{a}$ 时, $f'(x)>0$, $f(x)$ 在 $(0,\frac{1}{a}]$ 严格单调增加;

当 $x>\frac{1}{a}$ 时, $f'(x)<0$, $f(x)$ 在 $[\frac{1}{a},+\infty)$ 严格单调减少;

又因为 $f\left(\frac{1}{a}\right)=\ln\frac{1}{a}-1$, $\lim\limits_{x\to0^+}f(x)=-\infty$, $\lim\limits_{x\to+\infty}f(x)=-\infty$.

当 $0<a<\frac{1}{\mathrm{e}}$ 时, $f\left(\frac{1}{a}\right)>0$,由零点定理及函数的单调性可知,

$f(x)$在$\left(0,\dfrac{1}{a}\right)$和$\left(\dfrac{1}{a},+\infty\right)$各有一个零点；

当$a=\dfrac{1}{\mathrm{e}}$时，$f\left(\dfrac{1}{a}\right)=0$，$f(x)$在$(0,+\infty)$只有一个零点；

当$a>\dfrac{1}{\mathrm{e}}$时，$f\left(\dfrac{1}{a}\right)<0$，$f(x)$在$(0,+\infty)$没有零点.

综上，当$0<a<\dfrac{1}{\mathrm{e}}$时，方程有两个根；当$a=\dfrac{1}{\mathrm{e}}$时，方程有一个根；当$a>\dfrac{1}{\mathrm{e}}$时，方程无根.

7. 设$\lim\limits_{x\to x_0}\dfrac{f(x)-f(x_0)}{(x-x_0)^2}=1$，证明：函数$f(x)$在$x_0$处取得极小值.

证明 $\lim\limits_{x\to x_0}\dfrac{f(x)-f(x_0)}{(x-x_0)^2}=1>0$，由极限的局部保号性可知$\exists\delta>0$，当$x\in\mathring{U}(x_0,\delta)$时，$\dfrac{f(x)-f(x_0)}{(x-x_0)^2}>0$，即$f(x)>f(x_0)$.

9. 求内接于半径为R的球的最大体积的圆柱体的高.

解 设圆柱体的底面半径为r，高为h. 由题意，有

$$r^2+\left(\frac{h}{2}\right)^2=R^2$$

$$V=\pi r^2h=\pi\left(R^2-\frac{h^2}{4}\right)h$$

$$V'(h)=\pi R^2-\frac{3}{4}\pi h^2$$

令$V'(h)=0$，得

$$h=\frac{2\sqrt{3}}{3}R$$

由实际问题可知内接于球的体积最大的圆柱体一定存在，即$V(h)$一定能取得最大值，并且一定在$(0,2R)$的内部取得，所以只能在唯一的驻点$h=\dfrac{2\sqrt{3}}{3}R$处取得.

习题3－5

2. 证明下列不等式：

(2)$x\ln x+y\ln y>(x+y)\ln\dfrac{x+y}{2}\ (x>0,y>0,x\neq y)$.

证明 设$f(x)=x\ln x\ (x>0)$，$f'(x)=1+\ln x$，$f''(x)=\dfrac{1}{x}$，

当$x>0$时，$f''(x)>0$，曲线$f(x)=x\ln x$的图形是凹的.

此时，对$f(x)=x\ln x$，我们有

$$\frac{f(x)+f(y)}{2} > f\left(\frac{x+y}{2}\right)\ (x>0, y>0, x\neq y)$$

即

$$\frac{x\ln x + y\ln y}{2} > \frac{x+y}{2}\ln\frac{x+y}{2}\ (x>0, y>0, x\neq y)$$

也就是

$$x\ln x + y\ln y > (x+y)\ln\frac{x+y}{2}\ (x>0, y>0, x\neq y)$$

5. 设 $y=f(x)$ 在 $x=x_0$ 的某邻域内具有三阶连续导数,如果 $f'(x_0)=0$, $f''(x_0)=0$, $f'''(x_0)\neq 0$,试问 $x=x_0$ 是否为极值点?为什么?又 $(x_0,f(x_0))$ 是否为拐点,为什么?

解 $f(x)=f(x_0)+f'(x_0)(x-x_0)+\dfrac{f''(x_0)}{2}(x-x_0)^2+\dfrac{f'''(\xi)}{6}(x-x_0)^3$

由 $f'(x_0)=0$, $f''(x_0)=0$ 知

$$f(x) = f(x_0) + \frac{f'''(\xi)}{6}(x-x_0)^3$$

因为 $f'''(x)$ 连续, $f'''(x_0)\neq 0$,不妨设 $f'''(x_0)>0$,故存在 x_0 的某邻域 $(x_0-\delta,x_0+\delta)$,使得在此邻域内恒有 $f'''(x)>0$.

当 $x\in(x_0-\delta,x_0+\delta)$ 时, $\xi\in(x_0-\delta,x_0+\delta)$, $f'''(\xi)>0$.

当 $x\in(x_0-\delta,x_0)$ 时, $f(x)<f(x_0)$;当 $x\in(x_0,x_0+\delta)$ 时, $f(x)>f(x_0)$;

故 $x=x_0$ 不是函数的极值点.

由导数定义

$$f'''(x_0) = \lim_{x\to x_0}\frac{f''(x)-f''(x_0)}{x-x_0} = \lim_{x\to x_0}\frac{f''(x)}{x-x_0}$$

不妨设 $f'''(x_0)>0$,存在 $\delta>0$,但 $x\in\mathring{U}(x_0,\delta)$ 时,有

$$\frac{f''(x)}{x-x_0} > 0$$

当 $x\in(x_0-\delta,x_0)$ 时, $f''(x)<0$; 当 $x\in(x_0,x_0+\delta)$ 时, $f''(x)>0$;

所以 $(x_0, f(x_0))$ 是拐点.

习题 3-6

5. 对数曲线 $y=\ln x$ 上哪一点处的曲率半径最小?求出该点处的曲率半径.

解 $y'=\dfrac{1}{x}$, $y''=-\dfrac{1}{x^2}$. $K=\dfrac{\dfrac{1}{x^2}}{\left(1+\dfrac{1}{x^2}\right)^{\frac{3}{2}}}=\dfrac{t}{(1+t)^{\frac{3}{2}}}\left(t=\dfrac{1}{x^2}\right)$

设 $\rho(t)=\dfrac{(1+t)^{\frac{3}{2}}}{t}$, $\rho'(t)=\dfrac{\frac{3}{2}(1+t)^{\frac{1}{2}}\cdot t-(1+t)^{\frac{3}{2}}}{t^2}=\dfrac{(1+t)^{\frac{1}{2}}\left(\frac{t}{2}-1\right)}{t^2}$.

令 $\rho'(t)=0$,得 $t=2$.

当 $0<t<2$ 时,$\rho'(t)<0$;当 $t>2$ 时,$\rho'(t)>0$.

故当 $t=2$ 时,$\rho(t)$ 取得最小值. 此时 $x=\dfrac{\sqrt{2}}{2}$,$y\left(\dfrac{\sqrt{2}}{2}\right)=-\dfrac{\ln 2}{2}$,$\rho=\dfrac{3\sqrt{2}}{2}$,于是在曲线上 $\left(\dfrac{\sqrt{2}}{2},-\dfrac{\ln 2}{2}\right)$点处曲率半径 ρ 取得最小值$\dfrac{3\sqrt{3}}{2}$.

第4章　不定积分

4.1　知识要点

4.1.1　不定积分的概念与性质

1. 原函数

若 $F'(x)=f(x), x\in I$，则称 $F(x)$ 为 $f(x)$ 在区间 I 上的一个原函数.

2. 不定积分的定义

把函数 $f(x)$ 的所有原函数 $F(x)+C$（C 为任意常数），称为 $f(x)$ 的不定积分. 记作 $\int f(x)\mathrm{d}x$，即 $\int f(x)\mathrm{d}x=F(x)+C$.

3. 不定积分的性质

$$\int[f(x)\pm g(x)]\mathrm{d}x=\int f(x)\mathrm{d}x\pm\int g(x)\mathrm{d}x.$$

$$\int kf(x)\mathrm{d}x=k\int f(x)\mathrm{d}x\ (k\text{ 为非零常数}).$$

$$\frac{\mathrm{d}}{\mathrm{d}x}\left(\int f(x)\mathrm{d}x\right)=f(x)\ \text{或}\ \mathrm{d}\left(\int f(x)\mathrm{d}x\right)=f(x)\mathrm{d}x.$$

$$\int F'(x)\mathrm{d}x=F(x)+C\ \text{或}\int \mathrm{d}F(x)=F(x)+C.$$

4. 原函数存在定理

连续函数一定有原函数.

注　初等函数在其定义域内的任何区间上都存在原函数.

5. 基本积分公式（详见教材）.

4.1.2　计算不定积分的方法

1. 换元法

（1）第一类换元法（凑微分法）

若 $f(x)$ 连续，且 $\int f(x)\mathrm{d}x=F(x)+C$，则

$$\int f[\varphi(x)]\varphi'(x)\mathrm{d}x=\int f[\varphi(x)]\mathrm{d}\varphi(x)=F[\varphi(x)]+C$$

常见的凑微分式有：

① $\mathrm{d}x=\frac{1}{a}f(ax+b)\mathrm{d}(ax+b)\ (a\neq 0)$；　② $\frac{1}{\sqrt{x}}\mathrm{d}x=2\mathrm{d}\sqrt{x}$；

③ $\frac{1}{x^2}\mathrm{d}x=-\mathrm{d}\left(\frac{1}{x}\right)$；　④ $x^k\mathrm{d}x=\frac{1}{k+1}\mathrm{d}x^{k+1}\ (k\neq -1)$；

⑤ $\frac{1}{x}\mathrm{d}x=\mathrm{d}\ln x$；　⑥ $\mathrm{e}^x\mathrm{d}x=\mathrm{d}\mathrm{e}^x$；

⑦ $\sin x\mathrm{d}x=-\mathrm{d}(\cos x)$；　⑧ $\cos x\mathrm{d}x=\mathrm{d}(\sin x)$；

⑨ $\sec^2x\mathrm{d}x=\mathrm{d}(\tan x)$；　⑩ $\csc^2x\mathrm{d}x=-\mathrm{d}(\cot x)$；

⑪ $\sec x\tan x\mathrm{d}x=\mathrm{d}\sec x$；　⑫ $\csc x\cot x\mathrm{d}x=-\mathrm{d}\csc x$；

⑬ $\frac{1}{\sqrt{1-x^2}}\mathrm{d}x=\mathrm{d}(\arcsin x)=-\mathrm{d}(\arccos x)$；

⑭ $\frac{1}{1+x^2}\mathrm{d}x=\mathrm{d}(\arctan x)=-\mathrm{d}(\mathrm{arccot}\,x)$.

(2) 第二类换元法

若 $x=\varphi(t)$ 单调，可导，则

$$\int f(x)\mathrm{d}x=\int f[\varphi(t)]\varphi'(t)\mathrm{d}t$$

第二类换元法常用于下列几种形式：

①若被积函数含 $\sqrt{a^2-x^2}$，令 $x=a\sin t,t\in\left(-\frac{\pi}{2},\frac{\pi}{2}\right)$；

②若被积函数含 $\sqrt{a^2+x^2}$，令 $x=a\tan t,t\in\left(-\frac{\pi}{2},\frac{\pi}{2}\right)$；

③若被积函数含 $\sqrt{x^2-a^2}$，令 $x=a\sec t,t\in\left(0,\frac{\pi}{2}\right)$.

评注　换元法的实质就是利用变量替换，将形式复杂的不定积分变换为简单的不定积分，因此换元法要根据被积函数的具体形式灵活应用. 倒代换 $\left(x=\frac{1}{t}\right)$ [见例 4 (4) 与例 10 方法三].

2. 分部积分法

$\int u\mathrm{d}v=uv-\int v\mathrm{d}u$，其中 u,v 分别是可导函数 $u(x),v(x)$.

分部积分法关键是确定 u,v，基本原则是：① v 易求；② $\int v\mathrm{d}u$ 比 $\int u\mathrm{d}v$ 简单，通常采用的方法有：

(1) $\int$ 多项式×(三角函数或指数函数)dx

选择多项式函数为 u,将三角函数或指数函数放入 dx 找 v.

(2) $\int$ 多项式×(对数函数或反三角函数)dx

选择对数函数或反三角函数为 u,将多项式放入 dx 找 v.

(3) $\int$ 指数函数×三角函数 dx

指数函数与三角函数都可以选作 u 或 v,这种类型要用两次分部积分,会出现循环形式[见例6(11)].

评注 ①当被积函数中含有 $e^{\sin x}$,e^{x^2},$\frac{\sin x}{x}$,$\frac{\cos x}{x}$,$e^{\frac{1}{x}}$这些形式时,而且由于这些函数本身没有用初等函数表达的原函数,常用分部积分法,然后利用积分间的抵消来计算;②当不定积分以递推公式给出时,常用分部积分法.

4.1.3 三种特殊函数的不定积分

1. 有理函数的积分

有理式

$$\frac{P_n(x)}{Q_m(x)} \equiv \frac{a_n x^n + a_{n-1}x^{n-1} + \cdots + a_1 x + a_0}{b_m x^m + b_{m-1}x^{m-1} + \cdots + b_1 x + b_0} = \text{多项式} + \text{真分式}$$

$$\left[\text{当 } n < m \text{ 时},\frac{P_n(x)}{Q_m(x)}\text{就是真分式,此时多项式为 }0\right]$$

任何一个真分式都可分解成若干个最简分式的和.

(1)若真分式的分母中有因式$(x+a)^m$,则其分解式中有加项

$$\frac{b_1}{(x+a)} + \frac{b_2}{(x+a)^2} + \cdots + \frac{b_m}{(x+a)^m}$$

(2)若真分式的分母中有因式 $(x^2+px+q)^n$,且 $p^2-4q<0$,则其分解式中有加项

$$\frac{a_1 x + b_1}{(x^2+px+q)} + \frac{a_2 x + b_2}{(x^2+px+q)^2} + \cdots + \frac{a_n x + b_n}{(x^2+px+q)^n}$$

2. 三角函数有理式的积分

计算三角函数有理式积分的一个基本方法是利用万能公式:

令 $u=\tan\frac{x}{2}$,则 $x=2\arctan u$,$\sin x=\frac{2u}{1+u^2}$,$\cos x=\frac{1-u^2}{1+u^2}$,$\mathrm{d}x=\frac{2\mathrm{d}u}{1+u^2}$

$$\int R(\sin x,\cos x)\,\mathrm{d}x = \int R\left(\frac{2u}{1+u^2},\frac{1-u^2}{1+u^2}\right)\cdot\frac{2}{1+u^2}\mathrm{d}u$$

利用万能代换令 $u=\tan\dfrac{x}{2}$ 总可以将三角函数有理式的积分化为有理函数的积分，但对于具体问题，万能代换常常很麻烦，如能不用尽量不用或少用. 因此，对于三角有理式的积分应根据被积函数的特点，灵活选择解法(见例 11).

3. 简单无理式的积分

关键是利用代换去掉根式，常见的方法有：

(1) $\int R(x,\sqrt[n]{ax+b})\mathrm{d}x$，令 $\sqrt[n]{ax+b}=t$；

(2) $\int R(x,\sqrt[n_1]{ax+b},\sqrt[n_2]{ax+b},\cdots,\sqrt[n_k]{ax+b})\mathrm{d}x$，令 $\sqrt[n]{ax+b}=t$，

其中 $n_1,n_2,\cdots,n_k$ 的最小公倍数为 n；

(3) $\int R\left(x,\sqrt[n]{\dfrac{ax+b}{cx+d}}\right)\mathrm{d}x$，令 $\sqrt[n]{\dfrac{ax+b}{cx+d}}=t$.

4.2 典型例题

例 1 试利用基本公式和不定积分的性质求下列各不定积分：

(1) $\int\dfrac{x^2-2\sqrt{2}x+2}{x-\sqrt{2}}\mathrm{d}x$；

(2) $\int\dfrac{1+2x^2}{x^2(1+x^2)}\mathrm{d}x$；

(3) $\int\dfrac{2-x^4}{1+x^2}\mathrm{d}x$；

(4) $\int\dfrac{\cos2x}{\sin x+\cos x}\mathrm{d}x$；

(5) $\int\dfrac{\cos2\theta}{\cos^2\theta\sin^2\theta}\mathrm{d}\theta$；

(6) $\int\dfrac{\sqrt{1+x^2}+\sqrt{1-x^2}}{\sqrt{1-x^4}}\mathrm{d}x$；

(7) $\int 2^{3x}\cdot 3^x\cdot(83)^x\mathrm{d}x$.

解 (1) $\int\dfrac{x^2-2\sqrt{2}x+2}{x-\sqrt{2}}\mathrm{d}x=\int\dfrac{(x-\sqrt{2})^2}{x-\sqrt{2}}\mathrm{d}x=\int(x-\sqrt{2})\mathrm{d}x=\dfrac{1}{2}x^2-\sqrt{2}x+C.$

(2) $\int\dfrac{1+2x^2}{x^2(1+x^2)}\mathrm{d}x=\int\dfrac{1+x^2}{x^2(1+x^2)}\mathrm{d}x+\int\dfrac{x^2}{x^2(1+x^2)}\mathrm{d}x=-\dfrac{1}{x}+\arctan x+C.$

(3) $\int\dfrac{2-x^4}{1+x^2}\mathrm{d}x=\int\dfrac{1+1-x^4}{1+x^2}\mathrm{d}x=\int\dfrac{1}{1+x^2}\mathrm{d}x+\int\dfrac{1-x^4}{1+x^2}\mathrm{d}x=\arctan x+\int(1-x^2)\mathrm{d}x$

$$=\arctan x+x-\frac{1}{3}x^3+C.$$

(4) $\int\dfrac{\cos2x}{\sin x+\cos x}\mathrm{d}x=\int\dfrac{\cos^2x-\sin^2x}{\sin x+\cos x}\mathrm{d}x=\int(\cos x-\sin x)\mathrm{d}x=\sin x+\cos x+C.$

(5) $\int \frac{\cos 2\theta}{\cos^2\theta\sin^2\theta}d\theta = \int \frac{\cos^2\theta - \sin^2\theta}{\cos^2\theta \cdot \sin^2\theta}d\theta = \int \frac{1}{\sin^2\theta}d\theta - \int \frac{1}{\cos^2\theta}d\theta$

$= -\cot\theta - \tan\theta + C.$

(6) $\int \frac{\sqrt{1+x^2} + \sqrt{1-x^2}}{\sqrt{1-x^4}}dx = \int \frac{1}{\sqrt{1-x^2}}dx + \int \frac{1}{\sqrt{1+x^2}}dx$

$= \arcsin x + \ln(x + \sqrt{1+x^2}) + C.$

(7) $\int 2^{3x} \cdot 3^x \cdot (83)^x dx = \int (2^3)^x \cdot 3^x \cdot (83)^x dx$

$= \int (1992)^x dx = \frac{1}{\ln 1992}(1992)^x + C.$

评注 从以上解题方法中可以看出,在求不定积分时,对被积函数作恒等变形,比如说利用代数恒等式或三角恒等式变形,是非常重要的.

例 2 试用凑微分法计算下列不定积分:

(1) $\int \sin(2x+3)dx$; (2) $\int x^2 \cdot \sqrt[5]{x^3+4}\,dx$;

(3) $\int x^2 e^{-x^3}dx$; (4) $\int \frac{1}{x\ln^2 x}dx$;

(5) $\int \frac{1}{x\ln x\ln\ln x}dx$; (6) $\int \frac{\cos\sqrt{x}}{\sqrt{x}}dx$;

(7) $\int \frac{\sin x}{\cos^3 x}dx$; (8) $\int \frac{1}{(\arcsin x)^2 \cdot \sqrt{1-x^2}}dx$;

(9) $\int \frac{\sin x + \cos x}{\sqrt[3]{\sin x - \cos x}}dx$; (10) $\int \frac{\sin^3 x}{\sqrt{\cos x}}dx$;

(11) $\int \frac{\arctan\sqrt{x}}{\sqrt{x}(1+x)}dx$; (12) $\int \frac{x^5}{\sqrt[3]{1+x^3}}dx$;

(13) $\int \frac{\ln 2x}{x\sqrt{1+\ln x}}dx$; (14) $\int \frac{1}{(1+e^x)^2}dx$;

(15) $\int x^3\sqrt[3]{1+x^2}\,dx$; (16) $\int \frac{\ln\tan x}{\cos x\sin x}dx$.

解 (1) $\int \sin(2x+3)dx = \frac{1}{2}\int \sin(2x+3)d(2x+3) = -\frac{1}{2}\cos(2x+3) + C.$

(2) $\int x^2 \cdot \sqrt[5]{x^3+4}\,dx = \frac{1}{3}\int (x^3+4)^{\frac{1}{5}}d(x^3+4)$

$= \frac{1}{3} \cdot \frac{1}{1+\frac{1}{5}}(x^3+4)^{1+\frac{1}{5}} + C$

$$=\frac{5}{18}(x^3+4)^{\frac{6}{5}}+C.$$

(3) $\int x^2 e^{-x^3}dx=-\frac{1}{3}\int e^{-x^3}d(-x^3)=-\frac{1}{3}e^{-x^3}+C.$

(4) $\int\frac{1}{x\ln^2 x}dx=\int\frac{1}{\ln^2 x}d\ln x=-\frac{1}{\ln x}+C.$

(5) $\int\frac{1}{x\ln x\ln\ln x}dx=\int\frac{1}{\ln x\ln\ln x}d\ln x=\int\frac{1}{\ln\ln x}d\ln\ln x=\ln|\ln\ln x|+C.$

(6) $\int\frac{\cos\sqrt{x}}{\sqrt{x}}dx=2\int\cos\sqrt{x}\,d\sqrt{x}=2\sin\sqrt{x}+C.$

(7) $\int\frac{\sin x}{\cos^3 x}dx=-\int\frac{1}{\cos^3 x}d\cos x=\frac{1}{2\cos^2 x}+C.$

(8) $\int\frac{1}{(\arcsin x)^2\cdot\sqrt{1-x^2}}dx=\int\frac{1}{(\arcsin x)^2}d\arcsin x=-\frac{1}{\arcsin x}+C.$

(9) $\int\frac{\sin x+\cos x}{\sqrt[3]{\sin x-\cos x}}dx=\int\frac{d(\sin x-\cos x)}{\sqrt[3]{\sin x-\cos x}}=\frac{3}{2}(\sin x-\cos x)^{\frac{2}{3}}+C.$

(10) $\int\frac{\sin^3 x}{\sqrt{\cos x}}dx=-\int\frac{\sin^2 x}{\sqrt{\cos x}}d\cos x=-\int\frac{1-\cos^2 x}{\sqrt{\cos x}}d\cos x$

$$=\int(\cos^{\frac{3}{2}}x-\cos^{-\frac{1}{2}}x)d\cos x=\frac{2}{5}(\cos x)^{\frac{5}{2}}-2\sqrt{\cos x}+C.$$

(11) $\int\frac{\arctan\sqrt{x}}{\sqrt{x}(1+x)}dx=2\int\frac{\arctan\sqrt{x}}{1+(\sqrt{x})^2}d\sqrt{x}=2\int\arctan\sqrt{x}\,d\arctan\sqrt{x}$

$$=(\arctan\sqrt{x})^2+C.$$

(12) $\int\frac{x^5}{\sqrt[3]{1+x^3}}dx=\frac{1}{3}\int\frac{x^3dx^3}{\sqrt[3]{1+x^3}}=\frac{1}{3}\int\frac{x^3+1-1}{\sqrt[3]{1+x^3}}dx^3$

$$=\frac{1}{3}\int[(1+x^3)^{\frac{2}{3}}-(1+x^3)^{-\frac{1}{3}}]d(x^3+1)$$

$$=\frac{1}{5}(1+x^3)^{\frac{5}{3}}-\frac{1}{2}(1+x^3)^{\frac{2}{3}}+C.$$

(13) $\int\frac{\ln 2x}{x\sqrt{1+\ln x}}dx=\int\frac{\ln x+\ln 2}{\sqrt{1+\ln x}}d(\ln x)=\int\frac{\ln x+1+\ln 2-1}{\sqrt{1+\ln x}}d(1+\ln x)$

$$=\int(1+\ln x)^{\frac{1}{2}}d(\ln x+1)+(\ln 2-1)\int(1+\ln x)^{-\frac{1}{2}}d(\ln x+1)$$

$$=\frac{2}{3}(1+\ln x)^{\frac{3}{2}}+2(\ln 2-1)(1+\ln x)^{\frac{1}{2}}+C.$$

(14) $\int\frac{1}{(1+e^x)^2}dx=\int\frac{1+e^x-e^x}{(1+e^x)^2}dx=\int\left(\frac{1}{1+e^x}-\frac{e^x}{(1+e^x)^2}\right)dx$

$$=-\ln(1+e^{-x})+\frac{1}{1+e^x}+C.$$

(15) $\int x^3\sqrt[3]{1+x^2}dx=\frac{1}{2}\int x^2\sqrt[3]{1+x^2}d(1+x^2)=\frac{1}{2}\int(x^2+1-1)\sqrt[3]{1+x^2}d(1+x^2)$

$$=\frac{1}{2}\int(1+x^2)^{\frac{4}{3}}d(1+x^2)-\frac{1}{2}\int(1+x^2)^{\frac{1}{3}}d(1+x^2)$$

$$=\frac{3}{14}(1+x^2)^{\frac{7}{3}}-\frac{3}{8}(1+x^2)^{\frac{4}{3}}+C.$$

(16) $\int\frac{\ln\tan x}{\cos x\sin x}dx=\int\frac{\ln\tan x}{\tan x\cos^2 x}dx=\int\ln\tan x\,d(\ln\tan x)=\frac{1}{2}(\ln\tan x)^2+C.$

评注 利用知识要点中列出的常见的凑微分公式,易作出以上各题.

例 3 使用凑微分法计算下列不定积分:

(1) $\int\frac{1}{1-x^2}\ln\frac{1+x}{1-x}dx$; (2) $\int\frac{x+1}{x(1+xe^x)}dx$;

(3) $\int\frac{\ln^2(x+\sqrt{1+x^2})}{\sqrt{1+x^2}}dx$;

(4) $\int\frac{\sin x\cos x}{\sqrt{a^2\sin^2 x+b^2\cos^2 x}}dx\,(a\neq b)$.

(1)**分析** $\frac{1}{1-x^2}$与 $\ln\frac{1+x}{1-x}$比较,后者复杂,且$\left[\ln\frac{1+x}{1-x}\right]'=\frac{2}{1-x^2}$.

解 $\int\frac{1}{1-x^2}\ln\frac{1+x}{1-x}dx=\frac{1}{2}\int\ln\frac{1+x}{1-x}d\left(\ln\frac{1+x}{1-x}\right)=\frac{1}{4}\left[\ln\frac{1+x}{1-x}\right]^2+C.$

(2) **分析** $(1+xe^x)'=e^x(1+x)\Rightarrow e^x(1+x)dx=d(xe^x)=d(1+xe^x)$.

解 $\int\frac{x+1}{x(1+xe^x)}dx=\int\frac{e^x(x+1)}{xe^x(1+xe^x)}dx$

$$=\int\left(\frac{1}{xe^x}-\frac{1}{1+xe^x}\right)d(xe^x)$$

$$=\int\frac{1}{xe^x}d(xe^x)-\int\frac{1}{1+xe^x}d(xe^x+1)$$

$$=\ln|xe^x|-\ln|1+xe^x|+C=\ln\left|\frac{xe^x}{1+xe^x}\right|+C.$$

(3)**分析** $\frac{1}{\sqrt{1+x^2}}$与 $\ln^2(x+\sqrt{1+x^2})$ 比较,后者复杂,且 $\ln(x+\sqrt{1+x^2})$ 为构成 $\ln^2(x+\sqrt{1+x^2})$ 的初等函数,$[\ln(x+\sqrt{1+x^2})]'=\frac{1}{\sqrt{1+x^2}}$.

解 $$\int\frac{\ln^2(x+\sqrt{1+x^2})}{\sqrt{1+x^2}}\mathrm{d}x=\int\ln^2(x+\sqrt{1+x^2})\mathrm{d}[\ln(x+\sqrt{1+x^2})]$$
$$=\frac{1}{3}\ln^3(x+\sqrt{1+x^2})+C.$$

(4)**分析** $(a^2\sin^2x+b^2\cos^2x)'=2(a^2-b^2)\sin x\cos x\Rightarrow$
$\sin x\cos x=\frac{1}{2(a^2-b^2)}(a^2\sin^2x+b^2\cos^2x)'$.

解 原式 $=\int\frac{1}{\sqrt{a^2\sin^2x+b^2\cos^2x}}\cdot\frac{1}{2(a^2-b^2)}(a^2\sin^2x+b^2\cos^2x)'\mathrm{d}x$
$$=\frac{1}{a^2-b^2}\int\frac{\mathrm{d}(a^2\sin^2x+b^2\cos^2x)}{2\sqrt{a^2\sin^2x+b^2\cos^2x}}=\frac{1}{a^2-b^2}\sqrt{a^2\sin^2x+b^2\cos^2x}+C.$$

评注 对于不容易观察出微分形式的积分,可对被积函数最困难的部分求导数,发现规律,确定凑微分方案.

(1)若被积函数 $f(x)=g(x)\cdot\varphi(x)$,则对 $g(x)$,$\varphi(x)$ 中较复杂的函数(或构成它的初等函数)求导,看其导数是否等于较简函数的常数倍,若是则可用凑微分求解.

(2)若 $f(x)=\frac{g(x)}{\varphi(x)}$,则对 $\varphi(x)$ 求导,看其导数是否等于 $g(x)$ 的常数倍,若是则有
$$\int f(x)\mathrm{d}x=\int\frac{g(x)}{\varphi(x)}\mathrm{d}x=k\int\frac{\mathrm{d}(\varphi(x))}{\varphi(x)}=k\ln|\varphi(x)|+C$$

例 4 试用第二类换元法算下列不定积分:

(1) $\int\frac{1}{(x-1)^2\sqrt{2x-x^2}}\mathrm{d}x$; (2) $\int\frac{x\mathrm{e}^{\frac{-1}{\sqrt{1+x^2}}}}{\sqrt{(1+x^2)^3}}\mathrm{d}x$;

(3) $\int\frac{x^2}{\sqrt{x^2-4}}\mathrm{d}x$; (4) $\int\frac{1}{x^4\sqrt{1+x^2}}\mathrm{d}x$;

(5) $\int x^3\cdot\sqrt{4-x^2}\mathrm{d}x$; (6) $\int\frac{1}{1+\sqrt{1-x^2}}\mathrm{d}x$.

解 (1)如图 4-1 所示.

$$\int\frac{1}{(x-1)^2\sqrt{2x-x^2}}\mathrm{d}x=\int\frac{1}{(x-1)^2\sqrt{1-(x-1)^2}}$$
$$\xlongequal{x-1=\sin t}\int\frac{1}{\sin^2t}\mathrm{d}t$$

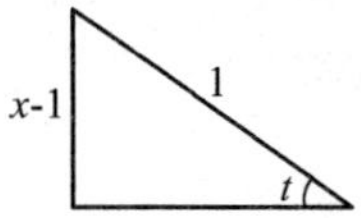

图 4-1

$$= -\cot t + C = -\frac{\sqrt{2x - x^2}}{x-1} + C.$$

(2)如图 4－2 所示.

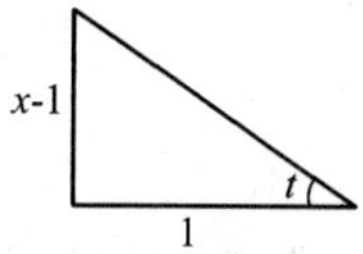

图 4－2

$$\int \frac{x\mathrm{e}^{\frac{-1}{\sqrt{1+x^2}}}}{\sqrt{(1+x^2)^3}}\mathrm{d}x \xlongequal{x=\tan t} \int \frac{\tan t\,\mathrm{e}^{-\cos t}}{\sec^3 t}\sec^2 t\mathrm{d}t = \int \mathrm{e}^{-\cos t}\sin t\mathrm{d}t$$

$$= \int \mathrm{e}^{-\cos t}\mathrm{d}(-\cos t) = \mathrm{e}^{-\cos t} + C = \mathrm{e}^{\frac{-1}{\sqrt{1+x^2}}} + C.$$

(3) $\displaystyle\int \frac{x^2}{\sqrt{x^2-4}}\mathrm{d}x \xlongequal{x=2\sec t} 4\int \sec^3 t\mathrm{d}t = 4\int \sec t\cdot\sec^2 t\mathrm{d}t = 4\int \sec t\mathrm{d}\tan t$

$$\xlongequal{\text{分部积分法}} 4\left[\sec t\cdot\tan t - \int \tan t\cdot\sec t\cdot\tan t\mathrm{d}t\right]$$

$$= 2\sec t\cdot\tan t + 2\ln|\sec t + \tan t| + C$$

$$= 2x\sqrt{x^2-4} + 2\ln\left|x + \sqrt{x^2-4}\right| + C.$$

(4) $\displaystyle\int \frac{1}{x^4\sqrt{1+x^2}}\mathrm{d}x \xlongequal{x=\frac{1}{t}} -\int \frac{t^3}{\sqrt{t^2+1}}\mathrm{d}t \xlongequal{u=1+t^2} -\frac{1}{2}\int \frac{u-1}{\sqrt{u}}\mathrm{d}u$

$$= -\frac{1}{3}u^{\frac{3}{2}} + u^{\frac{1}{2}} + C = -\frac{1}{3}(1+t^2)^{\frac{3}{2}} + (1+t^2)^{\frac{1}{2}} + C$$

$$= -\frac{1}{3}\left(\frac{\sqrt{1+x^2}}{x}\right)^3 + \frac{\sqrt{1+x^2}}{x} + C.$$

另解　令 $x = \tan t$(略)

(5)如图 4－3 所示.

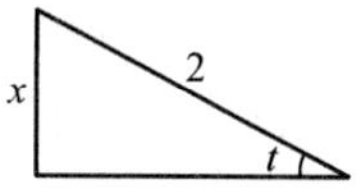

图 4－3

令 $x = 2\sin t$,则

$$\int x^3\cdot\sqrt{4-x^2}\mathrm{d}x = \int 8\sin^3 t\cdot 2\cos t\cdot 2\cos t\mathrm{d}t$$

$$= 32\int \sin t(1-\cos^2 t)\cos^2 t\mathrm{d}t$$

$$= -32\int(\cos^2 t - \cos^4 t)\mathrm{d}\cos t$$

$$= -32\left(\frac{1}{3}\cos^3 t - \frac{1}{5}\cos^5 t\right) + C$$

$$= -\frac{4}{3}(4-x^2)^{\frac{3}{2}} + \frac{1}{5}(4-x^2)^{\frac{5}{2}} + C.$$

(6)如图 4－4 所示.

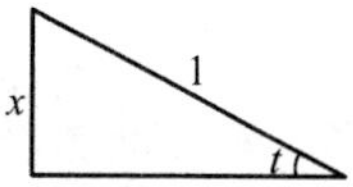

图 4－4

令 $x = \sin t$,则

$$\int \frac{1}{1+\sqrt{1-x^2}}\mathrm{d}x = \int \frac{\cos t}{1+\cos t}\mathrm{d}t = \int \frac{\cos t + 1 - 1}{1+\cos t}\mathrm{d}t = t - \int \frac{1}{1+\cos t}\mathrm{d}t$$

$$= t - \int \frac{1}{2\cos^2 \frac{t}{2}} dt = t - \int \sec^2 \frac{t}{2} d\left(\frac{t}{2}\right) = t - \tan \frac{t}{2} + C$$

$$= \arcsin x - \frac{x}{1 + \sqrt{1 - x^2}} + C.$$

例 5 计算下列简单无理函数的积分：

(1) $\int \frac{1}{\sqrt{x} + \sqrt[4]{x}} dx$； (2) $\int \frac{\sqrt[3]{x}}{x(\sqrt{x} + \sqrt[3]{x})} dx$；

(3) $\int \frac{\sqrt{x}}{x(x+1)} dx$； (4) $\int \frac{1}{x} \sqrt{\frac{1+x}{x}} dx$；

(5) $\int \frac{1}{1 + \sqrt{x} + \sqrt{1+x}} dx$.

解 (1) 令 $x = t^4$，有 $\sqrt[4]{x} = t$，$\sqrt{x} = t^2$，$dx = 4t^3 dt$，则

$$\int \frac{1}{\sqrt{x} + \sqrt[4]{x}} dx = \int \frac{4t^3}{t^2 + t} dt = 4\int \frac{t^2}{t+1} dt = 4\int \frac{t^2 - 1 + 1}{t+1} dt$$

$$= 4\int \left[(t-1) + \frac{1}{1+t}\right] dt$$

$$= 4\left(\frac{1}{2}t^2 - t + \ln|1 + t|\right) + C$$

$$= 2\sqrt{x} - 4\sqrt[4]{x} + 4\ln(1 + \sqrt[4]{x}) + C.$$

(2) 令 $\sqrt[6]{x} = t$，有 $x = t^6$，$dx = 6t^5 dt$，则

$$\int \frac{\sqrt[3]{x}}{x(\sqrt{x} + \sqrt[3]{x})} dx = \int \frac{t^2 \cdot 6t^5}{t^6(t^3 + t^2)} dt = 6\int \frac{1}{t^2 + t} dt$$

$$= 6\int \frac{1}{t(t+1)} dt = 6\ln\left|\frac{t}{t+1}\right| + C$$

$$= 6\ln \frac{\sqrt[6]{x}}{1 + \sqrt[6]{x}} + C.$$

(3) $$\int \frac{\sqrt{x}}{x(x+1)} dx = \int \frac{\sqrt{x}}{(\sqrt{x})^2[1 + (\sqrt{x})^2]} d(\sqrt{x})^2$$

$$= \int \frac{2\sqrt{x} \cdot \sqrt{x}}{(\sqrt{x})^2[1 + (\sqrt{x})^2]} d\sqrt{x}$$

$$= 2\int \frac{1}{1 + (\sqrt{x})^2} d\sqrt{x} = 2\arctan \sqrt{x} + C.$$

(4) 令 $\sqrt{\frac{1+x}{x}} = t$，有 $x = \frac{1}{t^2 - 1}$，$dx = \frac{-2t dt}{(t^2 - 1)^2}$，则

$$\int \frac{1}{x}\sqrt{\frac{1+x}{x}}\mathrm{d}x = \int (t^2-1)\cdot t\cdot \frac{-2t}{(t^2-1)^2}\mathrm{d}t = -2\int \frac{t^2-1+1}{t^2-1}\mathrm{d}t$$

$$= -2t - \ln\left|\frac{t-1}{t+1}\right| + C$$

$$= -2\sqrt{\frac{1+x}{x}} - \ln(1+2x-2\sqrt{x+x^2}) + C.$$

(5) $\displaystyle\int \frac{1}{1+\sqrt{x}+\sqrt{1+x}}\mathrm{d}x = \int \frac{(1+\sqrt{x})-\sqrt{1+x}}{2\sqrt{x}}\mathrm{d}x$

$$=\sqrt{x}+\frac{1}{2}x-\int \frac{\sqrt{1+x}}{2\sqrt{x}}\mathrm{d}x.$$

$$\int \sqrt{\frac{1+x}{x}}\mathrm{d}x = \frac{1}{2}\int \frac{(2x+1)+1}{\sqrt{x^2+x}}\mathrm{d}x = \frac{1}{2}\int \frac{\mathrm{d}(x^2+x)}{\sqrt{x^2+x}} + \frac{1}{2}\int \frac{1}{\sqrt{x^2+x}}\mathrm{d}x$$

$$= \sqrt{x^2+x} + \frac{1}{2}\int \frac{\mathrm{d}\left(x+\frac{1}{2}\right)}{\sqrt{\left(x+\frac{1}{2}\right)^2-\frac{1}{4}}}$$

$$= \sqrt{x^2+x} + \frac{1}{2}\ln\left(x+\frac{1}{2}+\sqrt{x^2+x}\right) + C_1.$$

所以

$$\int \frac{1}{1+\sqrt{x}+\sqrt{1+x}}\mathrm{d}x = \sqrt{x}+\frac{1}{2}x-\frac{1}{2}\sqrt{x^2+x}-\frac{1}{4}\ln\left(x+\frac{1}{2}+\sqrt{x^2+x}\right)+C$$

例 6 试用分部积分法计算下列不定积分:

(1) $\displaystyle\int x^3\arctan\frac{1}{x}\mathrm{d}x$;　　(2) $\displaystyle\int \frac{\ln x}{(x-2)^2}\mathrm{d}x$;

(3) $\displaystyle\int x^3 \mathrm{e}^{x^2}\mathrm{d}x$;　　(4) $\displaystyle\int \frac{\ln(\ln x)}{x}\mathrm{d}x$;

(5) $\displaystyle\int \sin\ln x\mathrm{d}x$;　　(6) $\displaystyle\int \frac{\ln\sin x}{\cos^2 x}\mathrm{d}x$;

(7) $\displaystyle\int \frac{\arctan \mathrm{e}^x}{\mathrm{e}^x}\mathrm{d}x$;　　(8) $\displaystyle\int \frac{\arcsin x}{\sqrt{1-x^2}}\cdot \mathrm{e}^{\arcsin x}\mathrm{d}x$;

(9) $\displaystyle\int (\arctan\sqrt{x})^2\mathrm{d}x$;　　(10) $\displaystyle\int [\ln(x+\sqrt{x^2+1})]^2\mathrm{d}x$;

(11) $\displaystyle\int \mathrm{e}^x\cos^2\frac{x}{2}\mathrm{d}x$;　　(12) $\displaystyle\int \csc^3 x\mathrm{d}x$.

解 (1) $\displaystyle\int x^3\arctan\frac{1}{x}\mathrm{d}x = \int \arctan\frac{1}{x}\mathrm{d}\left(\frac{x^4}{4}\right) = \frac{x^4}{4}\arctan\frac{1}{x} - \int \frac{x^4}{4}\mathrm{d}\left(\arctan\frac{1}{x}\right)$

$$= \frac{x^4}{4}\arctan\frac{1}{x} + \frac{1}{4}\int \frac{x^4}{x^2+1}dx$$

$$= \frac{x^4}{4}\arctan\frac{1}{x} + \frac{1}{4}\int \left(x^2 - 1 + \frac{1}{x^2+1}\right)dx$$

$$= \frac{1}{4}\left(x^4\arctan\frac{1}{x} + \arctan x + \frac{x^3}{3} - x\right) + C.$$

(2) $\int \frac{\ln x}{(x-2)^2}dx = -\int \ln x\, d\left(\frac{1}{x-2}\right) = \frac{1}{2-x}\cdot \ln x + \int \frac{1}{x-2}\cdot d(\ln x)$

$$= \frac{1}{2-x}\ln x + \int \frac{1}{x(x-2)}dx = \frac{1}{2-x}\ln x + \frac{1}{2}\int \frac{x-(x-2)}{x(x-2)}dx$$

$$= \frac{1}{2-x}\ln x + \frac{1}{2}\ln\left|1 - \frac{2}{x}\right| + C.$$

(3) $\int x^3 e^{x^2} dx = \frac{1}{2}\int x^2 e^{x^2} 2x dx = \frac{1}{2}\int x^2 de^{x^2} = \frac{1}{2}\left(x^2 e^{x^2} - \int e^{x^2} 2x dx\right)$

$$= \frac{1}{2}x^2 e^{x^2} - \frac{1}{2}e^{x^2} + C.$$

(4) $\int \frac{\ln(\ln x)}{x}dx = \int \ln\ln x\, d\ln x = \ln\ln x \cdot \ln x - \int \ln x \cdot \frac{1}{\ln x}\cdot\frac{1}{x}dx$

$$= \ln\ln x \cdot \ln x - \ln x + C.$$

(5) $\int \sin\ln x dx = x\sin\ln x - \int x\cos\ln x \cdot \frac{1}{x}dx$

$$= x\sin\ln x - \int \cos\ln x dx$$

$$= x\sin\ln x - x\cos\ln x + \int (-x)\cdot \sin\ln x \cdot \frac{1}{x}dx$$

$$= x\sin\ln x - x\cos\ln x - \int \sin\ln x dx.$$

所以
$$\int \sin\ln x dx = \frac{x}{2}(\sin\ln x - \cos\ln x) + C$$

(6) $\int \frac{\ln\sin x}{\cos^2 x}dx = \int \ln\sin x\, d\tan x = \tan x \cdot \ln\sin x - \int \tan x \cdot \frac{\cos x}{\sin x}dx$

$$= \tan x \cdot \ln\sin x - x + C.$$

(7) $\int \frac{\arctan e^x}{e^x}dx = -\int \arctan e^x de^{-x} = -e^{-x}\arctan e^x + \int e^{-x}\cdot\frac{e^x}{1+e^{2x}}dx$

$$= -e^{-x}\arctan e^x + \int \frac{1+e^{2x}-e^{2x}}{1+e^{2x}}dx$$

$$= -e^{-x}\arctan e^x + x - \frac{1}{2}\ln(1+e^{2x}) + C.$$

(8) $\int \frac{\arcsin x}{\sqrt{1-x^2}} \cdot e^{\arcsin x} dx = \int \arcsin x \cdot e^{\arcsin x} \cdot d\arcsin x$

$= \int \arcsin x de^{\arcsin x}$

$= \arcsin x \cdot e^{\arcsin x} - \int e^{\arcsin x} d\arcsin x$

$= \arcsin x \cdot e^{\arcsin x} - e^{\arcsin x} + C.$

(9) $\int (\arctan\sqrt{x})^2 dx = x(\arctan\sqrt{x})^2 - \int x \cdot 2\arctan\sqrt{x} \cdot \frac{\frac{1}{2\sqrt{x}}}{1+x} dx$

$= x(\arctan\sqrt{x})^2 - \int \frac{\sqrt{x}}{1+x}\arctan\sqrt{x} dx.$

$\int \frac{\sqrt{x}}{1+x}\arctan\sqrt{x} dx = \int \arctan\sqrt{x} \cdot \frac{\sqrt{x}}{1+(\sqrt{x})^2} \cdot 2\sqrt{x} d\sqrt{x}$

$= 2\int \arctan\sqrt{x} \cdot \frac{(\sqrt{x})^2+1-1}{1+(\sqrt{x})^2} d\sqrt{x}$

$= 2\int \arctan\sqrt{x} d\sqrt{x} - 2\int \arctan\sqrt{x} d\arctan\sqrt{x}$

$= 2\left(\sqrt{x}\arctan\sqrt{x} - \int \sqrt{x} \cdot \frac{\frac{1}{2\sqrt{x}}}{1+x} dx\right) - (\arctan\sqrt{x})^2$

$= 2\sqrt{x}\arctan\sqrt{x} - \ln|1+x| - (\arctan\sqrt{x})^2.$

所以 $\int (\arctan\sqrt{x})^2 dx = x(\arctan\sqrt{x})^2 - 2\sqrt{x}\arctan\sqrt{x} +$

$\ln|1+x| + (\arctan\sqrt{x})^2 + C$

(10) $\int [\ln(x+\sqrt{x^2+1})]^2 dx = x[\ln(x+\sqrt{1+x^2})]^2 -$

$2\int x \cdot \ln(x+\sqrt{1+x^2}) \cdot \frac{1}{\sqrt{1+x^2}} dx$

$= x[\ln(x+\sqrt{1+x^2})]^2 - 2\int \ln(x+\sqrt{1+x^2}) d\sqrt{1+x^2}$

$= x[\ln(x+\sqrt{1+x^2})]^2 - 2\sqrt{1+x^2}\ln(x+\sqrt{1+x^2}) +$

$2\int \sqrt{1+x^2} \cdot \frac{1}{\sqrt{1+x^2}} dx$

$= x[\ln(x+\sqrt{1+x^2})]^2 - 2\sqrt{1+x^2}\ln(x+\sqrt{1+x^2}) +$

$2x + C.$

(11) $\int e^x\cos^2\frac{x}{2}dx=\frac{1}{2}\int e^x(1+\cos x)dx=\frac{e^x}{2}+\frac{1}{2}\int e^x\cos xdx.$

其中

$$\begin{aligned}\int e^x\cos xdx &= \int\cos xde^x = e^x\cos x-\int e^x d(\cos x)\\ &= e^x\cos x+\int e^x\sin xdx\\ &= e^x\cos x+\left(e^x\sin x-\int e^x\cos xdx\right)\end{aligned}$$

移项得

$$\int e^x\cos xdx = \frac{1}{2}e^x(\sin x+\cos x)+C$$

故

$$\int e^x\cos^2\frac{x}{2}dx = \frac{e^x}{2}+\frac{e^x}{4}(\sin x+\cos x)+C$$

(12) $$\begin{aligned}\int\csc^3xdx &= -\int\csc xd(\cot x) = -\csc x\cot x+\int\cot xd(\csc x)\\ &= -\csc x\cot x-\int\cot^2x\csc xdx\\ &= -\csc x\cot x-\left(\int\csc^3xdx-\int\csc xdx\right)\end{aligned}$$

故

$$\begin{aligned}\int\csc^3xdx &= -\frac{1}{2}\csc x\cot x+\frac{1}{2}\int\csc xdx\\ &= -\frac{1}{2}\csc x\cot x+\frac{1}{2}\ln|\csc x-\cot x|+C\end{aligned}$$

评注 利用分部积分法时，首先要凑出 dv，然后再用分部积分公式，而且运用分部积分法时常会遇到循环情况，即计算过程中又出现了所求项，此时通过移项整理即可求积分.

例 7 设 $I_n=\int\frac{1}{\sin^n x}dx(n\geqslant 2)$，试建立递推公式.

解 $$\begin{aligned}I_n &= \int\frac{1-\sin^2x+\sin^2x}{\sin^nx}dx=\int\frac{\cos^2x}{\sin^nx}dx+I_{n-2}\\ &= -\frac{1}{n-1}\int\cos xd\left(\frac{1}{\sin^{n-1}x}\right)+I_{n-2}\\ &= -\frac{1}{n-1}\cdot\frac{\cos x}{\sin^{n-1}x}-\frac{1}{n-1}I_{n-2}+I_{n-2}\\ &= -\frac{1}{n-1}\frac{\cos x}{\sin^{n-1}x}+\frac{n-2}{n-1}I_{n-2}.\end{aligned}$$

评注 本题为递推型积分，使用分部积分公式时应注意观察规律，从而确定递推关系式.

例 8 求 $\int \frac{\arcsin x}{x^2} \cdot \frac{1+x^2}{\sqrt{1-x^2}}dx$.

解 令 $x=\sin u, dx=\cos u du$,则

$$\int \frac{\arcsin x}{x^2} \cdot \frac{1+x^2}{\sqrt{1-x^2}}dx = \int \frac{u}{\sin^2 u} \cdot \frac{1+\sin^2 u}{\cos u}\cos u du = \int \frac{u}{\sin^2 u}du + \int u du$$

$$= -\int u d(\cot u) + \frac{1}{2}u^2 = -u\cot u + \ln|\sin u| + \frac{1}{2}u^2 + C$$

$$= -\frac{\sqrt{1-x^2}}{x}\arcsin x + \ln|x| + \frac{1}{2}(\arcsin x)^2 + C$$

评注 实际上许多计算不定积分问题都需要综合运用换元法和分部积分法,作题时应灵活运用.

例 9 求下列各有理分式函数的积分:

(1) $\int \frac{x^3}{x+2}dx$;

(2) $\int \frac{1}{x(x-1)^2}dx$;

(3) $\int \frac{1}{(x^2+1)(x^2+x+1)}dx$;

(4) $\int \frac{3x+1}{x^2+x+1}dx$;

(5) $\int \frac{-x^2-2}{(x^2+x+1)^2}dx$.

解 (1) $\int \frac{x^3}{x+2}dx = \int \frac{(x^3+8)-8}{x+2}dx$

$$= \int \left(x^2-2x+4-\frac{8}{x+2}\right)dx$$

$$= \frac{1}{3}x^3 - x^2 + 4x - 8\ln|x+2| + C.$$

(2) $\int \frac{1}{x(x-1)^2}dx = \int \left(\frac{1}{x} - \frac{1}{x-1} + \frac{1}{(x-1)^2}\right)dx = \ln|x| - \ln|x-1| - \frac{1}{x-1} + C.$

(3) $\int \frac{1}{(x^2+1)(x^2+x+1)}dx = \int \left[\frac{1}{x(x^2+1)} - \frac{1}{x(x^2+x+1)}\right]dx$

$$= \int \left(\frac{1}{x} - \frac{x}{x^2+1}\right)dx - \int \left(\frac{1}{x} - \frac{x+1}{x^2+x+1}\right)dx$$

$$= \int \left(\frac{x+1}{x^2+x+1} - \frac{x}{x^2+1}\right)dx$$

$$= \int \frac{\frac{1}{2}(2x+1)+\frac{1}{2}}{x^2+x+1}dx - \frac{1}{2}\ln(1+x^2)$$

$$=\frac{1}{2}\ln(x^2+x+1)+\frac{1}{\sqrt{3}}\arctan\frac{2x+1}{\sqrt{3}}-\frac{1}{2}\ln(1+x^2)+C.$$

(4) $$\int\frac{3x+1}{x^2+x+1}\mathrm{d}x=\int\frac{\frac{3}{2}(2x+1)-\frac{1}{2}}{x^2+x+1}\mathrm{d}x$$

$$=\frac{3}{2}\int\frac{\mathrm{d}(x^2+x+1)}{x^2+x+1}-\frac{1}{2}\int\frac{1}{\left(x+\frac{1}{2}\right)^2+\left(\frac{\sqrt{3}}{2}\right)^2}\mathrm{d}x$$

$$=\frac{3}{2}\ln(x^2+x+1)-\frac{1}{\sqrt{3}}\arctan\frac{2x+1}{\sqrt{3}}+C.$$

(5) $$\int\frac{-x^2-2}{(x^2+x+1)^2}\mathrm{d}x=-\int\frac{x^2+2}{(x^2+x+1)^2}\mathrm{d}x=-\int\frac{(x^2+x+1)-(x-1)}{(x^2+x+1)^2}\mathrm{d}x$$

$$=-\int\frac{1}{x^2+x+1}\mathrm{d}x+\int\frac{x-1}{(x^2+x+1)^2}\mathrm{d}x$$

$$=-\int\frac{1}{x^2+x+1}\mathrm{d}x+\int\frac{\frac{1}{2}(2x+1)-\frac{3}{2}}{(x^2+x+1)^2}$$

$$=-\int\frac{1}{\left(x+\frac{1}{2}\right)^2+\left(\frac{\sqrt{3}}{2}\right)^2}+\frac{1}{2}\int\frac{\mathrm{d}(x^2+x+1)}{(x^2+x+1)^2}-\frac{3}{2}\int\frac{1}{(x^2+x+1)^2}\mathrm{d}x$$

$$=-\frac{2}{\sqrt{3}}\arctan\frac{2x+1}{\sqrt{3}}-\frac{1}{2(x^2+x+1)}-\frac{3}{2}I_2.$$

其中 $$I_2=\int\frac{1}{(x^2+x+1)^2}\mathrm{d}x=\int\frac{\mathrm{d}\left(x+\frac{1}{2}\right)}{\left[\left(x+\frac{1}{2}\right)^2+\left(\frac{\sqrt{3}}{2}\right)^2\right]^2}\xlongequal[a=\frac{\sqrt{3}}{2}]{x+\frac{1}{2}=u}\int\frac{\mathrm{d}u}{(u^2+a^2)^2}$$

由于

$$I_1=\int\frac{\mathrm{d}u}{u^2+a^2}=\frac{u}{u^2+a^2}-\int u\mathrm{d}\left(\frac{1}{u^2+a^2}\right)$$

$$=\frac{u}{u^2+a^2}+2\int\frac{u^2}{(u^2+a^2)^2}\mathrm{d}u$$

$$=\frac{u}{u^2+a^2}+2\int\frac{u^2+a^2-a^2}{(u^2+a^2)^2}\mathrm{d}u$$

$$= \frac{u}{u^2 + a^2} + 2\int \frac{1}{u^2 + a^2}\mathrm{d}u - 2a^2\int \frac{1}{(u^2 + a^2)^2}\mathrm{d}u$$

$$= \frac{u}{u^2 + a^2} + 2I_1 - 2a^2 I_2$$

而
$$I_1 = \frac{1}{a}\arctan \frac{u}{a} + C$$

所以
$$I_2 = \frac{u}{2a^2(u^2 + a^2)} + \frac{1}{2a^3}\arctan \frac{u}{a} + C$$

故
$$\int \frac{-x^2 - 2}{(x^2 + x + 1)^2}\mathrm{d}x = -\frac{4}{\sqrt{3}}\arctan \frac{2x + 1}{\sqrt{3}} - \frac{x + 1}{x^2 + x + 1} + C$$

评注 有理分式函数的不定积分的一般解法通常较繁琐,因此作题时要注意其他方法.

例 10 求 $\int \frac{1}{x^9(1 - x^8)}\mathrm{d}x$.

解 方法一:拆项积分法

$$\int \frac{1}{x^9(1 - x^8)}\mathrm{d}x = \int \frac{1 - x^8 + x^8}{x^9(1 - x^8)}\mathrm{d}x = \int \frac{1}{x^9}\mathrm{d}x + \int \frac{1}{x(1 - x^8)}\mathrm{d}x$$

$$= -\frac{1}{8x^8} + \int \frac{1 - x^8 + x^8}{x(1 - x^8)}\mathrm{d}x = -\frac{1}{8x^8} + \int \frac{1}{x}\mathrm{d}x + \int \frac{x^7}{1 - x^8}\mathrm{d}x$$

$$= -\frac{1}{8x^8} + \ln|x| - \frac{1}{8}\ln|1 - x^8| + C.$$

方法二:凑微分法

$$\int \frac{1}{x^9(1 - x^8)}\mathrm{d}x = \int \frac{x^7}{x^{16}(1 - x^8)}\mathrm{d}x = \frac{1}{8}\int \frac{1}{x^{16}(1 - x^8)}\mathrm{d}x^8 \xlongequal{x^8 = t} \frac{1}{8}\int \frac{1}{t^2(1 - t)}\mathrm{d}t$$

$$= \frac{1}{8}\int \frac{1}{t^2}\mathrm{d}t + \frac{1}{8}\int \frac{1}{t(1 - t)}\mathrm{d}t = -\frac{1}{8t} + \frac{1}{8}\int\left(\frac{1}{t} + \frac{1}{1 - t}\right)\mathrm{d}t$$

$$= -\frac{1}{8t} + \frac{1}{8}\ln|t| - \frac{1}{8}\ln|1 - t| + C$$

$$= -\frac{1}{8x^8} + \frac{1}{8}\ln|x^8| - \frac{1}{8}\ln|1 - x^8| + C$$

$$= -\frac{1}{8x^8} + \ln|x| - \frac{1}{8}\ln|1 - x^8| + C.$$

方法三:倒代换降幂换元法

令 $x = \frac{1}{t}$, $\mathrm{d}x = -\frac{1}{t^2}\mathrm{d}t$,则

$$\int \frac{1}{x^9(1 - x^8)}\mathrm{d}x = \int \frac{-\frac{1}{t^2}\mathrm{d}t}{\left(\frac{1}{t}\right)^9\left(1 - \frac{1}{t^8}\right)} = \int \frac{t^{15}}{1 - t^8}\mathrm{d}t = \frac{1}{16}\int \frac{\mathrm{d}t^{16}}{1 - t^8}$$

$$\xlongequal{t^8=u}\frac{1}{16}\int\frac{2u}{1-u}\mathrm{d}u=\frac{1}{8}\int\frac{u-1+1}{1-u}\mathrm{d}u=-\frac{1}{8}\int\mathrm{d}u+\frac{1}{8}\int\frac{1}{1-u}\mathrm{d}u$$

$$=-\frac{1}{8}u-\frac{1}{8}\ln|1-u|+C=-\frac{1}{8}t^8-\frac{1}{8}\ln|1-t^8|+C$$

$$=-\frac{1}{8x^8}+\ln|x|-\frac{1}{8}\ln|1-x^8|+C$$

评注 此题也可用有理函数积分的常规方法——化有理函数为部分分式之和,然后逐项积分但较繁琐,因此,如果可能应尽量采用简便的方法.如本题中由于分母次数较高,可以用拆项凑微分法或倒代换的方法解决.

例 11 求下列三角函数有理式的积分:

(1) $\int\frac{\cos x}{1+\sin x}\mathrm{d}x$;

(2) $\int\frac{1}{3+\sin^2 x}\mathrm{d}x$;

(3) $\int\frac{\sqrt{1+\cos x}}{\sin x}\mathrm{d}x$;

(4) $\int\frac{1}{\sin^4 x+\cos^4 x}\mathrm{d}x$;

(5) $\int\frac{\cot x}{1+\sin x}\mathrm{d}x$;

(6) $\int\frac{x\cos^3 x-\sin x}{\cos^2 x}\cdot \mathrm{e}^{\sin x}\mathrm{d}x$.

解 (1) $\int\frac{\cos x}{1+\sin x}\mathrm{d}x=\int\frac{\mathrm{d}(1+\sin x)}{1+\sin x}=\ln(1+\sin x)+C.$

(2) $$\int\frac{1}{3+\sin^2 x}\mathrm{d}x=\int\frac{1}{3\cos^2 x+4\sin^2 x}\mathrm{d}x=\int\frac{\sec^2 x}{3+4\tan^2 x}\mathrm{d}x$$

$$=\frac{1}{3}\int\frac{\mathrm{d}(\tan x)}{1+\left(\frac{2}{\sqrt{3}}\tan x\right)^2}=\frac{1}{2\sqrt{3}}\int\frac{\mathrm{d}\left(\frac{2}{\sqrt{3}}\tan x\right)}{1+\left(\frac{2}{\sqrt{3}}\tan x\right)^2}$$

$$=\frac{1}{2\sqrt{3}}\arctan\left(\frac{2}{\sqrt{3}}\tan x\right)+C.$$

(3) $$\int\frac{\sqrt{1+\cos x}}{\sin x}\mathrm{d}x=\int\frac{\sqrt{2}\cos\frac{x}{2}}{2\sin\frac{x}{2}\cos\frac{x}{2}}\mathrm{d}x=\frac{\sqrt{2}}{2}\int\csc\frac{x}{2}\mathrm{d}x$$

$$=\sqrt{2}\ln\left|\csc\frac{x}{2}-\cot\frac{x}{2}\right|+C.$$

(4) $$\int\frac{1}{\sin^4 x+\cos^4 x}\mathrm{d}x=\int\frac{1}{(\sin^2 x-\cos^2 x)^2+2\sin^2 x\cos^2 x}\mathrm{d}x$$

$$=\int\frac{1}{\cos^2 2x+\frac{1}{2}\sin^2 2x}\mathrm{d}x=\int\frac{2\sec^2 2x}{2+\tan^2 2x}\mathrm{d}x$$

$$= \int \frac{1}{2+\tan^2 2x} \mathrm{d}(\tan 2x)$$

$$= \frac{1}{\sqrt{2}} \arctan\left(\frac{\tan 2x}{\sqrt{2}}\right) + C.$$

(5) $\displaystyle\int \frac{\cot x}{1+\sin x}\mathrm{d}x = \int \frac{\cos x}{\sin x(1+\sin x)}\mathrm{d}x = \int \left(\frac{1}{\sin x} - \frac{1}{1+\sin x}\right)\mathrm{d}(\sin x)$

$$= \int \frac{1}{\sin x}\mathrm{d}(\sin x) - \int \frac{1}{1+\sin x}\mathrm{d}(1+\sin x)$$

$$= \ln\left|\frac{\sin x}{1+\sin x}\right| + C.$$

(6) $\displaystyle\int \frac{x\cos^3 x - \sin x}{\cos^2 x}\cdot \mathrm{e}^{\sin x}\mathrm{d}x = \int \mathrm{e}^{\sin x}(x\cos x - \tan x \sec x)\mathrm{d}x$

$$= \int x \mathrm{d}(\mathrm{e}^{\sin x}) - \int \mathrm{e}^{\sin x}\mathrm{d}(\sec x)$$

$$= x\mathrm{e}^{\sin x} - \int \mathrm{e}^{\sin x}\mathrm{d}x - \left(\sec x \mathrm{e}^{\sin x} - \int \sec x \mathrm{e}^{\sin x}\cos x \mathrm{d}x\right)$$

$$= \mathrm{e}^{\sin x}(x - \sec x) + C.$$

评注 对三角函数的有理式积分,除利用万能公式外,还可以用三角恒等变换,如倍角公式降次、积化和差公式等方法.

例 12 设$\dfrac{\sin x}{x}$是$f(x)$的一个原函数,则$\displaystyle\int xf'(x)\mathrm{d}x =$ ________.

解 $\left(\dfrac{\sin x}{x}\right)' = \dfrac{x\cos x - \sin x}{x^2} = f(x)$

所以

$$\int xf'(x)\mathrm{d}x = \int x\mathrm{d}f(x) = xf(x) - \int f(x)\mathrm{d}x$$

$$= \frac{x\cos x - \sin x}{x} - \frac{\sin x}{x} + C$$

$$= \cos x - \frac{2\sin x}{x} + C$$

例 13 设$f(x)$,$x \in (0, +\infty)$,且$f(1) = 0$,$f'(\tan x) = \dfrac{1}{\sin 2x}$,求$f(x)$.

解 根据题设有$f'(\tan x) = \dfrac{1}{\sin 2x} = \dfrac{1}{2\sin x\cos x} = \dfrac{\sec^2 x}{2\tan x} = \dfrac{\tan^2 x + 1}{2\tan x}$.

令 $\tan x = t$,得

$$f'(t) = \frac{t^2+1}{2t}$$

$$f(t) = \int \frac{t^2+1}{2t}\mathrm{d}t = \frac{1}{2}\int t\mathrm{d}t + \frac{1}{2}\int \frac{1}{t}\mathrm{d}t = \frac{1}{4}t^2 + \frac{1}{2}\ln t + C$$

由 $f(1)=0$,得

$$\frac{1}{4}+C=0$$

故

$$C=-\frac{1}{4}$$

所以

$$f(x)=\frac{x^2-1}{4}+\frac{1}{2}\ln x\ (x>0)$$

例 14 设 $f(x)=\begin{cases}\sin 2x, & x<0;\\ 0, & x=0;\\ \ln(2x+1), & x>0.\end{cases}$ 求 $f(x)$ 的一个原函数 $F(x)$.

分析 此题应注意,分段函数的原函数也是分段的,且在分段点处应是连续且可导的.

解 因为 $f(x)$ 连续,故它一定存在原函数,先分段计算原函数.

当 $x<0$ 时,有

$$F(x)=\int f(x)\mathrm{d}x=\int \sin 2x\mathrm{d}x=-\frac{1}{2}\cos 2x+C_1$$

当 $x>0$ 时,有

$$\begin{aligned}F(x)&=\int f(x)\mathrm{d}x=\int \ln(2x+1)\mathrm{d}x\xlongequal{\text{分部积分法}}x\ln(2x+1)-\int x\mathrm{d}\ln(2x+1)\\&=x\ln(2x+1)-\int\frac{2x}{2x+1}\mathrm{d}x\\&=x\ln(2x+1)-\int\left(1-\frac{1}{2x+1}\right)\mathrm{d}x\\&=x\ln(2x+1)-x+\frac{1}{2}\ln(2x+1)+C_2\end{aligned}$$

由 $F(x)$ 在 $x=0$ 处连续,得

$$\lim_{x\to 0^-}F(x)=\lim_{x\to 0^+}F(x)$$

即

$$-\frac{1}{2}+C_1=C_2$$

所以,当 C_1 取不同值时,便可得到 $f(x)$ 的不同原函数,不妨取 $C_1=\frac{1}{2}$,则 $C_2=0$.

所以
$$F(x)=\begin{cases}\dfrac{1-\cos 2x}{2}, & x<0;\\ 0, & x=0;\\ x\ln(2x+1)+\dfrac{1}{2}\ln(2x+1)-x, & x>0.\end{cases}$$

4.3 同步训练题

1. 试用基本积分公式和不定积分的性质求下列各不定积分：

(1) $\int \frac{(1-x^2)}{x\sqrt{x}}dx$；　(2) $\int (2^x+3^x)^2 dx$；

(3) $\int (1-\frac{1}{x^2})\sqrt{\sqrt{x}}\,dx$；　(4) $\int \sqrt{x\sqrt{x\sqrt{x}}}\,dx$；

(5) $\int \frac{3^{x+1}-4^{x-1}}{12^x}dx$；　(6) $\int \frac{e^{2x}-1}{e^x+1}dx$；

(7) $\int \frac{2-\sqrt{1-x^2}}{\sqrt{1-x^2}}dx$；　(8) $\int \sec x(\tan x-\cos x)dx$；

(9) $\int \frac{3-x^4}{1+x^2}dx$；　(10) $\int \frac{x^2+\sin^2 x}{x^2\sin^2 x}dx$.

2. 试用凑微分法求下列各不定积分：

(1) $\int (3x+1)^{11}dx$；　(2) $\int \frac{x^4}{4+x^5}dx$；

(3) $\int \sqrt{\frac{\ln(x+\sqrt{x^2-1})}{x^2-1}}dx$；　(4) $\int \frac{\sin x}{1+\cos^2 x}dx$；

(5) $\int \sin(\cos x)\cdot \sin x dx$；　(6) $\int \frac{1}{x}\sin(\ln x)dx$；

(7) $\int \frac{dx}{\sqrt{x}(1-x)}$；　(8) $\int \frac{\cos x}{\sqrt{2+\cos 2x}}dx$；

(9) $\int \frac{dx}{x^2-4x+13}$；　(10) $\int \frac{xdx}{x^4+4x^2+5}$；

(11) $\int \frac{x^4}{x^2+2}dx$；　(12) $\int \frac{\sin 2x}{\sqrt{3-\cos^4 x}}dx$；

(13) $\int \frac{dx}{e^{2x}-e^{-2x}}$；　(14) $\int \frac{x}{\sqrt{a^2+x^2}}dx$；

(15) $\int \sec^4 x\cdot \tan^4 x dx$；　(16) $\int \tan^2 x\cdot \sin x dx$.

3. 用变量代换法求下列各不定积分：

(1) $\int \frac{\tan x}{\ln\cos x}dx$；　(2) $\int x\sqrt{\frac{x}{2a-x}}dx$；

(3) $\int \frac{\sqrt{x^2+2x}}{x^2}dx$; (4) $\int \frac{x}{\sqrt{(1-x^2)^3}}dx$;

(5) $\int \frac{dx}{\sqrt{x^2-2x+5}}$; (6) $\int \frac{dx}{\sqrt{9x^2-6x-1}}$.

4. 用分部积分法求下列各不定积分:

(1) $\int \left(\frac{\ln x}{x}\right)^2 dx$; (2) $\int \frac{x\cos x}{\sin^3 x}dx$;

(3) $\int \frac{\ln\ln x}{x}dx$; (4) $\int \ln(x^2+4)dx$;

(5) $\int (\sqrt{x}+\ln x)^2 dx$; (6) $\int \ln(\sqrt{1+x}+\sqrt{1-x})dx$;

(7) $\int \frac{\arcsin x}{\sqrt{1+x}}dx$; (8) $\int xf''(x)dx$,其中$f(x)=\frac{1}{x}e^x$.

4.4 测 验 题

1. 判断是非(对的画"√",错的画"×")

(1)设$f(x)$是奇函数,则其原函数必为偶函数. ( )

(2) $\int e^{\frac{1}{x^3}}(3-4x^3)dx = C - x^4 \cdot e^{\frac{1}{x^3}}$. ( )

(3) $\int f'(x)\sin f(x)dx = -\cos(f(x)) + C$. ( )

(4)设$f(x)=\begin{cases}\frac{1}{1+x^2}, x<0;\\ e^x+x, x\geqslant 0.\end{cases}$ 则$\int f(x)dx = F(x)+C$,其中 C 为常数,则

$$F(x)=\begin{cases}\arctan x, & x<0;\\ e^x+\frac{1}{2}x^2, & x\geqslant 0.\end{cases}$$ ( )

2. 填空

(1)设$\int xf(x)dx = \arccos x + C$,则$\int \frac{1}{f(x)}dx =$________.

(2)已知$f'(\ln x)=1+x^2\ln x$,则$f(x)=$________.

(3) $\frac{x}{\sqrt{1-x^2}}dx = df(x)$,则$f(x)=$________.

(4) $\int \frac{f'(x)}{f(x)}dx =$ ________.

(5) 设 $F'(x)=f(x)$，又 $g'(x)$ 存在且连续，且按分部积分法，有 $\int f(x)g(x)dx =$ ________.

3. 求下列各不定积分:

(1) $\int 3^{\sqrt{x}}dx$；

(2) $\int \frac{dx}{\cos 2x}$；

(3) $\int x(\arctan x - e^{2x})dx$；

(4) $\int \frac{dx}{\sqrt{x+1}(1+\sqrt[3]{x+1})}$；

(5) $\int \frac{dx}{x^3+4x}$；

(6) $\int \frac{1+\sin x}{1+\cos x}dx$.

4. 设函数 $f(x)=\begin{cases} e^{\sin x}\cdot\cos x, x\leqslant 0; \\ \sin\sqrt{x}+1, x>0. \end{cases}$ 试求 $f(x)$ 的原函数 $F(x)$，使 $F(-\pi)=\frac{1}{2}$.

5. 设有一条曲线，其上任一点 (x,y) 处的法线斜率是该点的横坐标的平方与四次方之和，且曲线过(1,1)点，求该曲线方程.

4.5 同步训练题答案

1. (1) $-\frac{2}{\sqrt{x}}-\frac{2}{3}x\sqrt{x}+C$；

(2) $\frac{1}{2\ln 2}4^x+\frac{2}{\ln 6}6^x+\frac{1}{2\ln 3}9^x+C$；

(3) $\frac{4}{5}x^{\frac{5}{4}}+\frac{4}{3}x^{-\frac{3}{4}}+C$；

(4) $\frac{8}{15}x^{\frac{15}{8}}+C$；

(5) $\frac{1}{4\ln 3}\cdot 3^{-x}-\frac{3}{2\ln 3}\cdot 4^{-x}+C$；

(6) e^x-x+C；

(7) $2\arcsin x-x+C$；

(8) $\sec x-x+C$；

(9) $2\arctan x-\frac{1}{3}x^3+x+C$；

(10) $-\cot x-\frac{1}{x}+C$.

2. (1) $\frac{1}{36}(3x+1)^{12}+C$；

(2) $\frac{1}{5}\ln|4+x^5|+C$；

(3) $\frac{2}{3}[\ln(x+\sqrt{x^2-1})]^{\frac{3}{2}}+C$；

(4) $\text{arccot}\cos x+C$；

(5) $\cos(\cos x)+C$；

(6) $-\cos(\ln x)+C$；

(7) $\ln\left|\frac{1+\sqrt{x}}{1-\sqrt{x}}\right|+C$；

(8) $\frac{1}{\sqrt{2}}\arcsin\frac{\sqrt{2}}{\sqrt{3}}\sin x+C$；

(9) $\frac{1}{3}\arctan\frac{x-2}{3}+C$；

(10) $\frac{1}{2}\arctan(x^2+2)+C$；

(11) $\frac{1}{3}x^3-2x+2\sqrt{2}\arctan\frac{\sqrt{2}}{2}x+C$;

(12) $-\arcsin\left(\frac{1}{\sqrt{3}}\cos^2x\right)+C$;

(13) $\frac{1}{4}\ln\left|\frac{e^{2x}-1}{e^{2x}+1}\right|+C$;

(14) $\sqrt{x^2+a^2}+C$;

(15) $\frac{1}{7}\tan^7x+\frac{1}{5}\tan^5x+C$;

(16) $\sec x+\cos x+C$.

3. (1) $-\ln|\ln\cos x|+C$.

(2)方法一：

令$\sqrt{\frac{x}{2a-x}}=t$，则$x=\frac{2at^2}{1+t^2}$，$dx=\frac{4at}{(1+t^2)^2}dt$.

于是　原式$=\int\frac{2at^2}{1+t^2}\cdot t\cdot\frac{4at}{(1+t^2)^2}dt=8a^2\int\frac{t^4}{(1+t^2)^3}dt$.

再令$t=\tan u$，则$u=\arctan\sqrt{\frac{x}{2a-x}}$.

于是　上式

$$\begin{aligned}&=8a^2\int\frac{\tan^4u}{\sec^6u}\cdot\sec^2u\,du=8a^2\int\sin^4u\,du\\&=8a^2\int\left(\frac{1-\cos2u}{2}\right)^2du=2a^2\int(1-2\cos2u+\cos^22u)\,du\\&=2a^2u-2a^2\sin2u+2a^2\int\frac{1-\cos4u}{2}du+C\\&=2a^2\left(u-\sin2u+\frac{1}{2}u-\frac{1}{8}\sin4u\right)+C\\&=2a^2\left(\frac{3}{2}u-\sin2u-\frac{1}{8}\sin4u\right)+C\\&=2a^2\left(\frac{3}{2}\arctan\sqrt{\frac{x}{2a-x}}-\sin2\sqrt{\frac{x}{2a-x}}-\frac{1}{8}\sin4\sqrt{\frac{x}{2a-x}}\right)+C.\end{aligned}$$

方法二：

令$x=a+u$，则$u=x-a$，

原式$=\int(a+u)\sqrt{\frac{a+u}{a-u}}du=\int\frac{(a+u)^2}{\sqrt{a^2-u^2}}du$.

再令$u=a\sin\theta$，则$du=a\cos\theta d\theta$.

于是　上式

$$\begin{aligned}&=\int\frac{(a+a\sin\theta)^2}{a\cos\theta}\cdot a\cdot\cos\theta d\theta=a^2\int(1+2\sin\theta+\sin^2\theta)\,d\theta\\&=a^2\left(\theta-2\cos\theta+\int\frac{1-\cos2\theta}{2}d\theta\right)\end{aligned}$$

$$=a^2\left(\theta-2\cos\theta+\frac{1}{2}\theta-\frac{1}{4}\sin2\theta\right)+C=a^2\left(\frac{3}{2}\theta-2\cos\theta-\frac{1}{4}\sin2\theta\right)+C.$$

由 $\sin\theta=\dfrac{u}{a}$,则 $\cos\theta=\dfrac{\sqrt{a^2-u^2}}{a}$,$\sin2\theta=\dfrac{2u\sqrt{a^2-u^2}}{a^2}$.

故
$$\sin2\theta=\frac{2(x-a)\sqrt{2ax-x^2}}{a^2}$$

所以 原式 $=\dfrac{3}{2}a^2\arcsin\dfrac{x-a}{a}-2a^2\cdot\dfrac{\sqrt{2ax-x^2}}{a}-\dfrac{1}{4}a^2\cdot\dfrac{2(x-a)\sqrt{2ax-x^2}}{a^2}+C$

$$=\frac{3}{2}a^2\arcsin\frac{x-a}{a}-2a\sqrt{2ax-x^2}-\frac{x-a}{2}\sqrt{2ax-x^2}+C$$

$$=\frac{3}{2}a^2\arcsin\frac{x-a}{a}-\frac{x+3a}{2}\sqrt{2ax-x^2}+C.$$

(3)**解** 令$\dfrac{1}{x}=t$,则 $dx=-\dfrac{1}{t^2}dt$.

原式 $=\displaystyle\int\frac{\sqrt{\frac{1}{t^2}+\frac{2}{t}}}{\frac{1}{t^2}}\cdot\left(-\frac{1}{t^2}\right)dt=-\int\frac{\sqrt{1+2t}}{t}dt.$

令 $\sqrt{1+2t}=u$,则 $t=\dfrac{1}{2}(u^2-1)$,$dt=udu$.

故原式 $=\displaystyle-\int\frac{u}{\frac{1}{2}(u^2-1)}\cdot udu=-2\int\frac{u^2}{u^2-1}du=-2\int\frac{u^2-1+1}{u^2-1}du$

$$=-2u-\ln\left|\frac{u-1}{u+1}\right|+C=-2\sqrt{1+2t}-\ln\left|\frac{\sqrt{1+2t}-1}{\sqrt{1+2t}+1}\right|+C$$

$$=-2\sqrt{1+\frac{2}{x}}-\ln\left|\frac{\sqrt{1+\frac{2}{x}}-1}{\sqrt{1+\frac{2}{x}}+1}\right|+C.$$

(4) $\dfrac{1}{\sqrt{1-x^2}}+C$.

(5) $\ln(x-1+\sqrt{x^2-2x+5})+C$.

(6) $\dfrac{1}{3}\ln(3x-1+\sqrt{9x^2-6x-1})+C$.

4. (1) $-\dfrac{1}{x}(\ln^2x+2\ln x+2)+C$.

(2) $-\frac{1}{2}x\csc^2x-\frac{1}{2}\cot x+C.$

(3)解 $\int\frac{\ln\ln x}{x}dx=\int\ln\ln x d\ln x=\ln\ln x\cdot\ln x-\ln x d\ln\ln x$

$$=\ln\ln x\cdot\ln x-\int\ln x\cdot\frac{1}{\ln x}\cdot\frac{1}{x}dx$$

$$=(\ln\ln x-1)\ln x+C.$$

(4) $x\ln(x^2+4)-2x+4\arctan\frac{x}{2}+C.$

(5)解 $\int(\sqrt{x}+\ln x)^2dx=\int(x+2\sqrt{x}\ln x+\ln^2x)dx$

$$=\frac{1}{2}x^2+2\int\sqrt{x}\ln x dx+\int\ln^2x dx.$$

其中 $\int\sqrt{x}\ln x dx=\int\ln x d\frac{2}{3}x^{\frac{3}{2}}=\frac{2}{3}x\sqrt{x}\ln x-\int\frac{2}{3}x^{\frac{3}{2}}\cdot\frac{1}{x}dx$

$$=\frac{2}{3}x\sqrt{x}\ln x-\frac{2}{3}\int\sqrt{x}dx=\frac{2}{3}x\sqrt{x}\ln x-\frac{4}{9}x\sqrt{x}+C.$$

$\int\ln^2x dx=x\ln^2x-2\int x\ln x\cdot\frac{1}{x}dx=x\ln^2x-2\int\ln x dx=x\ln^2x-2x\ln x+2\int x\cdot\frac{1}{x}dx$

$$=x\ln^2x-2x\ln x+2x+C.$$

故原式 $=x\ln^2x-2x\ln x+2x+\frac{4}{3}x\sqrt{x}\ln x-\frac{8}{9}x\sqrt{x}+\frac{1}{2}x^2+C.$

(6)解 $\int\ln(\sqrt{1+x}+\sqrt{1-x})dx$

$$=x\ln(\sqrt{1+x}+\sqrt{1-x})-\int x\cdot\frac{\frac{1}{2\sqrt{1+x}}+\frac{-1}{2\sqrt{1-x}}}{\sqrt{1+x}+\sqrt{1-x}}dx$$

$$=x\ln(\sqrt{1+x}+\sqrt{1-x})-\frac{1}{2}\int\frac{x(\sqrt{1-x}-\sqrt{1+x})}{(\sqrt{1+x}+\sqrt{1-x})\sqrt{1+x}\cdot\sqrt{1-x}}dx$$

$$=x\ln(\sqrt{1+x}+\sqrt{1-x})-\frac{1}{2}\int\frac{x(\sqrt{1-x}-\sqrt{1+x})^2}{2x\sqrt{1-x^2}}dx$$

$$=x\ln(\sqrt{1+x}+\sqrt{1-x})-\frac{1}{4}\int\frac{2-2\sqrt{1-x^2}}{\sqrt{1-x^2}}dx$$

$$=x\ln(\sqrt{1+x}+\sqrt{1-x})-\frac{1}{2}\int\frac{1-\sqrt{1-x^2}}{\sqrt{1-x^2}}dx$$

$$=x\ln(\sqrt{1+x}+\sqrt{1-x})-\frac{1}{2}\arcsin x+\frac{1}{2}x+C.$$

(7) $2\sqrt{1+x}\arcsin x+4\sqrt{1-x}+C.$

(8) **解** $\int xf''(x)\,dx=\int xf''(x)\,dx=\int x\,df'(x)=xf'(x)-\int f'(x)\,dx$

$$=xf'(x)-f(x)+C.$$

又因为$f(x)=\frac{1}{x}e^x$,所以$f'(x)=-\frac{1}{x^2}e^x+\frac{1}{x}e^x$.

故原式$=x\left(-\frac{1}{x^2}e^x+\frac{1}{x}e^x\right)-\frac{e^x}{x}+C=-\frac{e^x}{x}+e^x-\frac{e^x}{x}+C=-2\frac{e^x}{x}+e^x+C$

$$=e^x\left(1-\frac{2}{x}\right)+C.$$

4.6 测验题答案

1. (1)√ (2)√ (3)√ (4)×

2. (1)$\frac{1}{3}(1-x^2)^{\frac{3}{2}}+C$; (2) $x+\frac{1}{2}xe^x-\frac{1}{4}e^{2x}+C$;

(3) $-\sqrt{1-x^2}$; (4) $\ln|f(x)|+C$;

(5) $g(x)F(x)-\int F(x)g'(x)\,dx.$

3. (1) $\frac{2}{\ln 3}(\sqrt{x}-\frac{1}{\ln 3})3^{\sqrt{x}}+C$; (2) $\frac{1}{2}\ln|\sec 2x+\tan 2x|+C$;

(3) $\frac{1}{2}\left(x^2\arctan x-x+\arctan x-xe^{2x}+\frac{1}{2}e^{2x}\right)+C$;

(4) $6(\sqrt[6]{x+1}-\arctan\sqrt[6]{x+1})+C$;

(5) $\frac{1}{4}\ln|x|-\frac{1}{8}\ln(x^2+4)+C$;

(6) $-\cot x-\csc x+\ln|\csc x-\cot x|-\ln|\sin x|+C$

或 $\tan\frac{x}{2}-\ln|1+\cos x|+C.$

4. $$F(x)=\begin{cases}e^{\sin x}-\frac{1}{2}, & x\leqslant 0;\\ -2\sqrt{x}\cos\sqrt{x}+2\sin\sqrt{x}+x+\frac{1}{2}, & x>0.\end{cases}$$

5. $y=\frac{1}{x}+\arctan x-\frac{\pi}{4}.$

《微积分教程》部分习题解答

习题 4－1

2. 在积分曲线族 $y=\int 5x^2\mathrm{d}x$ 中，求通过点 $(\sqrt{3},5\sqrt{3})$ 的曲线.

解 $y=\int 5x^2\mathrm{d}x=\dfrac{5}{3}x^3+C.$

又因为曲线过点 $(\sqrt{3},5\sqrt{3})$，有 $5\sqrt{3}=\dfrac{5}{3}(\sqrt{3})^3+C$，得 $C=0$

故所求曲线为
$$y=\frac{5}{3}x^3.$$

5. 求下列各不定积分：

(4) $\int(\sqrt{x}+1)(\sqrt{x^3}-1)\mathrm{d}x$； (9) $\int(3^x+5^x\mathrm{e}^{x+1})\mathrm{d}x$；

(12) $\int\cos^2\dfrac{x}{2}\mathrm{d}x$； (14) $\int\dfrac{1}{1+\cos 2x}\mathrm{d}x$；

(17) $\int\dfrac{\sin^2 x}{\sin 2x\cdot\cos x}\mathrm{d}x$； (18) $\int\dfrac{1+\cos^2 x}{1+\cos 2x}\mathrm{d}x$；

(19) $\int\left(\dfrac{5}{3+x^2}-\dfrac{3}{\sqrt{2-x^2}}\right)\mathrm{d}x$； (20) $\int\dfrac{\cos 2x}{\sin x}\mathrm{d}x$.

解 (4) $$\int(\sqrt{x}+1)(\sqrt{x^3}-1)\mathrm{d}x=\int(x^2-\sqrt{x}+\sqrt{x^3}-1)\mathrm{d}x=\frac{x^3}{3}-\frac{2}{3}x^{\frac{3}{2}}+\frac{2}{5}x^{\frac{5}{2}}-x+C.$$

(9) $$\int(3^x+5^x\mathrm{e}^{x+1})\mathrm{d}x=\int 3^x\mathrm{d}x+\mathrm{e}\int(5\mathrm{e})^x\mathrm{d}x=\frac{3^x}{\ln 3}+\frac{\mathrm{e}}{\ln(5\mathrm{e})}(5\mathrm{e})^x+C=\frac{3^x}{\ln 3}+\frac{5^x\mathrm{e}^{x+1}}{\ln 5+1}+C.$$

(12) $$\int\cos^2\frac{x}{2}\mathrm{d}x=\int\frac{1+\cos x}{2}\mathrm{d}x=\frac{1}{2}\int(1+\cos x)\mathrm{d}x=\frac{1}{2}(x+\sin x)+C.$$

(14) $$\int\frac{1}{1+\cos 2x}\mathrm{d}x=\int\frac{1}{2\cos^2 x}\mathrm{d}x=\frac{1}{2}\tan x+C.$$

(17) $$\int\frac{\sin^2 x}{\sin 2x\cdot\cos x}\mathrm{d}x=\int\frac{\sin^2 x}{2\sin x\cdot\cos x\cdot\cos x}\mathrm{d}x=\frac{1}{2}\int\frac{\sin x}{\cos^2 x}\mathrm{d}x=\frac{1}{2}\int\tan x\cdot\sec x\mathrm{d}x=\frac{1}{2}\sec x+C.$$

(18) $\int \frac{1+\cos^2 x}{1+\cos 2x}dx = \int \frac{1}{1+\cos 2x}dx + \int \frac{\cos^2 x}{1+\cos 2x}dx = \frac{1}{2}\int \sec^2 x dx + \frac{1}{2}\int dx$

$$= \frac{1}{2}\tan x + \frac{1}{2}x + C.$$

(19) $\int \left(\frac{5}{3+x^2} - \frac{3}{\sqrt{2-x^2}}\right)dx = \int \left[\frac{5}{(\sqrt{3})^2 + x^2} - \frac{3}{\sqrt{(\sqrt{2})^2 - x^2}}\right]dx$

$$= 5 \cdot \frac{1}{\sqrt{3}}\arctan\frac{x}{\sqrt{3}} - 3 \cdot \arcsin\frac{x}{\sqrt{2}} + C.$$

(20) $\int \frac{\cos 2x}{\sin x}dx = \int \frac{1-2\sin^2 x}{\sin x}dx = \int \csc x dx - 2\int \sin x dx$

$$= \ln|\csc x - \cot x| + 2\cos x + C.$$

习题 4－2

2. 用第一类换元法求下列各不定积分:

(4) $\int \frac{1}{\sqrt[3]{3-2x}}dx$;　　(10) $\int x^2 \sqrt[5]{x^3+4}\,dx$;

(17) $\int \frac{10^{2\arccos x}}{\sqrt{1-x^2}}dx$;　　(19) $\int \frac{\sin x + \cos x}{\sqrt[3]{\sin x - \cos x}}dx$;

(21) $\int \sin 2x \cos 3x dx$;　　(28) $\int \frac{\ln\tan x}{\cos x \sin x}dx$;

(30) $\int x^3 \sqrt[3]{1+x^2}\,dx$;　　(32) $\int \frac{e^x}{e^x + 2 + 2e^{-x}}dx$;

(33) $\int \frac{x+1}{x(1+xe^x)}dx$;　　(35) $\int \frac{1+\ln x}{2+(x\ln x)^2}dx$.

解 (4) $\int \frac{1}{\sqrt[3]{3-2x}}dx = -\frac{1}{2}\int (3-2x)^{-\frac{1}{3}}d(3-2x) = -\frac{1}{2}\cdot\frac{3}{2}(3-2x)^{\frac{2}{3}} + C$

$$= -\frac{3}{4}(3-2x)^{\frac{2}{3}} + C.$$

(10) $\int x^2 \sqrt[5]{x^3+4}\,dx = \frac{1}{3}\int (x^3+4)^{\frac{1}{5}}d(x^3+4) = \frac{1}{3}\cdot\frac{1}{1+\frac{1}{5}}(x^3+4)^{1+\frac{1}{5}} + C$

$$= \frac{5}{18}(x^3+4)^{\frac{6}{5}} + C.$$

(17) $\int \frac{10^{2\arccos x}}{\sqrt{1-x^2}}dx = -\frac{1}{2}\int 10^{2\arccos x}d(2\arccos x) = -\frac{10^{2\arccos x}}{2\ln 10} + C.$

(19) $\int \frac{\sin x + \cos x}{\sqrt[3]{\sin x - \cos x}} dx = \int \frac{d(\sin x - \cos x)}{\sqrt[3]{\sin x - \cos x}} = \frac{3}{2} \sqrt[3]{(\sin x - \cos x)^2} + C.$

(21) $\int \sin 2x \cos 3x dx = \frac{1}{2} \int (\sin 5x - \sin x) dx = -\frac{1}{10} \cos 5x + \frac{1}{2} \cos x + C.$

(28) $\int \frac{\ln\tan x}{\cos x \sin x} dx = \int \ln\tan x \cdot \frac{1}{\frac{\sin x}{\cos x}} \cdot \frac{1}{\cos^2 x} dx = \int \frac{\ln\tan x}{\tan x} d\tan x$

$= \int \ln\tan x \, d\ln\tan x = \frac{1}{2} \ln^2 \tan x + C.$

(30) $\int x^3 \sqrt[3]{1 + x^2} dx = \frac{1}{2} \int x^2 \cdot (1 + x^2)^{\frac{1}{3}} d(1 + x^2)$

$= \frac{1}{2} \int (x^2 + 1 - 1)(1 + x^2)^{\frac{1}{3}} d(1 + x^2)$

$= \frac{1}{2} \int (1 + x^2)^{\frac{4}{3}} d(1 + x^2) - \frac{1}{2} \int (1 + x^2)^{\frac{1}{3}} d(1 + x^2)$

$= \frac{3}{14}(1 + x^2)^{\frac{7}{3}} - \frac{3}{8}(1 + x^2)^{\frac{4}{3}} + C.$

(32) $\int \frac{e^x}{e^x + 2 + 2e^{-x}} dx = \int \frac{e^{2x}}{e^{2x} + 2e^x + 2} dx = \int \frac{e^{2x} + e^x - e^x}{e^{2x} + 2e^x + 2} dx$

$= \frac{1}{2} \int \frac{d(e^{2x} + 2e^x + 2)}{e^{2x} + 2e^x + 2} - \int \frac{d(e^x + 1)}{1 + (e^x + 1)^2}$

$= \frac{1}{2} \ln(e^{2x} + 2e^x + 2) - \arctan(e^x + 1) + C.$

(33) $\int \frac{x + 1}{x(1 + xe^x)} dx = \int \frac{e^x(x + 1)}{xe^x(1 + xe^x)} dx = \int \frac{1}{xe^x(1 + xe^x)} d(xe^x)$

$= \int \frac{1}{xe^x} d(xe^x) - \int \frac{1}{xe^x + 1} d(xe^x + 1)$

$= \ln \left| \frac{xe^x}{xe^x + 1} \right| + C.$

(35) $\int \frac{1 + \ln x}{2 + (x\ln x)^2} dx = \int \frac{d(x\ln x)}{2 + (x\ln x)^2} = \frac{1}{\sqrt{2}} \arctan \frac{x\ln x}{\sqrt{2}} + C.$

3. 用第二类换元法求下列各不定积分：

(4) $\int \frac{x^2}{(x^2 + 1)^2} dx$；

(7) $\int \frac{\sqrt{a^2 - x^2}}{x^4} dx \ (a > 0).$

解 （4）令 $x=\tan t$，则 $dx=\sec^2 t dt$.

$$\int \frac{x^2}{(x^2+1)^2}dx = \int \frac{\tan^2 t}{(1+\tan^2 t)^2}\cdot \sec^2 t dt = \int \sin^2 t dt$$

$$= \frac{1}{2}\int (1-\cos 2t)dt = \frac{1}{2}(t-\sin t\cdot \cos t)+C$$

$$= \frac{1}{2}\left(\arctan x - \frac{x}{1+x^2}\right)+C.$$

（7）令 $x=a\sin t$，则 $dx=a\cos t dt$.

$$\int \frac{\sqrt{a^2-x^2}}{x^4}dx = \int \frac{a\cos t}{a^4\sin^4 t}\cdot a\cos t dt = \frac{1}{a^2}\int \cot^2 t\cdot \csc^2 t dt$$

$$= -\frac{1}{a^2}\int \cot^2 t d\cot t = -\frac{1}{3a^2}\cot^3 t + C$$

$$= -\frac{(a^2-x^2)^{\frac{3}{2}}}{3a^2x^2}+C.$$

习题 4－3

用分部积分法求下列不定积分(其中 α,β 均为常数)：

8. $\int e^{-2x}\sin\frac{x}{2}dx$.

解 因为

$$\int e^{-2x}\sin\frac{x}{2}dx = -2\int e^{-2x}d\cos\frac{x}{2} = -2e^{-2x}\cos\frac{x}{2} - 4\int \cos\frac{x}{2}de^{-2x}$$

$$= -2e^{-2x}\cos\frac{x}{2} - 4\int e^{-2x}\cos\frac{x}{2}dx = -2e^{-2x}\cos\frac{x}{2} - 8\int e^{-2x}d\sin\frac{x}{2}$$

$$= -2e^{-2x}\cos\frac{x}{2} - 8e^{-2x}\sin\frac{x}{2} - 16\int \sin\frac{x}{2}de^{-2x}$$

$$= -2e^{-2x}\cos\frac{x}{2} - 8e^{-2x}\sin\frac{x}{2} - 16\int e^{-2x}\sin\frac{x}{2}dx$$

所以

$$\int e^{-2x}\sin\frac{x}{2}dx = -\frac{2}{17}e^{-2x}\left(\cos\frac{x}{2}+4\sin\frac{x}{2}\right)+C$$

17. $\int (\arcsin x)^2 dx$.

解

$$\int (\arcsin x)^2 dx = x(\arcsin x)^2 - \int x\cdot 2\arcsin x\cdot \frac{1}{\sqrt{1-x^2}}dx$$

$$= x(\arcsin x)^2 + 2\int \arcsin x d\sqrt{1-x^2}$$

$$=x(\arcsin x)^2+2\sqrt{1-x^2}\arcsin x-2\int dx$$

$$=x(\arcsin x)^2+2\sqrt{1-x^2}\arcsin x-2x+C.$$

21. $\int\frac{x\cos x}{\sin^3 x}dx.$

解 $\int\frac{x\cos x}{\sin^3 x}dx=\int x\cdot\frac{d\sin x}{\sin^3 x}=-\frac{1}{2}\int xd\left(\frac{1}{\sin^2 x}\right)$

$$=-\frac{1}{2}\int xd\csc^2 x=-\frac{1}{2}x\cdot\csc^2 x+\frac{1}{2}\int\csc^2 xdx$$

$$=-\frac{1}{2}x\cdot\csc^2 x-\frac{1}{2}\cot x+C.$$

25. 建立$\int\frac{1}{x^n\sqrt{1+x^2}}dx(n\geqslant 2)$的递推公式.

解 令$x=\tan t$,则$dx=\sec^2 tdt$.

$$I_n=\int\frac{1}{\tan^n t}\cdot\frac{1}{\sec t}\cdot\sec^2 tdt=\int\frac{\sec t}{\tan^n t}dt$$

$$=\int\frac{1}{\tan^{n+1}t}d\sec t$$

$$=\frac{\sec t}{\tan^{n+1}t}-\int\sec t\cdot(-n-1)\tan^{-n-2}t\cdot\sec^2 tdt$$

$$=\frac{\sec t}{\tan^{n+1}t}+(n+1)\int\frac{1}{\tan^{n+2}t}\cdot\sec^2 t\cdot\sec tdt$$

$$=\frac{\sec t}{\tan^{n+1}t}+(n+1)\int\frac{\sec t}{\tan^n t}dt+(n+1)\int\frac{\sec t}{\tan^{n+2}t}dt$$

$$=\frac{\sqrt{1+x^2}}{x^{n+1}}+(n+1)I_n+(n+1)I_{n+2}$$

所以

$$I_{n+2}=-\frac{n}{n+1}I_n-\frac{1}{n+1}\cdot\frac{\sqrt{1+x^2}}{x^{n+1}}$$

$$I_n=\frac{1}{1-n}\frac{\sqrt{1+x^2}}{x^{n+1}}-\frac{n-2}{n-1}I_{n-2}$$

26. 求$\int xf'(2x)dx$,其中$f(x)$的原函数为$\frac{\sin x}{x}$.

解 由已知,有$\int f(x)dx=\frac{\sin x}{x}+C$,则

$$f(x)=(\frac{\sin x}{x})'=\frac{x\cos x-\sin x}{x^2}$$

所以

$$\int x f'(2x)\mathrm{d}x = \frac{1}{4}\int (2x)\cdot f'(2x)\mathrm{d}(2x)$$

$$\xlongequal{u=2x}\frac{1}{4}\int uf'(u)\mathrm{d}u$$

$$=\frac{1}{4}uf(u)-\frac{1}{4}\int f(u)\mathrm{d}u$$

$$=\frac{1}{4}u\cdot\frac{u\cos u-\sin u}{u^2}-\frac{1}{4}\frac{\sin u}{u}+C$$

$$=\frac{1}{4}\cos u-\frac{1}{2}\frac{\sin u}{u}+C$$

$$=\frac{1}{4}\cos 2x-\frac{1}{4}\frac{\sin 2x}{x}+C$$

习题 4－4

1. 求下列各不定积分：

(3) $\int\frac{x^5+x^4-8}{x^3-x}\mathrm{d}x$；　(5) $\int\frac{x-4}{x(2x-1)(2x+1)}\mathrm{d}x$；

(8) $\int\frac{1}{x(x-1)^2}\mathrm{d}x$；　(11) $\int\frac{1}{x^4+1}\mathrm{d}x$.

解　(3) $\int\frac{x^5+x^4-8}{x^3-x}\mathrm{d}x=\int\left[x^2+x+1+\frac{x^2+x-8}{x^3-x}\right]\mathrm{d}x$.

$$\frac{x^2+x-8}{x^3-x}=\frac{A}{x}+\frac{B}{x+1}+\frac{C}{x-1}=\frac{8}{x}-\frac{4}{x+1}-\frac{3}{x-1}.$$

故原式 $=\frac{1}{3}x^3+\frac{1}{2}x^2+x+8\ln|x|-4\ln|x+1|-3\ln|x-1|+C$.

(5) $$\int\frac{x-4}{x(2x-1)(2x+1)}\mathrm{d}x=\int\left[\frac{A}{x}+\frac{B}{2x-1}+\frac{C}{2x+1}\right]\mathrm{d}x$$

$$=\int\left[\frac{4}{x}-\frac{7}{2}\cdot\frac{1}{2x-1}+\frac{9}{2}\cdot\frac{1}{2x+1}\right]\mathrm{d}x$$

$$=4\ln|x|-\frac{7}{4}\ln|2x-1|+\frac{9}{4}\ln|2x+1|+C.$$

(8) $$\int\frac{1}{x(x-1)^2}\mathrm{d}x=\int\left[\frac{A}{x}+\frac{B}{x-1}+\frac{C}{(x-1)^2}\right]\mathrm{d}x$$

$$=\int\left[\frac{1}{x}-\frac{1}{x-1}+\frac{1}{(x-1)^2}\right]\mathrm{d}x$$

$$= \ln\left|\frac{x}{x-1}\right| - \frac{1}{x-1} + C.$$

(11) 方法一：$\int \frac{1}{x^4+1}\mathrm{d}x = \int \frac{1}{(x^2+\sqrt{2}x+1)(x^2-\sqrt{2}x+1)}\mathrm{d}x$

$$= \int \frac{\frac{\sqrt{2}}{4}x+\frac{1}{2}}{x^2+\sqrt{2}x+1}\mathrm{d}x + \int \frac{-\frac{\sqrt{2}}{4}x+\frac{1}{2}}{x^2-\sqrt{2}x+1}\mathrm{d}x$$

$$= \frac{\sqrt{2}}{4}\int \frac{\frac{1}{2}(2x+\sqrt{2})+\frac{\sqrt{2}}{2}}{x^2+\sqrt{2}x+1}\mathrm{d}x - \frac{\sqrt{2}}{4}\int \frac{\frac{1}{2}(2x-\sqrt{2})-\frac{\sqrt{2}}{2}}{x^2-\sqrt{2}x+1}\mathrm{d}x$$

$$= \frac{\sqrt{2}}{8}\left[\int \frac{\mathrm{d}(x^2+\sqrt{2}x+1)}{x^2+\sqrt{2}x+1} - \int \frac{\mathrm{d}(x^2-\sqrt{2}x+1)}{x^2-\sqrt{2}x+1}\right]$$

$$+ \frac{1}{4}\left(\int \frac{\mathrm{d}x}{x^2+\sqrt{2}x+1} + \int \frac{\mathrm{d}x}{x^2-\sqrt{2}x+1}\right)$$

$$= \frac{\sqrt{2}}{8}\ln\left|\frac{x^2+\sqrt{2}x+1}{x^2-\sqrt{2}x+1}\right| + \frac{\sqrt{2}}{4}\arctan(\sqrt{2}x+1) +$$

$$\frac{\sqrt{2}}{4}\arctan(\sqrt{2}x-1) + C.$$

方法二：$\int \frac{1}{x^4+1}\mathrm{d}x = \frac{1}{2}\int \frac{1+x^2-x^2+1}{1+x^4}\mathrm{d}x = \frac{1}{2}\int \frac{1+x^2}{1+x^4}\mathrm{d}x - \frac{1}{2}\int \frac{x^2-1}{1+x^4}\mathrm{d}x$

$$= \frac{1}{2}\int \frac{1+\frac{1}{x^2}}{x^2+\frac{1}{x^2}}\mathrm{d}x - \frac{1}{2}\int \frac{1-\frac{1}{x^2}}{x^2+\frac{1}{x^2}}\mathrm{d}x$$

$$= \frac{1}{2}\int \frac{\mathrm{d}\left(x-\frac{1}{x}\right)}{\left(x-\frac{1}{x}\right)^2+2} - \frac{1}{2}\int \frac{\mathrm{d}\left(x+\frac{1}{x}\right)}{\left(x+\frac{1}{x}\right)^2-2}$$

$$= \frac{\sqrt{2}}{4}\arctan\frac{x^2-1}{\sqrt{2}x} - \frac{\sqrt{2}}{8}\ln\left|\frac{x^2+\sqrt{2}x+1}{x^2-\sqrt{2}x-1}\right| + C.$$

2. 求下列各不定积分：

(4) $\int \frac{1}{3+\cos x}\mathrm{d}x$；　　(8) $\int \sqrt{1+\sin x}\,\mathrm{d}x$；

(10) $\int \frac{\sin^2 x}{\cos^3 x}\mathrm{d}x$；　　(11) $\int \frac{x+\sin x}{1+\cos x}\mathrm{d}x$.

解　(4) 令 $\tan\frac{x}{2}=t$，则 $x=2\arctan t$，$\mathrm{d}x=\frac{2\mathrm{d}t}{1+t^2}$，$\cos x=\frac{1-t^2}{1+t^2}$.

$$\int \frac{1}{3+\cos x}dx = \int \frac{1}{3+\frac{1-t^2}{1+t^2}} \cdot \frac{2dt}{1+t^2} = \int \frac{1}{2+t^2}dt$$

$$= \frac{1}{\sqrt{2}}\arctan\frac{t}{\sqrt{2}} + C = \frac{1}{\sqrt{2}}\arctan\frac{\tan\frac{x}{2}}{\sqrt{2}} + C.$$

(8) $\int \sqrt{1+\sin x}\,dx = \int \sqrt{\left(\sin\frac{x}{2}+\cos\frac{x}{2}\right)^2}dx = \pm\int\left(\sin\frac{x}{2}+\cos\frac{x}{2}\right)dx$

$$= \pm 2\left(\sin\frac{x}{2} - \cos\frac{x}{2}\right) + C.$$

(10) $\int \frac{\sin^2 x}{\cos^3 x}dx = \int \tan^2 x \cdot \sec x dx = \int \sec^3 x dx - \int \sec x dx.$

$$\int \sec^3 x dx = \int \sec x d\tan x = \sec x\tan x - \int \tan x \cdot \sec x\tan x dx$$

$$= \sec x\tan x - \int (\sec^2 x - 1)\sec x dx$$

$$= \sec x\tan x - \int \sec^3 x dx + \int \sec x dx .$$

所以 $\int \sec^3 x dx = \frac{1}{2}\sec x\tan x + \frac{1}{2}\int \sec x dx$.

所以 原式 $= \frac{1}{2}\sec x\tan x - \frac{1}{2}\ln|\sec x + \tan x| + C$.

(11) $\int \frac{x+\sin x}{1+\cos x}dx = \int \frac{x}{1+\cos x}dx + \int \frac{\sin x}{1+\cos x}dx$

$$= \int \frac{x}{2\cos^2\frac{x}{2}}dx - \int \frac{d(1+\cos x)}{1+\cos x} = \int x d\tan\frac{x}{2} - \ln(1+\cos x)$$

$$= x\tan\frac{x}{2} - \int \tan\frac{x}{2}dx - \ln(1+\cos x)$$

$$= x\tan\frac{x}{2} + 2\ln\left|\cos\frac{x}{2}\right| - \ln\left(2\cos^2\frac{x}{2}\right) + C.$$

3. 求下列各不定积分：

(4) $\int \frac{x+1}{x\sqrt{x-2}}dx$； (11) $\int \frac{1}{\sqrt{1+e^x}}dx$；

(12) $\int \frac{x}{\sqrt{3x+1}+\sqrt{2x+1}}dx.$

解 (4) 令 $\sqrt{x-2}=t$，则 $x=t^2+2$，$dx=2tdt$.

$$\int \frac{x+1}{x\sqrt{x-2}}\mathrm{d}x = \int \frac{t^2+2+1}{(t^2+2)\cdot t}\cdot 2t\mathrm{d}t = 2\int \frac{t^2+3}{t^2+2}\mathrm{d}t$$

$$= 2\int\left(1+\frac{1}{t^2+2}\right)\mathrm{d}t = 2t+\sqrt{2}\arctan\frac{t}{\sqrt{2}}+C$$

$$= 2\sqrt{x-2}+\sqrt{2}\arctan\frac{\sqrt{x-2}}{\sqrt{2}}+C.$$

(11)令 $\sqrt{1+\mathrm{e}^x}=t$,则 $x=\ln(t^2-1)$,$\mathrm{d}x=\frac{2t}{t^2-1}\mathrm{d}t$.

$$\int \frac{1}{\sqrt{1+\mathrm{e}^x}}\mathrm{d}x = \int \frac{1}{t}\cdot\frac{2t}{t^2-1}\mathrm{d}t = 2\int\frac{1}{t^2-1}\mathrm{d}t = \ln\left|\frac{t-1}{t+1}\right|+C$$

$$= \ln\frac{\sqrt{1+\mathrm{e}^x}-1}{\sqrt{1+\mathrm{e}^x}+1}+C.$$

(12) $$\int \frac{x}{\sqrt{3x+1}+\sqrt{2x+1}}\mathrm{d}x = \int \frac{x(\sqrt{3x+1}-\sqrt{2x+1})}{(3x+1)-(2x+1)}\mathrm{d}x$$

$$= \int\sqrt{3x+1}\,\mathrm{d}x - \int\sqrt{2x+1}\,\mathrm{d}x$$

$$= \frac{2}{9}(3x+1)^{\frac{3}{2}} - \frac{1}{3}(2x+1)^{\frac{3}{2}}+C.$$

4. 用以前学过的方法求下列各不定积分:

(4) $\int \frac{1}{\sin^3 x\cos^5 x}\mathrm{d}x$.

解 (4)方法一: $$\int \frac{1}{\sin^3 x\cos^5 x}\mathrm{d}x = \int\frac{\sin x\cos x}{\sin^4 x\cos^6 x}\mathrm{d}x$$

$$= \frac{1}{2}\int\frac{\mathrm{d}\sin^2 x}{\sin^4 x(1-\sin^2 x)^3}$$

$$\xlongequal{\sin^2 x = t}\frac{1}{2}\int\frac{1}{t^2(1-t)^3}\mathrm{d}t = \frac{1}{2}\int\frac{1-t^2+t^2}{t^2(1-t)^3}\mathrm{d}t$$

$$= \frac{1}{2}\left(\int\frac{1+t}{t^2(1-t)^2}\mathrm{d}t + \int\frac{1}{(1-t)^3}\mathrm{d}t\right)$$

$$= \frac{1}{2}\left(\int\frac{1-t^2+t^2}{t^2(1-t)^2}\mathrm{d}t + \int\frac{1-t+t}{t(1-t)^2}\mathrm{d}t + \frac{1}{2}(1-t)^{-2}\right)$$

$$= \frac{1}{2}\left(\int\frac{1+t}{t^2(1-t)}\mathrm{d}t + \int\frac{1}{(1-t)^2}\mathrm{d}t + \right.$$

$$\left.\int\frac{1}{t(1-t)}\mathrm{d}t + \int\frac{1}{(1-t)^2}\mathrm{d}t + \frac{1}{2(1-t)^2}\right)$$

$$= \frac{1}{2}\left(\int\left(\frac{2}{t(1-t)}+\frac{1}{t^2}\right)\mathrm{d}t+\frac{2}{1-t}+\ln\left|\frac{t}{1-t}\right|+\frac{1}{2(1-t)^2}\right)$$

$$= \frac{3}{2}\ln\left|\frac{t}{1-t}\right|-\frac{1}{2t}+\frac{1}{1-t}+\frac{1}{4(1-t)^2}+C$$

$$= 3\ln|\tan x|-\frac{1}{2}\csc^2 x+\sec^2 x+\frac{1}{4}\sec^4 x+C.$$

方法二：$\int\frac{1}{\sin^3 x\cos^5 x}\mathrm{d}x = \int\frac{1}{\sin^8 x\cdot\cot^5 x}\mathrm{d}x$

$$= \int\frac{\csc^2 x}{\sin^6 x\cdot\cot^5 x}\mathrm{d}x = -\int\frac{\csc^6 x}{\cot^5 x}\mathrm{d}\cot x$$

$$\xlongequal{\cot x = t} -\int\frac{(1+t^2)^3}{t^5}\mathrm{d}t = -\int\frac{t^6+3t^4+3t^2+1}{t^5}\mathrm{d}t$$

$$= -\int\left(t+\frac{3}{t}+\frac{3}{t^3}+\frac{1}{t^5}\right)\mathrm{d}t$$

$$= -\left(\frac{t^2}{2}+3\ln|t|-\frac{3}{2t^2}-\frac{1}{4t^4}\right)+C$$

$$\xlongequal{t=\cot x} -\frac{1}{2}\cot^2 x-3\ln|\cot x|+\frac{3}{2}\tan^2 x+\frac{1}{4}\tan^4 x+C.$$

第5章 定 积 分

5.1 知 识 要 点

5.1.1 定积分的基本概念及性质

1. 定积分的定义

设函数$f(x)$在闭区间$[a,b]$上有定义,则可将定积分的定义分解成如下步骤:

(1)分割　用分点

$$a=x_0<x_1<x_2<\cdots<x_{n-1}<x_n=b$$

把区间$[a,b]$任意分割成n个小区间$[x_{i-1},x_i]$, $(i=1,2,\cdots,n)$, 其长度$\Delta x_i=x_i-x_{i-1}$.

(2)取点作积　在每一个小区间$[x_{i-1},x_i]$上任选一点ξ_i, 作乘积

$$f(\xi_i)\Delta x_i$$

(3)求和

$$\sum_{i=1}^{n}f(\xi_i)\Delta x_i$$

(4)取极限

$$\lim_{\lambda\to 0}\sum_{i=1}^{n}f(\xi_i)\Delta x_i$$

其中$\lambda=\max\limits_{1\leqslant i\leqslant n}\{\Delta x_i\}$. 若上式极限存在,则称函数$f(x)$在区间$[a,b]$上可积,并称此极限值为$f(x)$在区间$[a,b]$上的定积分,记作$\int_a^b f(x)\mathrm{d}x$.

评注　这里,"分割、取点作积、求和、取极限"是定积分定义的核心,体现了"化零为整、以不变代变、积零成整、近似计算精确化"这样一种思想方法.

2. 定积分的几何意义

若在区间$[a,b]$上$f(x)\geqslant 0$(或$f(x)\leqslant 0$),则$\int_a^b f(x)\mathrm{d}x$表示由曲线$y=f(x)$, 直线$x=a$、$x=b$及x轴所围成部分的面积(或面积的相反数).

3. 定积分的存在性

(1)若$f(x)$连续, 则$f(x)$在$[a,b]$上可积;

(2)若$f(x)$有界, 且只有有限个间断点, 则$f(x)$在$[a,b]$上可积.

4. 定积分的性质

性质 1 $\int_a^b[\alpha f(x)\pm\beta g(x)]\mathrm{d}x=\alpha\int_a^b f(x)\mathrm{d}x\pm\beta\int_a^b g(x)\mathrm{d}x.$

性质 2 $\int_a^b f(x)\mathrm{d}x=\int_a^c f(x)\mathrm{d}x+\int_c^b f(x)\mathrm{d}x.$

性质 3 设在区间$[a,b]$上，$f(x)\geqslant 0$，则$\int_a^b f(x)\mathrm{d}x\geqslant 0.$

推论 1 设在区间$[a,b]$上，$f(x)\geqslant g(x)$，则$\int_a^b f(x)\mathrm{d}x\geqslant\int_a^b g(x)\mathrm{d}x.$

推论 2 $\left|\int_a^b f(x)\mathrm{d}x\right|\leqslant\int_a^b|f(x)|\mathrm{d}x\ (a<b).$

性质 4 （估值定理） 设在区间$[a,b]$上，$m\leqslant f(x)\leqslant M$，则

$$m(b-a)\leqslant\int_a^b f(x)\mathrm{d}x\leqslant M(b-a)$$

性质 5 （积分中值定理） 设$f(x)$在$[a,b]$上连续，则至少存在一个$\xi\in[a,b]$，使

$$\int_a^b f(x)\mathrm{d}x=f(\xi)(b-a)$$

5.1.2 定积分的计算

1. 牛顿－莱布尼兹公式

设函数$f(x)$在$[a,b]$上连续，$F(x)$是$f(x)$的一个原函数，则

$$\int_a^b f(x)\mathrm{d}x=F(b)-F(a)=F(x)\Big|_a^b$$

2. 定积分换元积分公式

设函数$x=\varphi(t)$在区间$[\alpha,\beta]$上单调且连续可导，函数$f(x)$在$\varphi(t)$的值域上连续，则有

$$\int_{\varphi(\alpha)}^{\varphi(\beta)}f(x)\mathrm{d}x=\int_\alpha^\beta f[\varphi(t)]\varphi'(t)\mathrm{d}t$$

评注 在使用定积分换元公式时，换元必换限，配元不换限.

3. 定积分的分部积分公式

设函数$u=u(x)$，$v=v(x)$在$[a,b]$上有连续导数$u'(x)$，$v'(x)$，则

$$\int_a^b u(x)\mathrm{d}v(x)=u(x)v(x)\Big|_a^b-\int_a^b v(x)\mathrm{d}u(x)$$

4. 几个常用的公式

(1)设函数$f(x)$连续，则

$$\int_{-a}^a f(x)\mathrm{d}x=\begin{cases}0, & f(-x)=-f(x);\\ 2\int_0^a f(x)\mathrm{d}x, & f(-x)=f(x).\end{cases}$$

(2)设函数 $f(x)$ 连续，且是以 T 为周期的周期函数，即 $f(x+T)=f(x)$，则

$$\int_{a+T}^{b+T} f(x)\mathrm{d}x = \int_a^b f(x)\mathrm{d}x$$

$$\int_a^{a+T} f(x)\mathrm{d}x = \int_0^T f(x)\mathrm{d}x$$

(3) $\int_0^{\frac{\pi}{2}} f(\sin x)\mathrm{d}x = \int_0^{\frac{\pi}{2}} f(\cos x)\mathrm{d}x$.

(4) $I = \int_0^{\frac{\pi}{2}} \sin^n x\mathrm{d}x = \int_0^{\frac{\pi}{2}} \cos^n x\mathrm{d}x = \begin{cases} \dfrac{n-1}{n}\cdot\dfrac{n-3}{n-2}\cdots\cdots\dfrac{1}{2}\cdot\dfrac{\pi}{2}, & n \text{ 为偶数;} \\ \dfrac{n-1}{n}\cdot\dfrac{n-3}{n-2}\cdots\cdots\dfrac{2}{3}, & n \text{ 为奇数.} \end{cases}$

5.1.3 变上限函数

1. 定义

如果函数 $f(x)$ 在 $[a,b]$ 上连续，则 $\Phi(x) = \int_a^x f(t)\mathrm{d}t, x \in [a,b]$ 是积分上限 x 的函数，称为变上限函数.

2. 基本性质

$$\Phi'(x) = \frac{\mathrm{d}}{\mathrm{d}x}\left[\int_a^x f(t)\mathrm{d}t\right] = f(x),\ x \in [a,b]$$

评注 函数 $\Phi(x) = \int_a^x f(t)\mathrm{d}t$ 就是函数 $f(x)$ 在 $[a,b]$ 上的一个原函数.

3. 几种变限函数的求导计算

(1)若函数 $g(x) = \int_a^{\varphi(x)} f(t)\mathrm{d}t$，则 $g'(x) = f[\varphi(x)]\varphi'(x)$.

(2)若函数 $g(x) = \int_{\psi(x)}^{\varphi(x)} f(t)\mathrm{d}t$，则

$$\begin{aligned} g'(x) &= \left[\int_a^{\varphi(x)} f(t)\mathrm{d}t - \int_a^{\psi(x)} f(t)\mathrm{d}t\right]_x' \\ &= f[\varphi(x)]\varphi'(x) - f[\psi(x)]\psi'(x) \end{aligned}$$

(3)若函数 $g(x) = \int_a^x xf(t)\mathrm{d}t$，则 $g'(x) = \left[x\int_a^x f(t)\mathrm{d}t\right]_x' = \int_a^x f(t)\mathrm{d}t + xf(x)$.

(4)若函数 $g(x) = \int_0^x f(x-t)\mathrm{d}t$，令 $x-t=u$，则

$$\int_0^x f(x-t)\mathrm{d}t = -\int_x^0 f(u)\mathrm{d}u = \int_0^x f(u)\mathrm{d}u$$

所以

$$g'(x) = \left[\int_0^x f(u)\mathrm{d}u\right]_x' = f(x)$$

评注 由于变上限函数与其他部分的知识兼容性好，因此与变上限函数有关的综合问题很多，但解决方法都离不开上述几种求导形式.

5.1.4 反常积分

1. 无限区间上的反常积分

(1) $\int_a^{+\infty} f(x)\,dx = \lim\limits_{b\to+\infty}\int_a^b f(x)\,dx$.

(2) $\int_{-\infty}^b f(x)\,dx = \lim\limits_{a\to-\infty}\int_a^b f(x)\,dx$.

(3) $\int_{-\infty}^{+\infty} f(x)\,dx = \lim\limits_{a\to-\infty}\int_a^c f(x)\,dx + \lim\limits_{b\to+\infty}\int_c^b f(x)\,dx$.

2. 无界函数的反常积分

(1) 设 $f(x)$ 在 $[a,b)$ 上连续，点 b 为 $f(x)$ 的瑕点，则 $\int_a^b f(x)\,dx = \lim\limits_{\varepsilon\to0^+}\int_a^{b-\varepsilon} f(x)\,dx$.

(2) 设 $f(x)$ 在 $(a,b]$ 上连续，点 a 为 $f(x)$ 的瑕点，则

$$\int_a^b f(x)\,dx = \lim_{\varepsilon\to0^+}\int_{a+\varepsilon}^b f(x)\,dx$$

(3) 设 $f(x)$ 在 $[a,c)$ 和 $(c,b]$ 上连续，点 c 为 $f(x)$ 的瑕点，则

$$\int_a^b f(x)\,dx = \int_a^c f(x)\,dx + \int_c^b f(x)\,dx$$

$$= \lim_{\varepsilon\to0^+}\int_a^{c-\varepsilon} f(x)\,dx + \lim_{\varepsilon\to0^+}\int_{c+\varepsilon}^b f(x)\,dx$$

3. 反常积分的两个常用结论

(1) 反常积分 $\int_a^{+\infty}\frac{1}{x^p}dx\ (a>0)$，当 $p>1$ 时收敛；当 $p\leqslant1$ 时发散.

(2) 反常积分 $\int_0^1\frac{1}{x^q}dx$，当 $q<1$ 时收敛；当 $q\geqslant1$ 时发散.

5.1.5 几点注意

1. 不定积分 $\int f(x)\,dx$ 的结果是一族函数，即 $f(x)$ 的所有原函数的全体.

2. 定积分 $\int_a^b f(x)\,dx$ 的结果是某一个确定的常数.

3. 变上限函数 $\int_a^x f(x)\,dx$ 是 $f(x)$ 的一个原函数.

5.2 典型例题

5.2.1 与定积分有关的计算与证明

例1 求下列极限：

(1) $\lim\limits_{n\to\infty}\sum\limits_{k=1}^{n}\dfrac{n}{n^2+k^2}$；　　(2) $\lim\limits_{n\to\infty}\int_n^{n+p}\dfrac{\sin x}{x^2+1}\mathrm{d}x$，其中 n,p 为自然数.

解 (1) $\lim\limits_{n\to\infty}\sum\limits_{k=1}^{n}\dfrac{n}{n^2+k^2}=\lim\limits_{n\to\infty}\sum\limits_{k=1}^{n}\dfrac{1}{1+\left(\dfrac{k}{n}\right)^2}\cdot\dfrac{1}{n}=\int_0^1\dfrac{1}{1+x^2}\mathrm{d}x=\arctan x\Big|_0^1=\dfrac{\pi}{4}.$

(2)方法一：因被积函数 $f(x)=\dfrac{\sin x}{x^2+1}$ 在区间 $[n,n+p]$ 上连续，故利用积分中值定理计算积分得

$$\int_n^{n+p}\frac{\sin x}{x^2+1}\mathrm{d}x=\frac{\sin\xi}{\xi^2+1}\cdot p,\xi\in[n,n+p]$$

因 $\xi\in[n,n+p]$，故 $n\to\infty$，$\xi\to\infty$，而 $|\sin\xi|\leqslant1$，故有

$$\lim_{n\to\infty}\int_n^{n+p}\frac{\sin x}{x^2+1}\mathrm{d}x=\lim_{n\to\infty}\frac{\sin\xi}{\xi^2+1}\cdot p=0$$

方法二：利用积分不等式计算，得

$$\left|\int_n^{n+p}\frac{\sin x}{x^2+1}\mathrm{d}x\right|\leqslant\int_n^{n+p}\left|\frac{\sin x}{x^2+1}\right|\mathrm{d}x\leqslant\int_n^{n+p}\frac{1}{x^2+1}\mathrm{d}x\leqslant\frac{p}{n^2+1}\to0(n\to\infty)$$

故有

$$\lim_{n\to\infty}\int_n^{n+p}\frac{\sin x}{x^2+1}\mathrm{d}x=0.$$

评注 定积分的定义是计算无穷项和的极限的一种方法.

例2 计算下列定积分：

(1) $I=\int_{\frac{1}{2}}^{1}\dfrac{\arcsin\sqrt{x}}{\sqrt{x(1-x)}}\mathrm{d}x$；

(2) $I=\int_{-2}^{-\sqrt{2}}\dfrac{\mathrm{d}x}{x\sqrt{x^2-1}}$；

(3) 求 $I=\int_0^{\pi}\sqrt{1-\sin x}\,\mathrm{d}x$；

(4) 求 $I=\int_{-2}^{2}\dfrac{7x^5+x^4-x^3+5x^2-x-2}{1+x^2}\mathrm{d}x$；

(5)设$f(x)=\begin{cases}\dfrac{1}{1+x}, & x\geqslant 0;\\ \dfrac{1}{1+e^{-x}}, & x<0.\end{cases}$ 求$\int_{-2}^{0}f(x+1)dx$；

(6) $I=\int_{-2}^{2}\min\left\{\dfrac{1}{|x|},x^2\right\}dx$；

(7) $I=\int_{-\frac{\pi}{4}}^{\frac{\pi}{4}}\dfrac{e^x(\cos x-\sin x)}{\sqrt{\cos x}}$.

解 (1) $I=\int_{\frac{1}{2}}^{1}\dfrac{\arcsin\sqrt{x}}{\sqrt{x(1-x)}}dx=2\int_{\frac{1}{2}}^{1}\dfrac{\arcsin\sqrt{x}}{\sqrt{(1-x)}}d\sqrt{x}$

$$=2\int_{\frac{1}{2}}^{1}\arcsin\sqrt{x}\,d(\arcsin\sqrt{x})$$

$$=(\arcsin\sqrt{x})^2\Big|_{\frac{1}{2}}^{1}=\left(\frac{\pi}{2}\right)^2-\left(\frac{\pi}{4}\right)^2=\frac{3}{16}\pi^2.$$

(2)设$x=\sec t$，则$dx=\sec t\tan t dt$，当$x=-2$时，$t=\dfrac{2}{3}\pi$；$x=-\sqrt{2}$时，$t=\dfrac{3}{4}\pi$.

于是

$$I=\int_{\frac{2}{3}\pi}^{\frac{3}{4}\pi}\frac{\sec t\tan t}{\sec t|\tan t|}dt=\int_{\frac{2}{3}\pi}^{\frac{3}{4}\pi}\frac{\tan t}{-\tan t}dt=-\frac{\pi}{12}$$

(3) $I=\int_{0}^{\pi}\sqrt{\left(\sin\dfrac{x}{2}-\cos\dfrac{x}{2}\right)^2}dx=\int_{0}^{\pi}\left|\sin\dfrac{x}{2}-\cos\dfrac{x}{2}\right|dx$

$$I=\int_{0}^{\frac{\pi}{2}}\left(\cos\frac{x}{2}-\sin\frac{x}{2}\right)dx+\int_{\frac{\pi}{2}}^{\pi}\left(\sin\frac{x}{2}-\cos\frac{x}{2}\right)dx$$

$$=2\left(\sin\frac{x}{2}+\cos\frac{x}{2}\right)\Big|_{0}^{\frac{\pi}{2}}+2\left(-\cos\frac{x}{2}-\sin\frac{x}{2}\right)\Big|_{\frac{\pi}{2}}^{\pi}=4\sqrt{2}-4.$$

评注 当被积函数中含有绝对值时,应利用使绝对值为零的点分割积分区间.

(4) $I=\int_{-2}^{2}\dfrac{7x^5-x^3-x}{1+x^2}dx+\int_{-2}^{2}\dfrac{x^4+5x^2-2}{1+x^2}dx$

$$=0+\int_{-2}^{2}\frac{x^2(x^2+1)+4(x^2+1)-6}{1+x^2}dx=\int_{-2}^{2}x^2dx+4\int_{-2}^{2}dx-6\int_{-2}^{2}\frac{1}{1+x^2}dx$$

$$=\frac{1}{3}x^3\Big|_{-2}^{2}+16-6\arctan x\Big|_{-2}^{2}=\frac{16}{3}+16-12\arctan 2$$

$$=\frac{64}{3}-12\arctan 2.$$

(5)令 $t=x+1$,则

$$\int_{-2}^{0}f(x+1)\,\mathrm{d}x=\int_{-1}^{1}f(t)\,\mathrm{d}t=\int_{-1}^{0}\frac{\mathrm{d}t}{1+\mathrm{e}^{-t}}+\int_{0}^{1}\frac{\mathrm{d}t}{1+t}$$

$$=\int_{-1}^{0}\frac{\mathrm{e}^{x}\mathrm{d}x}{\mathrm{e}^{x}+1}+\int_{0}^{1}\frac{\mathrm{d}x}{1+x}=\ln(\mathrm{e}^{x}+1)\Big|_{-1}^{0}+\ln(1+x)\Big|_{0}^{1}$$

$$=2\ln2-\ln\left(1+\frac{1}{\mathrm{e}}\right)$$

评注 计算分段函数积分，需要用分段函数的分段点分割积分区间.

(6)$I=\int_{-2}^{2}\min\left\{\frac{1}{|x|},x^2\right\}\mathrm{d}x$

$$=\int_{-2}^{-1}\min\left\{\frac{1}{|x|},x^2\right\}\mathrm{d}x+\int_{-1}^{1}\min\left\{\frac{1}{|x|},x^2\right\}\mathrm{d}x+\int_{1}^{2}\min\left\{\frac{1}{|x|},x^2\right\}\mathrm{d}x$$

$$=\int_{-2}^{-1}\frac{1}{|x|}\mathrm{d}x+\int_{-1}^{1}x^2\mathrm{d}x+\int_{1}^{2}\frac{1}{|x|}\mathrm{d}x$$

$$=\int_{-2}^{-1}\frac{1}{-x}\mathrm{d}x+\frac{2}{3}+\int_{1}^{2}\frac{1}{x}\mathrm{d}x$$

$$=-\ln|x|\Big|_{-2}^{-1}+\frac{2}{3}+\ln|x|\Big|_{1}^{2}=2\ln2+\frac{2}{3}.$$

(7) $$I=\int_{-\frac{\pi}{4}}^{\frac{\pi}{4}}\frac{\mathrm{e}^{x}(\cos x-\sin x)}{\sqrt{\cos x}}\mathrm{d}x$$

$$=\int_{-\frac{\pi}{4}}^{\frac{\pi}{4}}\mathrm{e}^{\frac{x}{2}}\cos^{\frac{1}{2}}x\,\mathrm{d}x-\int_{-\frac{\pi}{4}}^{\frac{\pi}{4}}\mathrm{e}^{\frac{x}{2}}\sin x\cos^{-\frac{1}{2}}x\,\mathrm{d}x=I_1-I_2.$$

$$I_2=\int_{-\frac{\pi}{4}}^{\frac{\pi}{4}}\mathrm{e}^{\frac{x}{2}}\sin x\cos^{-\frac{1}{2}}x\,\mathrm{d}x$$

$$=\int_{-\frac{\pi}{4}}^{\frac{\pi}{4}}\mathrm{e}^{\frac{x}{2}}\mathrm{d}(-2\cos^{\frac{1}{2}}x)$$

$$=-2\mathrm{e}^{\frac{\pi}{2}}\cos^{\frac{1}{2}}x\Big|_{-\frac{\pi}{4}}^{\frac{\pi}{4}}+\int_{-\frac{\pi}{4}}^{\frac{\pi}{4}}\mathrm{e}^{\frac{x}{2}}\cos^{\frac{1}{2}}x\,\mathrm{d}x$$

$$=-\sqrt[4]{8}(\mathrm{e}^{\frac{\pi}{8}}-\mathrm{e}^{-\frac{\pi}{8}})+I_1.$$

所以 $$I=I_1-[-\sqrt[4]{8}(\mathrm{e}^{\frac{\pi}{8}}-\mathrm{e}^{-\frac{\pi}{8}})+I_1]=\sqrt[4]{8}(\mathrm{e}^{\frac{\pi}{8}}-\mathrm{e}^{-\frac{\pi}{8}})$$

例3 计算下列积分：

(1) $I=\int_{0}^{\frac{\pi}{2}}\frac{\sin^n x}{\cos^n x+\sin^n x}\mathrm{d}x$;　　(2) $I=\int_{0}^{-\ln2}\sqrt{1-\mathrm{e}^{2x}}\mathrm{d}x$;

(3) $I=\int_{-\frac{\pi}{4}}^{\frac{\pi}{4}}\frac{\sin^2 x}{1+\mathrm{e}^{-x}}\mathrm{d}x$;　　(4) $I=\int_{-1}^{1}\frac{3x^2+1}{1+\mathrm{e}^{x}}\mathrm{d}x$.

解 (1) 令 $t=\frac{\pi}{2}-x$，代入得 $I=-\int_{\frac{\pi}{2}}^{0}\frac{\cos^n t}{\sin^n t+\cos^n t}dt=\int_0^{\frac{\pi}{2}}\frac{\cos^n t}{\sin^n t+\cos^n t}dt$.

故有 $2I=\int_0^{\frac{\pi}{2}}\frac{\sin^n x}{\cos^n x+\sin^n x}dx+\int_0^{\frac{\pi}{2}}\frac{\cos^n x}{\cos^n x+\sin^n x}dx=\int_0^{\frac{\pi}{2}}1dx=\frac{\pi}{2}$,因此，$I=\frac{\pi}{4}$.

(2)
$$I=\int_0^{-\ln 2}\frac{1-e^{2x}}{\sqrt{1-e^{2x}}}dx=\int_0^{-\ln 2}\frac{1}{\sqrt{1-e^{2x}}}dx-\int_0^{-\ln 2}\frac{e^{2x}}{\sqrt{1-e^{2x}}}dx$$
$$=\int_0^{-\ln 2}\frac{e^{-x}}{\sqrt{e^{-2x}-1}}dx-\frac{1}{2}\int_0^{-\ln 2}\frac{de^{2x}}{\sqrt{1-e^{2x}}}$$
$$=-\int_0^{-\ln 2}\frac{de^{-x}}{\sqrt{e^{-2x}-1}}+\frac{1}{2}\int_0^{-\ln 2}\frac{d(1-e^{2x})}{\sqrt{1-e^{2x}}}.$$

由于 $\int\frac{dx}{\sqrt{x^2-1}}=\ln|x+\sqrt{x^2-1}|+C$,所以

$$原式=-\ln|e^{-x}+\sqrt{e^{-2x}-1}\,|\Big|_0^{-\ln 2}+\sqrt{1-e^{2x}}\Big|_0^{-\ln 2}=-\ln(2+\sqrt{3})+\frac{\sqrt{3}}{2}$$

(3) 设 $x=-t$，则 $dx=-dt$.

所以
$$I=-\int_{\frac{\pi}{4}}^{-\frac{\pi}{4}}\frac{\sin^2 t}{1+e^t}dt=\int_{-\frac{\pi}{4}}^{\frac{\pi}{4}}\frac{\sin^2 t}{1+e^t}dt=\int_{-\frac{\pi}{4}}^{\frac{\pi}{4}}\frac{\sin^2 x}{1+e^x}dx$$

所以
$$2I=\int_{-\frac{\pi}{4}}^{\frac{\pi}{4}}\frac{\sin^2 x}{1+e^{-x}}dx+\int_{-\frac{\pi}{4}}^{\frac{\pi}{4}}\frac{\sin^2 x}{1+e^x}dx$$
$$=\int_{-\frac{\pi}{4}}^{\frac{\pi}{4}}\left(\frac{1}{1+e^{-x}}+\frac{1}{1+e^x}\right)\sin^2 xdx=\int_{-\frac{\pi}{4}}^{\frac{\pi}{4}}\left(\frac{1}{1+e^{-x}}+\frac{1}{1+e^x}\right)\sin^2 xdx$$
$$=\int_{-\frac{\pi}{4}}^{\frac{\pi}{4}}\left(\frac{1+e^x}{1+e^x}\right)\sin^2 xdx=\int_{-\frac{\pi}{4}}^{\frac{\pi}{4}}\sin^2 xdx=\int_0^{\frac{\pi}{4}}(1-\cos 2x)dx$$
$$=\frac{1}{4}(\pi-2)$$

故
$$I=\int_{-\frac{\pi}{4}}^{\frac{\pi}{4}}\frac{\sin^2 x}{1+e^{-x}}dx=\frac{1}{8}(\pi-2)$$

(4) $f(x)$ 为非奇非偶函数，但

$$f(x)+f(-x)=\left(\frac{1}{1+e^x}+\frac{1}{1+e^{-x}}\right)(3x^2+1)=\frac{1+e^x}{1+e^x}(3x^2+1)=3x^2+1$$

故 $I=\int_{-1}^{1}f(x)dx=\int_0^1 f(x)dx+\int_{-1}^{0}f(x)dx=\int_0^1 f(x)dx-\int_1^0 f(-x)dx$

$$=\int_0^1 f(x)dx+\int_0^1 f(-x)dx=\int_0^1[f(x)+f(-x)]dx=\int_0^1(3x^2+1)dx=2.$$

评注 函数的奇偶性可以简化积分的计算，即便是非奇非偶函数，若积分区域是对称的，经过适当处理，仍可利用.

例4 证明题：

(1)设$f(x)$是以π为周期的连续函数,证明

$$\int_0^{2\pi}(\sin x + x)f(x)\mathrm{d}x = \int_0^{2\pi}(2x+\pi)f(x)\mathrm{d}x$$

(2)设函数$f(x)$在$[a,b]$上连续,且$f(x)$在关于$x=\dfrac{a+b}{2}$对称点处取相同值. 试证

$$\int_a^b f(x)\mathrm{d}x = 2\int_a^{\frac{a+b}{2}} f(x)\mathrm{d}x$$

(1)**证明** 由$\int_0^{2\pi}(\sin x + x)f(x)\mathrm{d}x$

$$= \int_0^{\pi}(\sin x + x)f(x)\mathrm{d}x + \int_{\pi}^{2\pi}(\sin x + x)f(x)\mathrm{d}x,$$

又因为

$$\int_{\pi}^{2\pi}(\sin x + x)f(x)\mathrm{d}x \xlongequal{令 x=\pi+t} \int_0^{\pi}(-\sin t + \pi + t)f(\pi+t)\mathrm{d}t$$

$$= \int_0^{\pi}(-\sin t + \pi + t)f(t)\mathrm{d}t$$

所以

$$\int_0^{2\pi}(\sin x + x)f(x)\mathrm{d}x = \int_0^{\pi}(\sin x + x)f(x)\mathrm{d}x + \int_0^{\pi}(-\sin x + \pi + x)f(x)\mathrm{d}x$$

$$= \int_0^{\pi}(2x+\pi)f(x)\mathrm{d}x$$

(2)**分析** 由题设$f(x)$在$x=\dfrac{a+b}{2}$关于对称的点处取相同的值,所以

$$f\left[\frac{a+b}{2} - \left(\frac{a+b}{2} - x\right)\right] = f(x) = f\left[\frac{a+b}{2} + \left(\frac{a+b}{2} - x\right)\right]$$

$$= f(a+b-x)$$

证明 $\int_b^a f(x)\mathrm{d}x = \int_a^{\frac{a+b}{2}} f(x)\mathrm{d}x + \int_{\frac{a+b}{2}}^b f(x)\mathrm{d}x$.

由欲证的结论可知,只要证出$\int_{\frac{a+b}{2}}^b f(x)\mathrm{d}x = \int_a^{\frac{a+b}{2}} f(x)$ 即可.

因为 $\int_{\frac{a+b}{2}}^b f(x)\mathrm{d}x = \int_{\frac{a+b}{2}}^b f(a+b-x)\mathrm{d}x$

$$\xlongequal{a+b-x=t}\int_{\frac{a+b}{2}}^{a} f(t)\,\mathrm{d}(-t)$$

$$=\int_{a}^{\frac{a+b}{2}} f(t)\,\mathrm{d}t=\int_{a}^{\frac{a+b}{2}} f(x)\,\mathrm{d}x$$

所以
$$\int_{a}^{b} f(x)\,\mathrm{d}x=2\int_{a}^{\frac{a+b}{2}} f(x)\,\mathrm{d}x$$

5.2.2 变上限函数

例 5 $F(x)=\int_0^{x^2} x\sin t\mathrm{d}t$,求 $F'(x)$.

解 $F'(x)=\left[x\int_0^{x^2}\sin t\mathrm{d}t\right]'=\int_0^{x^2}\sin t\mathrm{d}t+2x^2\cdot\sin x^2$

$=1-\cos x^2+2x^2\sin x^2.$

评注 在变限函数 $F(x)=\int_0^{x^2} x\sin t\mathrm{d}t$ 中,由于 x 对于积分运算来说是常量,所以可以提到积分符号外面,即 $F(x)=x\int_0^{x^2}\sin t\mathrm{d}t$;而在求导时 x 是变量,要利用到积的求导法则.

例 6 设 $f(x)$ 连续, $F(x)=\int_0^1 f(xt)\mathrm{d}t$, 求 $F'(x)$.

解 设 $u=xt$, 则 $\mathrm{d}u=x\mathrm{d}t$, $F(x)=\int_0^x f(u)\frac{1}{x}\mathrm{d}u=\frac{1}{x}\int_0^x f(u)\mathrm{d}u$,

故
$$F'(x)=-\frac{1}{x^2}\int_0^x f(u)\mathrm{d}u+\frac{1}{x}f(x)$$

例 7 设 $f(x)=\int_1^x\frac{\ln t}{1+t}\mathrm{d}t$, 其中 $x>0$, 求 $f(x)+f\left(\frac{1}{x}\right)$.

解 由已知得 $f\left(\frac{1}{x}\right)=\int_1^{\frac{1}{x}}\frac{\ln t}{1+t}\mathrm{d}t$, 令 $u=\frac{1}{t}$, 则

$$f\left(\frac{1}{x}\right)=\int_1^x\frac{\ln\frac{1}{u}}{1+\frac{1}{u}}\cdot\frac{-1}{u^2}\mathrm{d}u=\int_1^x\frac{\ln u}{(1+u)u}\mathrm{d}u$$

由于积分与积分变换无关, 故有

$$f\left(\frac{1}{x}\right)=\int_1^x\frac{\ln t}{(1+t)t}\mathrm{d}t$$

故
$$f(x)+f\left(\frac{1}{x}\right)=\int_1^x\left[\frac{(1+t)\ln t}{(1+t)t}\right]\mathrm{d}t=\int_1^x\frac{\ln t}{t}\mathrm{d}t=\frac{1}{2}\ln^2 x$$

例 8 设$f(x)=\int_1^{x^2}\frac{\sin t}{t}\mathrm{d}t$，计算$\int_0^1 xf(x)\mathrm{d}x$.

解 $\int_0^1 xf(x)\mathrm{d}t=\int_0^1 f(x)\mathrm{d}\left(\frac{1}{2}x^2\right)=\frac{1}{2}x^2f(x)\Big|_0^1-\frac{1}{2}\int_0^1 x^2f'(x)\mathrm{d}x.$

由于$f(x)=\int_1^{x^2}\frac{\sin t}{t}\mathrm{d}t$，则$f(1)=0$，$f'(x)=2x\frac{\sin x^2}{x^2}$.

所以
$$\begin{aligned}\int_0^1 xf(x)\mathrm{d}x&=-\frac{1}{2}\int_0^1 x^2\cdot 2x\frac{\sin x^2}{x^2}\mathrm{d}x=-\int_0^1 x\sin x^2\mathrm{d}x\\&=-\frac{1}{2}\int_0^1\sin x^2\mathrm{d}x^2=\frac{1}{2}\cos x^2\Big|_0^1=\frac{1}{2}\cos 1-\frac{1}{2}\end{aligned}$$

评注 对变上限积分的应用主要是求导，所以本例中采用分部积分法；利用$f'(x)$进行计算，避免直接利用$f(x)$进行计算.

例 9 讨论函数$\Phi(x)=\int_0^x f(t)\mathrm{d}t$在区间$(0,2)$上的连续性，其中函数
$$f(t)=\begin{cases}t^2, & 0\leqslant t<1;\\ t, & 1\leqslant t.\end{cases}$$

解 首先确定函数$\Phi(x)$的表达式，有
$$\Phi(x)=\begin{cases}\int_0^x t^2\mathrm{d}t, & 0\leqslant x<1;\\ \int_0^1 t^2\mathrm{d}t+\int_1^x t\mathrm{d}t, & 1\leqslant x\leqslant 2.\end{cases}$$

求解，得
$$\Phi(x)=\begin{cases}\frac{1}{3}x^3, & 0\leqslant x<1;\\ \frac{1}{2}x^2-\frac{1}{6}, & 1\leqslant x\leqslant 2.\end{cases}$$

则显而易见函数$\Phi(x)$在区间$(0,1)$和$(1,2)$内连续，下面讨论$\Phi(x)$在$x=1$处的连续性. 由$\lim\limits_{x\to1^-}\Phi(x)=\lim\limits_{x\to1^-}\frac{1}{3}x^3=\frac{1}{3}=\Phi(1)$，且$\lim\limits_{x\to1^+}\Phi(x)=\lim\limits_{x\to1^+}\left(\frac{1}{2}x^2-\frac{1}{6}\right)=\frac{1}{3}=\Phi(1)$，故$\Phi(x)$在点$x=1$处连续. 因此，函数$\Phi(x)$在区间$(0,2)$上处处连续.

例 10 求极限$\lim\limits_{x\to0}\frac{\int_0^x\sin t^2\mathrm{d}t}{x^2}$.

解 因为
$$\lim_{x\to0}\int_0^x\sin t^2\mathrm{d}t=0$$

所以$\lim\limits_{x\to 0}\dfrac{\int_0^x \sin t^2\,\mathrm{d}t}{x^2}$为$\dfrac{0}{0}$型未定式的极限，由洛必达法则有

$$\lim_{x\to 0}\frac{\int_0^x \sin t^2\,\mathrm{d}t}{x^2}=\lim_{x\to 0}\frac{\sin x^2}{2x}=0$$

例 11 设$f'(x)$连续，$f(0)=0$，$f'(0)\neq 0$，求$\lim\limits_{x\to 0}\dfrac{\int_0^{x^2} f(t)\,\mathrm{d}t}{x^2\int_0^x f(t)\,\mathrm{d}t}$.

解 原式$=\lim\limits_{x\to 0}\dfrac{\int_0^{x^2} f(t)\,\mathrm{d}t}{x^2\int_0^x f(t)\,\mathrm{d}t}=\lim\limits_{x\to 0}\dfrac{2xf(x^2)}{2x\int_0^x f(t)\,\mathrm{d}t+x^2f(x)}=\lim\limits_{x\to 0}\dfrac{2f(x^2)}{2\int_0^x f(t)\,\mathrm{d}t+xf(x)}$

$$=\lim_{x\to 0}\frac{4xf'(x^2)}{3f(x)+xf'(x)}=\lim_{x\to 0}\frac{4f'(x^2)}{3\dfrac{f(x)-f(0)}{x-0}+f'(x)}.$$

又因为$\lim\limits_{x\to 0}\dfrac{f(x)-f(0)}{x-0}=f'(0)$，$\lim\limits_{x\to 0}f'(x)=f'(0)$，$\lim\limits_{x\to 0}f'(x^2)=f'(0)$，

故原式$=\dfrac{4f'(0)}{4f'(0)}=1$.

例 12 设函数$f(x)$在$(-\infty,+\infty)$上连续，且$F(x)=\int_0^x (x-2t)f(t)\,\mathrm{d}t$，证明：(1) 如果$f(x)$为偶函数，则$F(x)$也为偶函数；(2) 当$x\geqslant 0$时，如果$f'(x)\leqslant 0$，则$F(x)\geqslant 0$.

证明 (1) $F(-x)=\int_0^{-x}(-x-2t)f(t)\,\mathrm{d}t$，令$t=-u$，$\mathrm{d}t=-\mathrm{d}u$. 则

$$F(-x)=-\int_0^x(-x+2u)f(-u)\,\mathrm{d}u=\int_0^x(x-2u)f(-u)\,\mathrm{d}u$$
$$=\int_0^x(x-2u)f(u)\,\mathrm{d}u=F(x)$$

即如果$f(x)$为偶函数，则$F(x)$也为偶函数.

(2) $F(x)=\int_0^x(x-2t)f(t)\,\mathrm{d}t=x\int_0^x f(t)\,\mathrm{d}t-2\int_0^x tf(t)\,\mathrm{d}t.$

$F'(x)=\int_0^x f(t)\,\mathrm{d}t+xf(x)-2xf(x)=\int_0^x f(t)\,\mathrm{d}t-xf(x)=xf(\xi)-xf(x)$, $0\leqslant\xi\leqslant x$. 因为$f'(x)\leqslant 0$，则$f(x)$单调递减，所以$f(\xi)\geqslant f(x)$，因此，$F(x)\geqslant 0$.

例 13 设$F(x)=\int_0^{x^2}\mathrm{e}^{-t^2}\mathrm{d}t$，试求：(1) $F(x)$的极值；(2) 曲线$y=F(x)$的拐点的横坐

标；(3) $\int_{-2}^{3} x^2 F'(x)\,\mathrm{d}x$ 的值.

解 (1)$F'(x)=2x\mathrm{e}^{-x^4}$，$F''(x)=2\mathrm{e}^{-x^4}-8x^4\mathrm{e}^{-x^4}$. 令 $F'(x)=0$，则 $x=0$，因为在 $(0,+\infty)$ 内 $F'(x)>0$，在 $(-\infty,0)$ 内 $F'(x)<0$，所以在 $x=0$ 处取极小值，即极小值为 $F(0)=0$.

(2)
$$F''(x)=2\mathrm{e}^{-x^4}-8x^4\mathrm{e}^{-x^4}=-2(4x^4-1)\mathrm{e}^{-x^4}$$
$$=-2(2x^2+1)(\sqrt{2}x+1)(\sqrt{2}x-1)\mathrm{e}^{-x^4}.$$

由 $F''(x)=0$，得 $x=\pm\dfrac{\sqrt{2}}{2}$，则有当 $x\in\left(-\infty,-\dfrac{\sqrt{2}}{2}\right)$时，$F''(x)<0$；当 $x\in\left(-\dfrac{\sqrt{2}}{2},\dfrac{\sqrt{2}}{2}\right)$时，$F''(x)>0$；当 $x\in\left(\dfrac{\sqrt{2}}{2},+\infty\right)$时，$F''(x)<0$. 所以拐点的横坐标为$x=\pm\dfrac{\sqrt{2}}{2}$.

(3)
$$\int_{-2}^{3} x^2F'(x)\,\mathrm{d}x=\int_{-2}^{3}x^2\cdot 2x\mathrm{e}^{-x^4}\mathrm{d}x=2\left[\int_{-2}^{2}x^3\mathrm{e}^{-x^4}\mathrm{d}x+\int_{2}^{3}x^3\mathrm{e}^{-x^4}\mathrm{d}x\right]$$
$$=2\left[0+\int_{2}^{3}x^3\mathrm{e}^{-x^4}\mathrm{d}x\right]=2\int_{2}^{3}x^3\mathrm{e}^{-x^4}\mathrm{d}x$$
$$=\frac{1}{2}\int_{2}^{3}\mathrm{e}^{-x^4}\mathrm{d}x^4=\frac{1}{2}\mathrm{e}^{-x^4}\Big|_{2}^{3}=\frac{1}{2}(\mathrm{e}^{-16}-\mathrm{e}^{-81}).$$

例 14 设$f(x)$在闭区间$[0,1]$上连续，在开区间$(0,1)$内可导，且$f(0)=0$，$0<f'(x)\leqslant 1$，试证
$$\left[\int_0^1 f(x)\,\mathrm{d}x\right]^2\geqslant\int_0^1 f^3(x)\,\mathrm{d}x$$

分析 因$f(x)$没有具体表达式，故直接证不等式是困难的，因而改证
$$\left[\int_0^1 f(x)\,\mathrm{d}x\right]^2-\int_0^1 f^3(x)\,\mathrm{d}x\geqslant 0$$
作辅助函数
$$F(x)=\left[\int_0^x f(t)\,\mathrm{d}t\right]^2-\int_0^x f^3(t)\,\mathrm{d}t$$
来证 $F(x)\geqslant 0$，从而有 $F(1)\geqslant 0$.

证明 令 $F(x)=\left[\int_0^x f(t)\,\mathrm{d}t\right]^2-\int_0^x f^3(t)\,\mathrm{d}t$，则 $F(0)=0$ 且
$$F'(x)=2f(x)\int_0^x f(t)\,\mathrm{d}t-f^3(x)$$
$$=f(x)\left[2\int_0^x f(t)\,\mathrm{d}t-f^2(x)\right]$$
由已知$f(0)=0$，$f'(x)>0$ 可知，当 $x>0$ 时必有$f(x)>0$. 要证 $F'(x)\geqslant 0$ 只需证明

$$G(x) = 2\int_0^x f(t)\,dt - f^2(x) \geq 0$$

由于 $G'(x) = 2f(x) - 2f(x)\cdot f'(x) = 2f(x)[1 - f'(x)]$，又 $f'(x) \leq 1$，故有 $G'(x) \geq 0$. 现 $G(0) \geq 0$，从而当 $x > 0$ 时，$G(x) \geq 0$. 所以 $F'(x) \geq 0$. 即当 $x \geq 0$ 时 $F(x) \geq F(0) = 0$，所以 $F(1) \geq 0$，即

$$\left[\int_0^1 f(x)\,dx\right]^2 \geq \int_0^1 f^3(x)\,dx$$

5.2.3 反常积分

例 15 讨论反常积分 $\int_1^{+\infty} \frac{\arctan x}{x^2}dx$ 的敛散性.

解 由积分 $\int_1^b \frac{\arctan x}{x^2}dx = -\int_1^b \arctan x\, d\left(\frac{1}{x}\right) = -\frac{\arctan x}{x}\bigg|_1^b + \int_1^b \frac{1}{x(1+x^2)}dx$

$$= -\frac{\arctan b}{b} + \frac{\pi}{4} + \int_1^b \left(\frac{1}{x} - \frac{x}{1+x^2}\right)dx$$

$$= -\frac{\arctan b}{b} + \frac{\pi}{4} + \ln x\bigg|_1^b - \frac{1}{2}\ln(1+x^2)\bigg|_1^b$$

$$= -\frac{\arctan b}{b} + \frac{\pi}{4} + \ln\frac{b}{\sqrt{1+b^2}} + \frac{1}{2}\ln 2.$$

故有

$$\int_1^{+\infty} \frac{\arctan x}{x^2}dx = \lim_{b\to+\infty}\int_1^b \frac{\arctan x}{x^2}dx$$

$$= \lim_{b\to+\infty}\left(-\frac{\arctan b}{b} + \frac{\pi}{4} + \ln\frac{b}{\sqrt{1+b^2}} + \frac{1}{2}\ln 2\right) = \frac{\pi}{4} + \frac{1}{2}\ln 2$$

所以原反常积分收敛.

例 16 讨论广义积分 $\int_0^1 \ln\frac{1}{1-x^2}dx$.

解 由 $\int_0^{1-\varepsilon} \ln\frac{1}{1-x^2}dx = -\int_0^{1-\varepsilon}\ln(1-x^2)dx = -\int_0^{1-\varepsilon}[\ln(1-x) + \ln(1+x)]dx$

$$= \int_0^{1-\varepsilon}\ln(1-x)\,d(1-x) - \int_0^{1-\varepsilon}\ln(1+x)\,d(1+x)$$

$$= [(1-x)\ln(1-x) - (1-x)]\bigg|_0^{1-\varepsilon} - [(1+x)\ln(1+x) - (1+x)]\bigg|_0^{1-\varepsilon}$$

$$= (\varepsilon\ln\varepsilon - \varepsilon - 1) - [(2-\varepsilon)\ln(2-\varepsilon) - (2-\varepsilon) + 1].$$

故$\int_0^1 \ln \frac{1}{1-x^2}dx = \lim_{\varepsilon \to 0^+} \int_0^{1-\varepsilon} \ln \frac{1}{1-x^2}dx = 2 - \ln 2$，所以原广义积分收敛.

5.3 同步训练题

1. 计算下列定积分：

(1) $I = \int_0^{16} \frac{dx}{\sqrt{x+9} - \sqrt{x}}$；

(2) $I = \int_1^{\sqrt{3}} \frac{dx}{x(1+x^2)}$；

(3) $I = \int_{-a}^{a} x[f(x) + f(-x)]dx$；

(4) $I = \int_0^{\pi} x\operatorname{sgn}(\cos x)dx$；

(5) $I = \int_0^{\frac{1}{2}} (\arcsin x)^2 dx$；

(6) $I = \int_0^2 \frac{dx}{\sqrt{x+1} + \sqrt{(x+1)^3}}$；

(7) $I = \int_0^{\frac{1}{2}} x\ln\frac{1+x}{1-x}dx$；

(8) $I = \int_0^{2n\pi} |\sin x| dx$；

(9) $I = \int_0^{\frac{1}{\sqrt{2}}} \sqrt{\frac{1-r^2}{1+r^2}}\, r dr$；

(10) 设$f(x) = \begin{cases} 1+x^2, x<0; \\ e^{-x}, \quad x \geqslant 0. \end{cases}$ 求$\int_1^3 f(x-2)dx$；

(11) $I = \int_{-\frac{\pi}{2}}^{\frac{\pi}{2}} \frac{1}{1+\cos x}dx$.

2. 设$f(x) = x^2 - x\int_0^2 f(x)dx + 2\int_0^1 f(x)dx$，试求$f(x)$.

3. 计算下列极限：

(1) $\lim_{n\to\infty}\left(\frac{1}{n+a} + \frac{1}{n+2a} + \cdots + \frac{1}{n+na}\right)$ $(a \neq 0)$；

(2) $\lim_{n\to\infty} \int_0^1 \frac{x^n e^x}{1+e^x}dx$；

(3) $\lim_{x\to\infty} \frac{x}{1-e^{x^2}} \int_0^x e^{t^2}dt$；

(4) $\lim_{n\to\infty} \frac{1}{\sqrt{n}} \int_0^n \ln\left(1+\frac{1}{\sqrt{x}}\right)dx$.

4. 求常数a,b的值，使$\lim_{x\to 0} \frac{\int_0^x \frac{t^2}{\sqrt{a+t}}dt}{bx - \sin x} = 1$.

5. 证明$\int_0^{\frac{\pi}{2}} \cos^n x \sin nx \mathrm{d}x = \frac{1}{2^{n+1}}\left(\frac{2}{1}+\frac{2^2}{2}+\frac{2^3}{3}+\cdots+\frac{2^n}{n}\right)$.

6. 设$\varphi(x)$为可微函数$y=f(x)$的反函数，且$f(1)=0$，证明

$$\int_0^1\left[\int_0^{f(x)} \varphi(t)\mathrm{d}t\right]\mathrm{d}x = 2\int_0^1 xf(x)\mathrm{d}x$$

7. 证明$\int_0^{\frac{\pi}{2}} \cos^n x\mathrm{d}x = \int_0^{\frac{\pi}{2}} \sin^n 2x\mathrm{d}x$.

8. 设$f(x) = \begin{cases} x, & x\in[0,1]; \\ 0, & x>1, x<0. \end{cases}$ $\varphi(x) = \begin{cases} 1, & x\in[0,1]; \\ 0, & x>1, x<0. \end{cases}$ 求 $F(t) = \int_{-\infty}^{+\infty} f(x-t)\varphi(x)\mathrm{d}x$ 的表达式.

9. 设$f(x)$在$[a,b]$上连续，且$f(x)>0$，证明

$$\int_a^b f(x)\mathrm{d}x \cdot \int_a^b \frac{1}{f(x)}\mathrm{d}x \geqslant (b-a)^2$$

10. 设$\varphi(x) = \int_0^{\sqrt{x+1}-1} \ln(1+t)\mathrm{d}t$ 和$\psi(x) = \int_0^{\frac{x}{2}} \arcsin t\mathrm{d}t$. 证明当$x$趋近于0时，$\varphi(x)$是$\psi(x)$的等价无穷小.

11. 设$g(x)$处处连续，且$g(1)=5$，$\int_0^1 g(t)\mathrm{d}t=2$，$f(x) = \frac{1}{2}\int_0^x (x-t)^2 g(t)\mathrm{d}t$，求$f''(1)$，$f'''(1)$.

12. 设$f'(x)$连续，$F(x) = \int_0^x f(t)f'(2a-t)\mathrm{d}t$，求证

$$F(2a) - 2F(a) = f^2(a) - f(0)f(2a)$$

13. 设$f(x)$，$g(x)$在$[a,b]$上连续，试证：至少有一点$c\in(a,b)$，使 $f(c)\int_c^b g(x)\mathrm{d}x = g(c)\int_a^c f(x)\mathrm{d}x$ 成立.

14. 讨论下列反常积分的敛散性，并计算收敛积分：

(1) $\int_{-1}^2 \frac{x\mathrm{d}x}{x^2-4}$；

(2) $\int_{-\infty}^{+\infty} \sin x\mathrm{d}x$；

(3) $\int_1^2 \frac{\mathrm{d}x}{x\sqrt{x^2-1}}$；

(4) $\int_0^{+\infty} \frac{1}{x\ln x}\mathrm{d}x$；

(5) $\int_{-\infty}^{+\infty} \frac{\mathrm{d}x}{(1+x^2)^{\frac{3}{2}}}$.

5.4 测验题

1. 填空题

(1) $\lim\limits_{n\to\infty}\dfrac{1^p+2^p+\cdots+n^p}{n^{p+1}}(p>0)=$______.

(2) $\displaystyle\int_1^{+\infty}\frac{\mathrm{d}x}{x(x^2+1)}=$______.

(3) 设 $f(x)$ 是连续函数，且 $f(x)=x+2\displaystyle\int_0^1 f(t)\mathrm{d}t$,则 $f(x)=$______.

(4) 设 $\displaystyle\int_0^{y^2}\mathrm{e}^t\mathrm{d}t=\int_0^x\ln\cos t\mathrm{d}t$，则 $\dfrac{\mathrm{d}y}{\mathrm{d}x}=$______.

(5) $\dfrac{\mathrm{d}}{\mathrm{d}x}\displaystyle\int_0^x\sin(x-t)^2\mathrm{d}t=$______.

(6) 设 $f(x)$ 是连续函数，且 $\displaystyle\int_0^{x^3-1}f(t)\mathrm{d}t=x^2+1$，则 $f(0)=$______.

2. 选择题

(1) 已知 $f(x)=\begin{cases}x^2,0\leqslant x\leqslant 1;\\1,1\leqslant x\leqslant 2.\end{cases}$ $F(x)=\displaystyle\int_1^x f(t)\mathrm{d}t$ $(0\leqslant x\leqslant 2)$，则 $F(x)$ 为(　　).

A. $\begin{cases}\dfrac{x^3}{3},0\leqslant x<1;\\x,\ 1<x\leqslant 2.\end{cases}$

B. $\begin{cases}\dfrac{x^3}{3}-\dfrac{1}{3},0\leqslant x<1;\\x,\quad 1\leqslant x\leqslant 2.\end{cases}$

C. $\begin{cases}\dfrac{x^3}{3},\quad 0\leqslant x<1;\\x-1,1\leqslant x<2.\end{cases}$

D. $\begin{cases}\dfrac{x^3}{3}-\dfrac{1}{3},0\leqslant x<1;\\x-1,\quad 1\leqslant x\leqslant 2.\end{cases}$

(2) 设 $f(x)$ 是连续函数，函数 $I=t\displaystyle\int_0^{\frac{s}{t}}f(tx)\mathrm{d}x$，其中 $t>0,s>0$，则 I 的值为(　　).

A. 依赖于 s 和 t

B. 依赖于 s，t，x

C. 依赖于 t 和 x，不依赖于 s

D. 依赖于 s，不依赖于 t

(3)若 $f(x)$ 与 $g(x)$ 在 $(-\infty,+\infty)$ 上皆可导，且 $f(x)<g(x)$，则必有(　　).

A. $f(-x)>g(-x)$

B. $f'(x)<g'(x)$

C. $\lim\limits_{x\to x_0}f(x)<\lim\limits_{x\to x_0}g(x)$

D. $\displaystyle\int_0^x f(t)\mathrm{d}t<\int_0^x g(t)\mathrm{d}t$

(4) 设 $F(x)=\displaystyle\int_0^x\frac{1}{1+t^2}\mathrm{d}t+\int_0^{\frac{1}{x}}\frac{1}{1+t^2}\mathrm{d}t(x\neq 0)$，则(　　).

A. $F(x)\equiv 0$　　B. $F(x)\equiv \frac{\pi}{2}$　　C. $F(x)\equiv \arctan x$　　D. $F(x)\equiv 2\arctan x$

(5)设$f(x)$是连续函数，$F(x)$是$f(x)$的原函数，则(　　).

A. 当$f(x)$是奇函数时，$F(x)$必为偶函数

B. 当$f(x)$是偶函数时，$F(x)$必为奇函数

C. 当$f(x)$是周期函数时，$F(x)$必为周期函数

D. 当$f(x)$是单调增函数时，$F(x)$必为单调增函数

(6)下列广义积分收敛的是(　　).

A. $\int_1^{+\infty}\frac{1}{\sqrt{x}}dx$　　B. $\int_{-\infty}^0 e^{-x}dx$　　C. $\int_0^1\frac{1}{x^2}dx$　　D. $\int_0^1\frac{1}{\sqrt{1-x^2}}dx$

3. 计算题

(1)计算下列积分：

① $\int_0^3\frac{x}{1+\sqrt{x+1}}dx$；　　② $\int_0^2\sqrt{(4-x^2)^3}dx$；

③ $\int_0^{\pi}\sqrt{\sin x-\sin^3 x}dx$；　　④ $\int_0^1\frac{xe^x}{(1+x)^2}dx$；

⑤ $\int_{-2}^2\max(x,x^2)dx$；　　⑥ $\int_{-\frac{1}{2}}^{\frac{1}{2}}\left(\frac{\sin x}{x^8+1}+\sqrt{\ln^2(1+x)}\right)dx$.

(2) 计算 $I_n=\int_0^{\pi}x\sin^n x dx, n\in N$.

(3) 设$f(x)=\int_0^1 f(tx)dt-x\sin x$，其中$f(x)$为连续函数，求$f(x)$.

4. 证明题

(1) 设$f(x)$在$[a,b]$上可导,且$f'(x)\leqslant M, f(a)=0$, 证明$\int_a^b f(x)dx\leqslant\frac{M}{2}(b-a)^2$.

(2)设$f(x)$在$[0,1]$上连续，且单调不增，证明对任意给定$a\in(0,1)$有

$$\int_0^a f(x)dx\geqslant a\int_0^1 f(x)dx$$

(3) 设$f(x)$是连续函数，证明$\int_0^x\left[\int_0^u f(t)dt\right]du=\int_0^x(x-u)f(u)du$.

5.5 同步训练题答案

1. **解** (1) $I = \int_0^{16} \frac{\sqrt{x+9}+\sqrt{x}}{9}dx = \int_0^{16} \frac{\sqrt{x+9}}{9}dx + \int_0^{16} \frac{\sqrt{x}}{9}dx$

$$= \frac{1}{9} \cdot \frac{2}{3}(x+9)^{\frac{3}{2}} \Big|_0^{16} + \frac{1}{9} \cdot \frac{2}{3}x^{\frac{3}{2}} \Big|_0^{16} = 12.$$

(2) $I = \int_1^{\sqrt{3}} \frac{1+x^2-x^2}{x(1+x^2)}dx = \int_1^{\sqrt{3}} \left(\frac{1}{x} - \frac{x}{1+x^2}\right)dx$

$$= \ln x \Big|_1^{\sqrt{3}} - \frac{1}{2}\ln(1+x^2) \Big|_1^{\sqrt{3}}$$

$$= \frac{1}{2}\ln 3 - \frac{1}{2}\ln 4 + \frac{1}{2}\ln 2 = \frac{1}{2}\ln\frac{3}{2}.$$

(3) $I = \int_{-a}^{a} xf(x)dx + \int_{-a}^{a} xf(-x)dx$,

令 $x = -t$,则$\int_{-a}^{a} xf(-x)dx = -\int_{-a}^{a}(-t)f(t)dt = -\int_{-a}^{a} tf(t)dt.$

所以原式 $= \int_{-a}^{a} xf(x)dx - \int_{-a}^{a} xf(x)dx = 0.$

(4) $I = \int_0^{\frac{\pi}{2}} xdx + \int_{\frac{\pi}{2}}^{\pi}(-x)dx = \frac{1}{2}x^2 \Big|_0^{\frac{\pi}{2}} - \frac{1}{2}x^2 \Big|_{\frac{\pi}{2}}^{\pi} = -\frac{\pi^2}{4}.$

(5) 令 $\arcsin x = t$, 则 $x = \sin t$, $dx = \cos t dt$.

$$I = \int_0^{\frac{\pi}{6}} t^2\cos t dt = \int_0^{\frac{\pi}{6}} t^2 d\sin t = t^2\sin t \Big|_0^{\frac{\pi}{6}} - 2\int_0^{\frac{\pi}{6}} t\sin t dt = \frac{\pi^2}{36} \cdot \frac{1}{2} + 2\int_0^{\frac{\pi}{6}} t d\cos t$$

$$= \frac{\pi^2}{72} + 2t\cos t \Big|_0^{\frac{\pi}{6}} - 2\int_0^{\frac{\pi}{6}} \cos t dt = \frac{\pi^2}{72} + \frac{\pi}{3} \cdot \frac{\sqrt{3}}{2} - 2\sin t \Big|_0^{\frac{\pi}{6}}$$

$$= \frac{\pi^2}{72} + \frac{\sqrt{3}}{6}\pi - 1.$$

(6) 令 $\sqrt{x+1} = t$, 则 $x = t^2 - 1$, $dx = 2tdt$.

$$I = \int_1^{\sqrt{3}} \frac{2t}{t+t^3}dt = \int_1^{\sqrt{3}} \frac{2}{1+t^2}dt = 2\arctan t \Big|_1^{\sqrt{3}} = \frac{\pi}{6}.$$

(7) $I = \frac{1}{2}\int_0^{\frac{1}{2}} \ln\frac{1+x}{1-x}dx^2$

$$= \frac{1}{2}x^2\ln\frac{1+x}{1-x}\Big|_0^{\frac{1}{2}} - \frac{1}{2}\int_0^{\frac{1}{2}} x^2 \cdot \frac{1-x}{1+x} \cdot \frac{1-x+1+x}{(1-x)^2}dx$$

$$= \frac{1}{8}\ln3 - \int_0^{\frac{1}{2}} \frac{x^2}{1-x^2}dx = \frac{1}{8}\ln3 - \int_0^{\frac{1}{2}} \frac{x^2-1+1}{1-x^2}dx$$

$$= \frac{1}{8}\ln3 + \int_0^{\frac{1}{2}} dx - \int_0^{\frac{1}{2}} \frac{1}{1-x^2}dx$$

$$= \frac{1}{8}\ln3 + \frac{1}{2} + \frac{1}{2}\ln\frac{x-1}{x+1}\Big|_0^{\frac{1}{2}}$$

$$= \frac{1}{8}\ln3 + \frac{1}{2} - \frac{1}{2}\ln3 = \frac{1}{2} - \frac{3}{8}\ln3.$$

(8) $I = \int_0^{\pi} |\sin x|\,dx + \int_{\pi}^{2\pi} |\sin x|\,dx + \int_{2\pi}^{3\pi} |\sin x|\,dx + \cdots +$

$$\int_{n\pi}^{n\pi+\pi} |\sin x|\,dx + \cdots + \int_{(2n-1)\pi}^{2n\pi} |\sin x|\,dx$$

$$= n\int_0^{2\pi} \sin x dx = n\left[\int_0^{\pi} \sin x dx + \int_{\pi}^{2\pi} \sin x dx\right]$$

$$= n\left[-\cos x\Big|_0^{\pi} - \cos x\Big|_{\pi}^{2\pi}\right] = 4n.$$

(9) $I = \frac{1}{2}\int_0^{\frac{1}{\sqrt{2}}} \frac{1-r^2}{\sqrt{1-r^4}}dr^2 = \frac{1}{2}\int_0^{\frac{1}{\sqrt{2}}} \frac{1}{\sqrt{1-r^4}}dr^2 - \frac{1}{2}\int_0^{\frac{1}{\sqrt{2}}} \frac{r^2}{\sqrt{1-r^4}}dr^2$

$$= \frac{1}{2}\int_0^{\frac{1}{\sqrt{2}}} \frac{1}{\sqrt{1-r^4}}dr^2 + \frac{1}{4}\int_0^{\frac{1}{\sqrt{2}}} \frac{d(1-r^4)}{\sqrt{1-r^4}}$$

$$= \frac{1}{2}\arcsin r^2\Big|_0^{\frac{1}{\sqrt{2}}} + \frac{1}{2}\sqrt{1-r^4}\Big|_0^{\frac{1}{\sqrt{2}}}$$

$$= \frac{\pi}{12} + \frac{\sqrt{3}}{4} - \frac{1}{2}.$$

(10) $f(x-2) = \begin{cases} 1+(x-2)^2, & x<2; \\ e^{-(x-2)}, & x \geqslant 2. \end{cases}$

$$= \begin{cases} x^2-4x+5, & x<2; \\ e^{-(x-2)}, & x \geqslant 2. \end{cases}$$

所以原式 $= \int_1^2 (x^2-4x+5)dx + \int_2^3 e^{-(x-2)}dx = \left(\frac{1}{3}x^3 - 2x^2 + 5x\right)\Big|_1^2 - e^{-(x-2)}\Big|_2^3$

$$= \frac{7}{3} - 6 + 5 - (e^{-1} - 1) = \frac{4}{3} - e^{-1}.$$

(11) $I = \int_{-\frac{\pi}{2}}^{\frac{\pi}{2}} \frac{1}{2\cos^2 \frac{x}{2}} \mathrm{d}x = \int_{-\frac{\pi}{2}}^{\frac{\pi}{2}} \sec^2 \frac{x}{2} \mathrm{d}\frac{x}{2} = \tan \frac{x}{2} \Big|_{-\frac{\pi}{2}}^{\frac{\pi}{2}} = 2.$

2. **解** 设 $A = \int_0^2 f(x)\mathrm{d}x, B = \int_0^1 f(x)\mathrm{d}x$，则 $f(x) = x^2 - Ax + 2B$.

所以 $B = \int_0^1 f(x)\mathrm{d}x = \int_0^1 x^2\mathrm{d}x - A\int_0^1 x\mathrm{d}x + 2B\int_0^1 \mathrm{d}x = \frac{1}{3} - \frac{1}{2}A + 2B$

$$A = \int_0^2 f(x)\mathrm{d}x = \int_0^2 x^2\mathrm{d}x - A\int_0^2 x\mathrm{d}x + 2B\int_0^2 \mathrm{d}x = \frac{8}{3} - 2A + 4B$$

联立上两式解得 $A = \frac{4}{3}, B = \frac{1}{3}$. 所以 $f(x) = x^2 - \frac{4}{3}x + \frac{2}{3}$.

3. **解** (1) 原式 $= \lim\limits_{n\to\infty} \frac{1}{n}\left[\frac{1}{1+\frac{a}{n}} + \frac{1}{1+\frac{2}{n}a} + \cdots + \frac{1}{1+\frac{n}{n}a}\right]$

$$= \lim_{n\to\infty} \frac{1}{n}\sum_{i=1}^{n} \frac{1}{1+\frac{i}{n}a} = \int_0^1 \frac{1}{1+ax}\mathrm{d}x$$

$$= \frac{1}{a}\ln(1+ax)\Big|_0^1 = \frac{1}{a}\ln(1+a).$$

(2) 原式 $= \lim\limits_{n\to\infty} \int_0^1 \frac{x^n(\mathrm{e}^x + 1 - 1)}{1+\mathrm{e}^x}\mathrm{d}x = \lim\limits_{n\to\infty}\int_0^1 x^n\mathrm{d}x - \lim\limits_{n\to\infty}\int_0^1 \frac{x^n}{1+\mathrm{e}^x}\mathrm{d}x$

$$\leqslant \lim_{n\to\infty}\int_0^1 x^n\mathrm{d}x = \lim_{n\to\infty}\frac{1}{n+1} = 0,$$

又由原式 $\lim\limits_{n\to\infty}\int_0^1 \frac{x^n\mathrm{e}^x}{1+\mathrm{e}^x}\mathrm{d}x \geqslant 0$，所以 $\lim\limits_{n\to\infty}\int_0^1 \frac{x^n\mathrm{e}^x}{1+\mathrm{e}^x}\mathrm{d}x = 0$.

(3) 由积分估值定理，$\int_0^x \mathrm{e}^{t^2}\mathrm{d}t \geqslant \int_0^x 1\mathrm{d}t = x$，因此，可利用洛必达法则求解上述极限.

原式 $= \lim\limits_{x\to\infty} \frac{\int_0^x \mathrm{e}^{t^2}\mathrm{d}t + x\mathrm{e}^{x^2}}{-2x\mathrm{e}^{x^2}} = \lim\limits_{x\to\infty}\frac{\mathrm{e}^{x^2} + \mathrm{e}^{x^2} + 2x^2\mathrm{e}^{x^2}}{-2\mathrm{e}^{x^2} - 4x^2\mathrm{e}^{x^2}} = -1.$

(4) 原式 $= \lim\limits_{n\to\infty}\frac{\ln\left(1+\frac{1}{\sqrt{n}}\right)}{\frac{1}{2\sqrt{n}}} = \lim\limits_{n\to\infty}\frac{\frac{1}{\sqrt{n}}}{\frac{1}{2\sqrt{n}}} = 2.$

4. **解** $\lim\limits_{x\to 0}\frac{\int_0^x \frac{t^2}{\sqrt{a+t}}\mathrm{d}t}{bx - \sin x} = \lim\limits_{x\to 0}\frac{\frac{x^2}{\sqrt{a+x}}}{b - \cos x} = \frac{1}{\sqrt{a}}\lim\limits_{x\to 0}\frac{x^2}{b-\cos x} = 1.$

所以 $b = 1$，此时原极限 $= \dfrac{1}{\sqrt{a}}\lim\limits_{x\to 0}\dfrac{x^2}{\frac{1}{2}x^2} = \dfrac{2}{\sqrt{a}} = 1$，故 $a = 4$.

5. 证明 $I_n = \int_0^{\frac{\pi}{2}}\cos^n x\sin nx\mathrm{d}x = -\dfrac{1}{n}\int_0^{\frac{\pi}{2}}\cos^n x\mathrm{d}\cos nx$

$$= -\frac{1}{n}\left[\cos^n x\cos nx\Big|_0^{\frac{\pi}{2}} + \int_0^{\frac{\pi}{2}} n\cos^{n-1}x\cos nx\sin x\mathrm{d}x\right]$$

$$= \frac{1}{n} - \int_0^{\frac{\pi}{2}}\cos^{n-1}x\cos nx\sin x\mathrm{d}x.$$

又因为

$$I_{n-1} = \int_0^{\frac{\pi}{2}}\cos^{n-1}x\sin(n-1)x\mathrm{d}x = \int_0^{\frac{\pi}{2}}\cos^{n-1}x\sin nx\cos x\mathrm{d}x - \int_0^{\frac{\pi}{2}}\cos^{n-1}x\cos nx\sin x\mathrm{d}x$$

$$= I_n - \int_0^{\frac{\pi}{2}}\cos^{n-1}x\cos nx\sin x\mathrm{d}x$$

所以 $I_n = \dfrac{1}{n} - I_n + I_{n-1}$，即 $I_n - \dfrac{1}{2}I_{n-1} = \dfrac{1}{2n}$.

显然 $I_1 = \dfrac{1}{2}$，则由递推得

$$I_n = \frac{1}{2^n} + \frac{1}{2^{n-1}\cdot 2} + \frac{1}{2^{n-2}\cdot 3} + \cdots + \frac{1}{2n} = \frac{1}{2^{n+1}}\left(\frac{2}{1} + \frac{2^2}{2} + \frac{2^3}{3}\cdots + \frac{2^n}{n}\right)$$

6. 证明 令 $F(x) = \int_0^{f(x)}\varphi(t)\mathrm{d}t$，则 $F'(x) = \varphi[f(x)]\cdot f'(x) = xf'(x)$，$F(1) = 0$.

所以 $\displaystyle\int_0^1\left[\int_0^{f(x)}\varphi(t)\mathrm{d}t\right]\mathrm{d}x = \int_0^1 F(x)\mathrm{d}x = xF(x)\Big|_0^1 - \int_0^1 x^2 f'(x)\mathrm{d}x$

$$= -\int_0^1 x^2\mathrm{d}f(x) = -x^2 f(x)\Big|_0^1 + 2\int_0^1 xf'(x)\mathrm{d}x$$

$$= 2\int_0^1 xf(x)\mathrm{d}x.$$

7. 证明 令 $2x = \dfrac{\pi}{2} - t$，则 $\mathrm{d}x = -\dfrac{1}{2}\mathrm{d}t$.

$$\int_0^{\frac{\pi}{2}}\sin^n 2x\mathrm{d}x = \int_{\frac{\pi}{2}}^{-\frac{\pi}{2}}\sin^n\left(\frac{\pi}{2} - t\right)\cdot\left(-\frac{1}{2}\right)\mathrm{d}t = \frac{1}{2}\int_{-\frac{\pi}{2}}^{\frac{\pi}{2}}\cos^n t\mathrm{d}t$$

$$= \frac{1}{2}\left[\int_{-\frac{\pi}{2}}^0\cos^n t\mathrm{d}t + \int_0^{\frac{\pi}{2}}\cos^n t\mathrm{d}t\right].$$

因为 $\displaystyle\int_{-\frac{\pi}{2}}^0\cos^n t\mathrm{d}t \xlongequal{t=-u} \int_{\frac{\pi}{2}}^0\cos^n u\mathrm{d}(-u) = \int_0^{\frac{\pi}{2}}\cos^n u\mathrm{d}u$

所以 $\int_0^{\frac{\pi}{2}}\sin^n 2x\mathrm{d}x = \frac{1}{2}\left[\int_{-\frac{\pi}{2}}^{0}\cos^n t\mathrm{d}t + \int_0^{\frac{\pi}{2}}\cos^n t\mathrm{d}t\right] = \int_0^{\frac{\pi}{2}}\cos^n x\mathrm{d}x$

8. **解** $F(t) = \int_{-\infty}^{0} f(x-t)\varphi(x)\mathrm{d}x + \int_0^1 f(x-t)\varphi(x)\mathrm{d}x + \int_1^{\infty} f(x-t)\varphi(x)\mathrm{d}x$

$$= \int_0^1 f(x-t)\mathrm{d}x \xlongequal{x-t=u} \int_{-t}^{1-t} f(u)\mathrm{d}u$$

当 $t\leqslant -1$ 或 $t\geqslant 1$ 时,$F(t) = 0$

当 $1 > t\geqslant 0$ 时,$F(t) = \int_0^{1-t} u\mathrm{d}u = \frac{(1-t)^2}{2}$

当 $-1 < t < 0$ 时,$F(t) = \int_{-t}^{1} u\mathrm{d}u = \frac{1}{2}(1-t^2)$

9. **证明** 方法一:令 $F(t) = \int_a^x f(t)\mathrm{d}t\cdot\int_a^x\frac{1}{f(t)}\mathrm{d}t - (x-a)^2$, 则 $F(a) = 0$.

$$F'(t) = f(x)\int_a^x\frac{1}{f(t)}\mathrm{d}t + \frac{1}{f(x)}\int_a^x f(t)\mathrm{d}t - 2(x-a)$$

$$= \int_a^x\frac{f(x)}{f(t)}\mathrm{d}t + \int_a^x\frac{f(t)}{f(x)}\mathrm{d}t - 2(x-a) = \int_a^x\left[\frac{f(x)}{f(t)} + \frac{f(t)}{f(x)}\right]\mathrm{d}t - 2(x-a).$$

由题意 $f(x) > 0$, 所以 $\int_a^x\left[\frac{f(x)}{f(t)} + \frac{f(t)}{f(x)}\right]\mathrm{d}t \geqslant 2\int_a^x\mathrm{d}t = 2(x-a)$.

即 $F'(t)\geqslant 0$, 因此 $F(x)$ 在 $[a,b]$ 上单调递增, $F(b)\geqslant F(a) = 0$.

所以 $\int_a^b f(x)\mathrm{d}x\cdot\int_a^b\frac{1}{f(x)}\mathrm{d}x \geqslant (b-a)^2$

方法二:根据柯西-施瓦兹不等式即得

$$\int_a^b f(x)\mathrm{d}x\cdot\int_a^b\frac{1}{f(x)}\mathrm{d}x \geqslant \left[\int_a^b f(x)\cdot\frac{1}{f(x)}\mathrm{d}x\right]^2 = (b-a)^2$$

10. **证明** $\lim\limits_{x\to 0}\frac{\varphi(x)}{\psi(x)} = \lim\limits_{x\to 0}\frac{\int_0^{\sqrt{x+1}-1}\ln(1+t)\mathrm{d}t}{\int_0^{\frac{x}{2}}\arcsin t\mathrm{d}t} = \lim\limits_{x\to 0}\frac{\frac{1}{2}\ln(x+1)\cdot\frac{1}{2\sqrt{x+1}}}{\frac{1}{2}\arcsin\frac{x}{2}} = 1.$

所以当 $x\to 0$ 时,$\varphi(x)$ 是 $\psi(x)$ 的等价无穷小.

11. **解** $f'(x) = \int_0^x(x-t)g(t)\mathrm{d}t,\ f''(x) = \int_0^x g(t)\mathrm{d}t,\ f'''(x) = g(x).$

所以
$$f''(1) = \int_0^1 g(t)\mathrm{d}t = 2,\ f'''(1) = g(1) = 5$$

12. **证明** $F(2a) - 2F(a) = \int_0^{2a} f(t)f'(2a-t)\mathrm{d}t - 2\int_0^a f(t)f'(2a-t)\mathrm{d}t$

$$= \int_0^a f(t)f'(2a-t)\mathrm{d}t + \int_a^{2a} f(t)f'(2a-t)\mathrm{d}t - 2\int_0^a f(t)f'(2a-t)\mathrm{d}t$$

$$= \int_a^{2a} f(t)f'(2a-t)\,dt - \int_0^a f(t)f'(2a-t)\,dt$$

$$= -\int_a^{2a} f(t)\,df(2a-t) - \int_0^a f(t)f'(2a-t)\,dt$$

$$= -f(t)f(2a-t)\Big|_a^{2a} + \int_a^{2a} f(2a-t)f'(t)\,dt - \int_0^a f(t)f'(2a-t)\,dt$$

$$= f^2(a) - f(0)f(2a) + \int_a^{2a} f(2a-t)f'(t)\,dt - \int_0^a f(t)f'(2a-t)\,dt.$$

因为

$$\int_a^{2a} f(2a-t)f'(t)\,dt \xlongequal{2a-t=x} \int_a^0 f(x)f'(2a-x)(-dx) = \int_0^a f(x)f'(2a-x)\,dx$$

所以 $F(2a) - 2F(a) = f^2(a) - f(0)f(2a)$

13. **证明** 令 $F(x) = \int_a^x f(t)\,dt \cdot \int_x^b g(t)\,dt$,则 $F(a) = 0, F(b) = 0$.

根据题意，由罗尔定理知，$\exists c \in (a,b)$，使 $F'(c) = 0$.

所以 $F'(c) = f(c)\int_c^b g(t)\,dt - g(c)\int_a^c f(t)\,dt = 0$.

即

$$f(c)\int_c^b g(x)\,dx = g(c)\int_a^c f(x)\,dx$$

14. **解** (1) $\displaystyle\int_{-1}^2 \frac{x\,dx}{x^2-4} = \lim_{\varepsilon\to0^+}\int_{-1}^{2-\varepsilon}\frac{x\,dx}{x^2-4}$

$$= \frac{1}{2}\lim_{\varepsilon\to0^+}\left[\ln|(2-\varepsilon)^2-4| - \ln3\right] = -\infty,$$

所以此反常积分发散.

(2) 由于$\int_{-\infty}^{+\infty}\sin x\,dx = \int_{-\infty}^{c}\sin x\,dx + \int_c^{+\infty}\sin x\,dx$，而

$$\int_{-\infty}^c \sin x\,dx = \lim_{a\to-\infty}\int_a^c \sin x\,dx = \lim_{a\to-\infty}(\cos a - \cos c)$$

此极限不存在，即$\int_{-\infty}^c \sin x\,dx$ 发散，从而此反常积分$\int_{-\infty}^{+\infty}\sin x\,dx$ 发散.

(3) 原式 $= \displaystyle\int_1^2 \frac{dx}{x^2\sqrt{1-\frac{1}{x^2}}} = -\int_1^2 \frac{d\frac{1}{x}}{\sqrt{1-\frac{1}{x^2}}} = -\arcsin\frac{1}{x}\Big|_1^2 = -\frac{\pi}{6} + \frac{\pi}{2} = \frac{\pi}{3}.$

所以此反常积分收敛.

(4) $\displaystyle\int_e^{+\infty}\frac{1}{x\ln x}dx = \lim_{b\to+\infty}\int_e^b \frac{1}{x\ln x}dx = \lim_{b\to+\infty}\int_e^b \frac{1}{\ln x}d(\ln x)$

$$= \lim_{b\to+\infty}\ln(\ln x)\Big|_e^b = +\infty,$$

所以此反常积分发散.

(5) 原式 $= 2\int_0^{+\infty}\frac{dx}{(1+x^2)^{\frac{3}{2}}} < 2\int_0^{+\infty}\frac{dx}{(1+x^2)} = 2\lim_{b\to+\infty}\arctan x\Big|_0^b = \pi$，所以原反常积分收敛.

5.6 测验题答案

1. **解** (1) $\lim_{n\to\infty}\frac{1^p+2^p+\cdots+n^p}{n^{p+1}} = \lim_{n\to\infty}\frac{1}{n}\left[\left(\frac{1}{n}\right)^p+\left(\frac{2}{n}\right)^p+\cdots\left(\frac{n}{n}\right)^p\right]$

$$= \int_0^1 x^p dx = \frac{1}{p+1}.$$

(2) $\int_1^{+\infty}\frac{dx}{x(x^2+1)} = \lim_{b\to+\infty}\int_1^b\left(\frac{1}{x}-\frac{x}{x^2+1}\right)dx = \lim_{b\to+\infty}\ln\frac{x}{\sqrt{x^2+1}}\Big|_1^b = \ln\sqrt{2}.$

(3) 令 $\int_0^1 f(t)dt = A$，则 $f(x) = x+2A$，

所以 $$A = \int_0^1 f(x)dx = \int_0^1(x+2A)dx = \frac{1}{2}+2A，得 A = -\frac{1}{2}.$$

即 $$f(x) = x-1.$$

(4) 两端求导可得 $2y\cdot\frac{dy}{dx}\cdot e^{y^2} = \ln\cos x$，所以 $\frac{dy}{dx} = \frac{\ln\cos x}{2ye^{y^2}}$.

(5) 令 $x-t=u$，则 $-\frac{d}{dx}\int_x^0\sin u^2 du = \frac{d}{dx}\int_0^x\sin u^2 du = \sin x^2$.

(6) 对等式 $\int_0^{x^3-1}f(t)dt = x^2+1$ 左右两端同时对 x 求导，得 $f(x^3-1)\cdot 3x^2 = 2x$，则显然当 $x=1$ 时，有 $3f(0)=2$，即 $f(0)=\frac{2}{3}$.

2. (1) D；(2) D；(3) C；(4) B；(5) A；(6) D.

3. **解** (1) ① 原式 $= \int_0^3\frac{x(\sqrt{x+1}-1)}{x}dx$

$$= \int_0^3(\sqrt{x+1}-1)dx = \frac{2}{3}(1+x)^{\frac{3}{2}}\Big|_0^3 - x\Big|_0^3 = \frac{5}{3}.$$

② 令 $x=2\sin t$，$dx = 2\cos t dt$.

原式 $= \int_0^{\frac{\pi}{2}}8\cos^2 t\cdot\cos t\cdot 2\cos t dt = 16\int_0^{\frac{\pi}{2}}\cos^4 t dt = 16\int_0^{\frac{\pi}{2}}\left(\frac{1+\cos 2t}{2}\right)^2 dt$

$$= 4\int_0^{\frac{\pi}{2}}\left(1+2\cos 2t+\frac{1+\cos 4t}{2}\right)dt = 2\int_0^{\frac{\pi}{2}}(3+4\cos 2t+\cos 4t)dt = 3\pi.$$

③ 原式 $=\int_0^{\pi}\sqrt{\sin x\cos^2 x}\,dx=\int_0^{\pi}\sqrt{\sin x}\,|\cos x|\,dx$

$$=\int_0^{\frac{\pi}{2}}\cos x\sqrt{\sin x}\,dx-\int_{\frac{\pi}{2}}^{\pi}\cos x\cdot\sqrt{\sin x}\,dx$$

$$=\int_0^{\frac{\pi}{2}}\sqrt{\sin x}\,d\sin x-\int_{\frac{\pi}{2}}^{\pi}\sqrt{\sin x}\,d\sin x=\frac{2}{3}(\sin x)^{\frac{3}{2}}\Big|_0^{\frac{\pi}{2}}-\frac{2}{3}(\sin x)^{\frac{3}{2}}\Big|_{\frac{\pi}{2}}^{\pi}=\frac{4}{3}.$$

④ 原式 $=-\int_0^1 xe^x\,d\left(\frac{1}{x+1}\right)=-\left[xe^x\cdot\frac{1}{x+1}\Big|_0^1-\int_0^1\frac{1}{1+x}(e^x+xe^x)\,dx\right]$

$$=-\left[\frac{e}{2}-\int_0^1 e^x dx\right]=-\frac{e}{2}+e^x\Big|_0^1=-\frac{e}{2}+e-1=\frac{e}{2}-1.$$

⑤ 原式 $=\int_{-2}^0 x^2dx+\int_0^1 x\,dx+\int_1^2 x^2dx=\frac{x^3}{3}\Big|_{-2}^0+\frac{x^2}{2}\Big|_0^1+\frac{x^3}{3}\Big|_1^2=\frac{11}{2}.$

⑥ 原式 $=\int_{-\frac{1}{2}}^{\frac{1}{2}}\frac{\sin x}{x^8+1}dx+\int_{-\frac{1}{2}}^{\frac{1}{2}}|\ln(1+x)|\,dx=\int_{-\frac{1}{2}}^{\frac{1}{2}}|\ln(1+x)|\,dx$

$$=-\int_{-\frac{1}{2}}^0\ln(1+x)\,dx+\int_0^{\frac{1}{2}}\ln(1+x)\,dx$$

$$=-\left[x\ln(1+x)\Big|_{-\frac{1}{2}}^0-\int_{-\frac{1}{2}}^0\frac{x}{1+x}dx\right]+x\ln(1+x)\Big|_0^{\frac{1}{2}}-\int_0^{\frac{1}{2}}\frac{x}{1+x}dx$$

$$=-\frac{1}{2}\ln 2+\left[\frac{1}{2}-|n(1+x)\Big|_{-\frac{1}{2}}^0\right]+\frac{1}{2}\ln 3-\frac{1}{2}+\ln(1+x)\Big|_0^{\frac{1}{2}}$$

$$=\frac{3}{2}\ln\frac{3}{2}-\frac{1}{2}\ln 2.$$

(2) 令 $x=\pi-t$，则 $dx=-dt$.

$$I_n=\int_0^{\pi}x\sin^n x\,dx=-\int_{\pi}^0(\pi-t)\sin^n t\,dt=\int_0^{\pi}\pi\sin^n t\,dt-\int_0^{\pi}t\sin^n t\,dt$$

所以
$$I_n=\frac{\pi}{2}\int_0^{\pi}\sin^n x\,dx$$

由于
$$\int_0^{\pi}\sin^n x\,dx=2\int_0^{\frac{\pi}{2}}\sin^n t\,dt$$

因此
$$I_n=\frac{\pi}{2}\int_0^{\pi}\sin^n x\,dx=\pi\int_0^{\frac{\pi}{2}}\sin^n x\,dx$$

$$=\begin{cases}\dfrac{n-1}{n}\cdot\dfrac{n-3}{n-2}\cdots\dfrac{2}{3}\pi, & n\text{ 为奇数；}\\[2ex] \dfrac{n-1}{n}\cdot\dfrac{n-3}{n-2}\cdots\dfrac{1}{2}\cdot\dfrac{\pi^2}{2}, & n\text{ 为偶数.}\end{cases}$$

(3) 令 $tx=u$，则 $\mathrm{d}t=\frac{1}{x}\mathrm{d}u$. 所以 $f(x)=\frac{1}{x}\int_0^x f(u)\,\mathrm{d}t-x\sin x$，即

$$xf(x)=\int_0^x f(u)\,\mathrm{d}t-x^2\sin x$$

两端求导 $f(x)+xf'(x)=f(x)-2x\sin x-x^2\cos x$，得

$$f'(x)=-2\sin x-x\cos x$$

所以 $\int f'(x)\,\mathrm{d}x=\int -2\sin x\,\mathrm{d}x-\int x\cos x\mathrm{d}x=2\cos x-\int x\mathrm{d}\sin x$

$$=2\cos x-x\sin x+\int \sin x\mathrm{d}x=\cos x-x\sin x+C$$

因此 $f(x)=\cos x-x\sin x+C$

4. **证明** (1) $f(x)-f(a)=f'(\xi)(x-a)\qquad \xi\in(a,x)$.

由题意 $f(x)\leqslant M(x-a)$

所以 $\int_a^b f(x)\,\mathrm{d}x\leqslant\int_a^b M(x-a)\,\mathrm{d}x=\frac{M}{2}(x-a)^2\Big|_a^b=\frac{M}{2}(b-a)^2$.

(2) $\int_0^a f(x)\,\mathrm{d}x-a\int_0^1 f(x)\,\mathrm{d}x=\int_0^a f(x)\,\mathrm{d}x-a\int_0^a f(x)\,\mathrm{d}x-a\int_a^1 f(x)\,\mathrm{d}x$

$=(1-a)\int_0^a f(x)\,\mathrm{d}x-a\int_a^1 f(x)\,\mathrm{d}x$

$=(1-a)f(\xi)a-af(\eta)(1-a)$ （积分中值定理）

$=a(1-a)[f(\xi)-f(\eta)]\qquad \xi\in[0,a],\eta\in[a,1]$.

因为 $f(x)$ 单调不增，所以 $f(\xi)\geqslant f(\eta)$.

即 $a(1-a)[f(\xi)-f(\eta)]\geqslant 0$

因此 $\int_0^a f(x)\,\mathrm{d}x-a\int_0^1 f(x)\,\mathrm{d}x\geqslant 0$

命题得证.

(3) 令 $F(u)=\int_0^u f(t)\,\mathrm{d}t$，则 $F'(u)=f(u)$.

所以 $\int_0^x F(u)\,\mathrm{d}u=uF(u)\Big|_0^x-\int_0^x uF'(u)\,\mathrm{d}u$

$$=xF(x)-\int_0^x u\cdot F'(u)\,\mathrm{d}u=xF(x)-\int_0^x uf(u)\,\mathrm{d}u$$

$$=x\int_0^x f(t)\,\mathrm{d}t-\int_0^x tf(t)\,\mathrm{d}t=\int_0^x xf(t)\,\mathrm{d}t-\int_0^x tf(t)\,\mathrm{d}t$$

$$=\int_0^x (x-t)f(t)\,\mathrm{d}t=\int_0^x (x-u)f(u)\,\mathrm{d}u$$

命题得证.

《微积分教程》部分习题解答

习题 5 - 1

2. 将下列极限表示为定积分:

(1) $\lim\limits_{n\to\infty}\left(\dfrac{n}{n^2+1}+\dfrac{n}{n^2+2^2}+\cdots+\dfrac{n}{n^2+n^2}\right)$;

(2) $\lim\limits_{n\to\infty}\dfrac{1}{n}\left(\sqrt{1+\dfrac{1}{n}}+\sqrt{1+\dfrac{2}{n}}+\cdots+\sqrt{1+\dfrac{n}{n}}\right)$;

(3) $\lim\limits_{n\to\infty}\left(\sin\dfrac{\pi}{n}+\sin\dfrac{2\pi}{n}+\cdots+\sin\dfrac{(n-1)\pi}{n}\right)$.

解 (1) $\lim\limits_{n\to\infty}\left(\dfrac{n}{n^2+1}+\dfrac{n}{n^2+2^2}+\cdots+\dfrac{n}{n^2+n^2}\right)$

$$=\lim_{n\to\infty}\left(\frac{\frac{1}{n}}{1+\left(\frac{1}{n}\right)^2}+\frac{\frac{1}{n}}{1+\left(\frac{2}{n}\right)^2}+\cdots+\frac{\frac{1}{n}}{1+\left(\frac{n}{n}\right)^2}\right)$$

$$=\lim_{n\to\infty}\sum_{i=1}^{n}\left(\frac{1}{1+\left(\frac{i}{n}\right)^2}\cdot\frac{1}{n}\right)=\int_0^1\frac{1}{1+x^2}\mathrm{d}x;$$

(2) $\lim\limits_{n\to\infty}\dfrac{1}{n}\left(\sqrt{1+\dfrac{1}{n}}+\sqrt{1+\dfrac{2}{n}}+\cdots+\sqrt{1+\dfrac{n}{n}}\right)$

$$=\lim_{n\to\infty}\sum_{i=1}^{n}\left(\sqrt{1+\frac{i}{n}}\cdot\frac{1}{n}\right)=\int_0^1\sqrt{1+x}\,\mathrm{d}x;$$

(3) $\lim\limits_{n\to\infty}\dfrac{1}{n}\left(\sin\dfrac{\pi}{n}+\sin\dfrac{2\pi}{n}+\cdots+\sin\dfrac{(n-1)\pi}{n}\right)$

$$=\lim_{n\to\infty}\frac{1}{n}\left(\sin\pi\frac{1}{n}+\sin\pi\frac{2}{n}+\cdots+\sin\pi\frac{(n-1)}{n}\right)$$

$$=\lim_{n\to\infty}\sum_{i=1}^{n}\left(\sin\pi\frac{i}{n}\cdot\frac{1}{n}\right)=\int_0^1\sin\pi x\mathrm{d}x.$$

或 $\lim\limits_{n\to\infty}\dfrac{1}{n}\left(\sin\dfrac{\pi}{n}+\sin\dfrac{2\pi}{n}+\cdots+\sin\dfrac{(n-1)\pi}{n}\right)$

$$=\lim_{n\to\infty}\frac{1}{\pi}\frac{\pi}{n}\left(\sin\frac{\pi}{n}+\sin\frac{2\pi}{n}+\cdots+\sin\frac{(n-1)\pi}{n}\right)$$

$$= \frac{1}{\pi}\lim_{n\to\infty}\sum_{i=1}^{n}\left(\sin\frac{i\pi}{n}\cdot\frac{\pi}{n}\right) = \frac{1}{\pi}\int_0^{\pi}\sin x\mathrm{d}x.$$

3. 设$f(x)$是连续函数,且$f(x) = x + 1 + 2\int_0^1 f(t)\mathrm{d}t$,求$f(x)$.

解 因定积分$\int_0^1 f(t)\mathrm{d}t$是个数值,不妨设$\int_0^1 f(t)\mathrm{d}t = A$,则

$$f(x) = x + 1 + 2A$$

将上式两端在[0,1]上积分:

$$\int_0^1 f(t)\mathrm{d}t = \int_0^1 (t + 1 + 2A)\mathrm{d}t = \frac{3}{2} + 2A = A$$

便得$A = -\frac{3}{2}$,所以$f(x) = x - 2$.

7. 设$f(x)$,$g(x)$是区间$[a,b]$上的连续函数,且$g(x)>0$. 证明:至少存在一点$\xi\in[a,b]$,使$\int_a^b f(x)g(x)\mathrm{d}x = f(\xi)\int_a^b g(x)\mathrm{d}x$.

证明 由于$f(x)$在$[a,b]$上连续,则必存在最大值M和最小值m,因$g(x)>0$,故有$mg(x)\leqslant f(x)g(x)\leqslant g(x)M$,$x\in[a,b]$. 积分得

$$m\int_a^b g(x)\mathrm{d}x \leqslant \int_a^b f(x)g(x)\mathrm{d}x \leqslant M\int_a^b g(x)\mathrm{d}x$$

由$g(x)>0$,得$\int_a^b g(x)\mathrm{d}x > 0$,于是有

$$m \leqslant \frac{\int_a^b f(x)g(x)\mathrm{d}x}{\int_a^b g(x)\mathrm{d}x} \leqslant M$$

由介值定理知道在区间$[a,b]$上至少存在一点ξ,使得$f(\xi) = \dfrac{\int_a^b f(x)g(x)\mathrm{d}x}{\int_a^b g(x)\mathrm{d}x}$,即得

$$\int_a^b f(x)g(x)\mathrm{d}x = f(\xi)\int_a^b g(x)\mathrm{d}x$$

习题 5-2

2. 求由参数表示式$x = \int_0^t \sin u\mathrm{d}u$,$y = \int_0^t \cos u\mathrm{d}u$所确定的函数$y$对$x$的导数$\frac{\mathrm{d}y}{\mathrm{d}x}$.

解 由题意有$\frac{\mathrm{d}x}{\mathrm{d}t} = \sin t$,$\frac{\mathrm{d}y}{\mathrm{d}t} = \cos t$,因此有$\frac{\mathrm{d}y}{\mathrm{d}x} = \frac{\cos t}{\sin t} = \cot t$.

3. 求由$\int_0^y e^t dt+\int_0^x \cos t dt=0$所决定的隐函数$y$对$x$的导数$\frac{dy}{dx}$.

解 方程两边同时对x求导，得$e^y\cdot\frac{dy}{dx}+\cos x=0$，故有$\frac{dy}{dx}=-\frac{\cos x}{e^y}$. 再计算方程左侧积分得$e^t\Big|_0^y+\sin t\Big|_0^x=0$，即$e^y-1+\sin x=0$，因此有

$$\frac{dy}{dx}=-\frac{\cos x}{e^y}=\frac{\cos x}{\sin x-1}$$

4. 当x为何值时，函数$f(x)=\int_0^x te^{-t^2}$有极值？

解 由$f'(x)=xe^{-x^2}=0$，得驻点$x=0$，当$x>0$时，$f'(x)>0$，$f(x)$单增；当$x<0$时，$f'(x)<0$，$f(x)$单减. 故$x=0$为函数$f(x)$的极小值点.

5. 设连续函数$f(x)$满足$\int_0^{x^3-1} f(t)dt=x-1$. 求$f(7)$.

解 首先求解函数$f(x)$的表达式，对方程$\int_0^{x^3-1} f(t)dt=x-1$两边同时求导，得

$f(x^3-1)\cdot 3x^2=1$，即$f(x^3-1)=\frac{1}{3x^2}$. 显然，当$x=2$时，有$f(7)=\frac{1}{12}$.

6. 求下列极限：

(1) $\lim\limits_{x\to 0}\frac{\int_0^x \cos t^2 dt}{x}$；　　(2) $\lim\limits_{x\to+\infty}\frac{\int_0^x (\arctan t)^2 dt}{\sqrt{x^2+1}}$；

(3) $\lim\limits_{x\to+\infty}\frac{\left(\int_0^x e^{t^2}dt\right)^2}{\int_0^x e^{2t^2}dt}$；　　(4) $\lim\limits_{x\to 0}\frac{\int_0^x (1-\tan 2t)^{\frac{1}{t}}dt}{x}$.

解 (1) $\lim\limits_{x\to 0}\frac{\int_0^x \cos t^2 dt}{x}=\lim\limits_{x\to 0}\frac{\cos x^2}{1}=1$.

(2) $\lim\limits_{x\to+\infty}\frac{\int_0^x (\arctan t)^2 dt}{\sqrt{x^2+1}}=\lim\limits_{x\to 0}\frac{(\arctan x)^2}{\frac{x}{\sqrt{x^2+1}}}=\frac{\pi^2}{4}$.

(3) $\lim\limits_{x\to+\infty}\frac{\left(\int_0^x e^{t^2}dt\right)^2}{\int_0^x e^{2t^2}dt}=\lim\limits_{x\to+\infty}\frac{2\left(\int_0^x e^{t^2}dt\right)\cdot e^{x^2}}{e^{2x^2}}=\lim\limits_{x\to+\infty}\frac{2\int_0^x e^{t^2}dt}{e^{x^2}}=\lim\limits_{x\to+\infty}\frac{2e^{x^2}}{e^{x^2}\cdot 2x}=0$.

(4) $\lim\limits_{x\to 0}\dfrac{\int_0^x (1-\tan 2t)^{\frac{1}{t}}\mathrm{d}t}{x} = \lim\limits_{x\to 0}(1-\tan 2x)^{\frac{1}{x}} = \lim\limits_{x\to 0}[1+\tan(-2x)]^{\frac{1}{-2x}\cdot(-2)} = \mathrm{e}^{-2}$.

7. 设函数 $f(x)=\begin{cases}\dfrac{1}{x^3}\int_0^x \sin t^2\mathrm{d}t, x\neq 0;\\ a, \qquad x=0.\end{cases}$ 在 $x=0$ 处连续,求 a 的值.

解 由 $x=0$ 处连续，则有

$$\lim_{x\to 0^+}\frac{1}{x^3}\int_0^x \sin t^2\mathrm{d}t = \lim_{x\to 0^+}\frac{\sin x^2}{3x^2} = \lim_{x\to 0^+}\frac{\cos x^2\cdot 2x}{3\cdot 2x} = \frac{1}{3} = a$$

8. 设 $f(x)$ 在 $[a,b]$ 上连续,在 (a,b) 内可导且 $f'(x)\leqslant 0$,且 $F(x)=\dfrac{1}{x-a}\int_a^x f(t)\mathrm{d}t$. 证明在 (a,b) 内有 $F'(x)\leqslant 0$.

证明 由题设

$$F'(x) = \frac{f(x)(x-a)-\int_a^x f(t)\mathrm{d}t}{(x-a)^2}$$

由积分中值定理，存在一点 $\xi\in[a,x]$，使得 $\int_a^x f(t)\mathrm{d}t = f(\xi)\cdot(x-a)$，故有

$$F'(x) = \frac{f(x)-f(\xi)}{x-a} = \frac{f'(\eta)(x-\xi)}{x-a},\quad \eta\in(\xi,x)$$

则由题意有 $f'(\eta)\leqslant 0$，而 $x-a>0$，$x-\xi\geqslant 0$，故有 $F'(x)\leqslant 0$ 成立.

9. 设 $f(x)$ 在 $[a,b]$ 上连续，且 $f(x)>0$，又 $F(x)=\int_a^x f(t)\mathrm{d}t+\int_b^x \dfrac{1}{f(t)}\mathrm{d}t$. 证明方程 $F(x)=0$ 在 $[a,b]$ 内仅有一个根.

证明 由已知得 $F(x)$ 在 $[a,b]$ 上连续，且 $F(a)=\int_a^a f(t)\mathrm{d}t+\int_b^a \dfrac{1}{f(t)}\mathrm{d}t = -\int_a^b \dfrac{1}{f(t)}\mathrm{d}t<0$,

$F(b)=\int_a^b f(t)\mathrm{d}t+\int_b^b \dfrac{1}{f(t)}\mathrm{d}t=\int_a^b f(t)\mathrm{d}t>0$,故由零点定理得在 $[a,b]$ 存在一点 ξ 使得 $F(\xi)=0$.

又因为 $F'(x)=f(x)+\dfrac{1}{f(x)}>0$，即 $F(x)$ 为严格单增函数，因此 ξ 的取值是唯一的.

11. 设 $f(x)=\begin{cases}\dfrac{1}{2}\sin x, 0\leqslant x\leqslant \pi;\\ 0, x<0 \text{ 或 } x>\pi.\end{cases}$ 求 $\varphi(x)=\int_0^x f(t)\mathrm{d}t$ 在 $(-\infty,+\infty)$ 内的表达式.

解 当 $x<0$ 时,$\varphi(x)=\int_0^x f(t)\mathrm{d}t=\int_0^x 0\mathrm{d}t=0$;

当 $0\leqslant x\leqslant\pi$ 时,$\varphi(x)=\int_0^x f(t)\mathrm{d}t=\int_0^x \dfrac{1}{2}\sin t\mathrm{d}t=-\dfrac{1}{2}\cos t\Big|_0^x=-\dfrac{1}{2}\cos x+\dfrac{1}{2}$;

当 $x>\pi$ 时,$\varphi(x)=\int_0^x f(t)\mathrm{d}t=\int_0^{\pi}\frac{1}{2}\sin t\mathrm{d}t+\int_{\pi}^{x}0\mathrm{d}t=-\frac{1}{2}\cos t\Big|_0^{\pi}$

$$=-\frac{1}{2}\cos\pi+\frac{1}{2}\cos 0=1.$$

因此
$$\varphi(x)=\begin{cases}0, x<0;\\ \frac{1}{2}(1-\cos x), 0\leqslant x\leqslant\pi;\\ 1, x\geqslant\pi.\end{cases}$$

12. 利用定积分求下列极限:

(1) $\lim\limits_{n\to\infty}\left(\frac{1}{n+1}+\frac{1}{n+2}+\cdots+\frac{1}{n+n}\right)$;

(2) $\lim\limits_{n\to\infty}\frac{1}{n^2}(\sqrt{n}+\sqrt{2n}+\cdots\sqrt{n^2})$.

解 (1) 原式 $=\lim\limits_{n\to\infty}\sum\limits_{i=1}^{n}\left(\frac{1}{1+\frac{i}{n}}\cdot\frac{1}{n}\right)=\int_0^1\frac{1}{1+x}\mathrm{d}x=\ln(1+x)\Big|_0^1=\ln 2.$

(2) 原式 $=\lim\limits_{n\to\infty}\sum\limits_{i=1}^{n}\left(\sqrt{\frac{i}{n}}\cdot\frac{1}{n}\right)=\int_0^1\sqrt{x}\mathrm{d}x=\frac{2}{3}x^{\frac{3}{2}}\Big|_0^1=\frac{2}{3}.$

习题 5-3

4. 证明 $\int_x^1\frac{1}{1+x^2}\mathrm{d}x=\int_1^{\frac{1}{x}}\frac{1}{1+x^2}\mathrm{d}x\quad(x>0)$.

证明 令 $x=\frac{1}{t}$, 则 $\mathrm{d}x=-\frac{1}{t^2}\mathrm{d}t$, 当 $x=x$ 时 $t=\frac{1}{x}$, 当 $x=1$ 时 $t=1$, 于是

$$\int_x^1\frac{\mathrm{d}x}{1+x^2}=\int_{\frac{1}{x}}^1\frac{1}{1+\frac{1}{t^2}}\cdot\left(-\frac{1}{t^2}\right)\mathrm{d}t=\int_1^{\frac{1}{x}}\frac{1}{1+t^2}\mathrm{d}t$$

而
$$\int_1^{\frac{1}{x}}\frac{1}{1+t^2}\mathrm{d}t=\int_1^{\frac{1}{x}}\frac{1}{1+x^2}\mathrm{d}x$$

所以
$$\int_x^1\frac{\mathrm{d}x}{1+x^2}=\int_1^{\frac{1}{x}}\frac{\mathrm{d}x}{1+x^2}$$

5. 证明 $\int_0^1 x^m(1-x)^n\mathrm{d}x=\int_0^1 x^n(1-x)^m\mathrm{d}x\ (m,n\in N)$.

证明 令 $1-x=t$, 则 $\int_0^1 x^m(1-x)^n\mathrm{d}x=-\int_1^0(1-t)^m t^n\mathrm{d}t$

$$=\int_0^1(1-t)^m t^n\mathrm{d}t=\int_0^1 x^n(1-x)^m\mathrm{d}x,$$

即 $$\int_0^1 x^m(1-x)^n\mathrm{d}x = \int_0^1 x^n(1-x)^m\mathrm{d}x$$

6. 证明$\int_0^{\pi}\sin^n x\mathrm{d}x = 2\int_0^{\frac{\pi}{2}}\sin^n x\mathrm{d}x$.

证明 $$\int_0^{\pi}\sin^n x\mathrm{d}x = \int_0^{\frac{\pi}{2}}\sin^n x\mathrm{d}x + \int_{\frac{\pi}{2}}^{\pi}\sin^n x\mathrm{d}x,$$

而 $$\int_{\frac{\pi}{2}}^{\pi}\sin^n x\mathrm{d}x \xlongequal{\text{令 } x=\pi-t} \int_{\frac{\pi}{2}}^{0}\sin^n(\pi-t)(-\mathrm{d}t) = \int_0^{\frac{\pi}{2}}\sin^n t\mathrm{d}t = \int_0^{\frac{\pi}{2}}\sin^n x\mathrm{d}x$$

所以 $$\int_0^{\pi}\sin^n x\mathrm{d}x = 2\int_0^{\frac{\pi}{2}}\sin^n x\mathrm{d}x$$

7. 若$f(x)$是连续函数,$F(x) = \int_0^x f(t)\mathrm{d}t$,试证:

(1)若$f(x)$为奇函数,则$F(x)$是偶函数;

(2)若$f(x)$为偶函数,则$F(x)$是奇函数.

证明 (1)若$f(t)$是连续函数且为奇函数,则$f(-t) = -f(t)$,从而

$$F(-x) = \int_0^{-x}f(t)\mathrm{d}t \xlongequal{\text{令 } t=-u} \int_0^{x}f(-u)(-1)\mathrm{d}u$$
$$= \int_0^x f(u)\mathrm{d}x = \int_0^x f(x)\mathrm{d}x = F(x)$$

即$F(x) = \int_0^x f(t)\mathrm{d}t$是偶函数.

(2)若$f(t)$是连续函数且为偶函数,则$f(-t) = f(t)$,从而

$$F(-x) = \int_0^{-x}f(t)\mathrm{d}t \xlongequal{\text{令 } t=-u} \int_0^{x}f(-u)(-1)\mathrm{d}u$$
$$= -\int_0^x f(u)\mathrm{d}x = -\int_0^x f(x)\mathrm{d}x = -F(x)$$

即$F(x) = \int_0^x f(t)\mathrm{d}t$是奇函数.

8. 设函数$f(x) = \begin{cases} x\mathrm{e}^{-x^2}, & x \geqslant 0; \\ \dfrac{1}{1+\cos x}, & -1 < x < 0. \end{cases}$ 计算$\int_1^4 f(x-2)\mathrm{d}x$.

解 令$x-2=t$,则

$$\int_1^4 f(x-2)\mathrm{d}x = \int_{-1}^2 f(t)\mathrm{d}t = \int_{-1}^0 \frac{1}{1+\cos t}\mathrm{d}t + \int_0^2 t\mathrm{e}^{-t^2}\mathrm{d}t$$
$$= \tan\frac{t}{2}\Big|_{-1}^0 - \frac{1}{2}\mathrm{e}^{-t^2}\Big|_0^2$$

$$= \tan\frac{1}{2} - \frac{1}{2}(e^{-4} - 1)$$

9. 设函数 $f(x)$ 在 $[-\pi,\pi]$ 上连续，且 $f(x) = \dfrac{x}{1+\cos^2 x} + \int_{-\pi}^{\pi} f(x)\sin x\mathrm{d}x$，求 $f(x)$.

解 令 $\int_{-\pi}^{\pi} f(x)\sin x\mathrm{d}x = C$，则 $f(x) = \dfrac{x}{1+\cos^2 x} + C$，于是

$$\int_{-\pi}^{\pi} f(x)\sin x\mathrm{d}x = \int_{-\pi}^{\pi} \frac{x\sin x}{1+\cos^2 x} + C\sin x\mathrm{d}x = \int_{-\pi}^{\pi} \frac{x\sin x}{1+\cos^2 x}\mathrm{d}x$$

$$= 2\int_0^{\pi} \frac{x\sin x}{1+\cos^2 x}\mathrm{d}x = 2\cdot\frac{\pi}{2}\int_0^{\pi} \frac{\sin x}{1+\cos^2 x}\mathrm{d}x$$

$$= -\pi\int_0^{\pi} \frac{\mathrm{d}\cos x}{1+\cos^2 x} = -\pi\cdot\arctan(\cos x)\Big|_0^{\pi} = \frac{\pi^2}{2}$$

所以 $f(x) = \dfrac{x}{1+\cos^2 x} + \dfrac{\pi^2}{2}$.

习题 5 - 4

2. 已知 $f(0) = 1, f(2) = 3, f'(2) = 5$，求 $\int_0^2 xf''(x)\mathrm{d}x$.

解 由 $\int_0^2 xf''(x)\mathrm{d}x = \int_0^2 x\mathrm{d}f'(x) = x\cdot f'(x)\Big|_0^2 - \int_0^2 f'(x)\mathrm{d}x$

$$= x\cdot f'(x)\Big|_0^2 - f(x)\Big|_0^2$$

$$= 2f'(x) - f(2) + f(0).$$

将 $f(0) = 1, f(2) = 3, f'(2) = 5$ 代入上式，得 $\int_0^2 x f''(x)\mathrm{d}x = 8$.

3. 利用分部积分法证明

$$\int_0^x f(u)(x-u)\mathrm{d}u = \int_0^x \left[\int_0^u f(t)\mathrm{d}t\right]\mathrm{d}u$$

证明 $\int_0^x \left[\int_0^u f(t)\mathrm{d}t\right]\mathrm{d}u = u\int_0^u f(t)\mathrm{d}t\Big|_0^x - \int_0^x u\mathrm{d}\left[\int_0^u f(t)\mathrm{d}t\right] = x\int_0^x f(t)\mathrm{d}t - \int_0^x u\cdot f(u)\mathrm{d}u$

$$= \int_0^x xf(u)\mathrm{d}u - \int_0^x uf(u)\mathrm{d}u = \int_0^x (x-u)f(u)\mathrm{d}u$$

习题 5 - 5

2. 讨论反常积分 $\int_2^{+\infty} \dfrac{\mathrm{d}x}{x(\ln x)^k}$，$k$ 为何值时收敛；k 为何值时发散.

解 当 $k<1$ 时，$\int_2^{+\infty}\frac{dx}{x(\ln x)^k}=\int_2^{+\infty}\frac{1}{(\ln x)^k}d\ln x=\frac{1}{1-k}(\ln x)^{-k+1}\Big|_2^{+\infty}=+\infty$；

当 $k=1$ 时，$\int_2^{+\infty}\frac{dx}{x(\ln x)^k}=\int_2^{+\infty}\frac{1}{\ln x}d\ln x=\ln(\ln x)\Big|_2^{+\infty}=+\infty$；

当 $k>1$ 时，$\int_2^{+\infty}\frac{dx}{x(\ln x)^k}=\int_2^{+\infty}\frac{1}{(\ln x)^k}d\ln x=\frac{1}{1-k}(\ln x)^{-k+1}\Big|_2^{+\infty}$

$$=\frac{1}{k-1}(\ln 2)^{1-k}.$$

因此当 $k>1$ 时，反常积分 $\int_2^{+\infty}\frac{dx}{x(\ln x)^k}$ 收敛于 $\frac{1}{k-1}(\ln 2)^{1-k}$，当 $k\leqslant 1$ 时发散.

3. 计算下列反常积分：

(1) $\int_0^1\frac{x}{\sqrt{1-x^2}}dx$；　　(2) $\int_0^2\frac{1}{(1-x)^2}dx$；

(3) $\int_1^2\frac{x}{\sqrt{x-1}}dx$；　　(4) $\int_1^e\frac{1}{x\sqrt{1-(\ln x)^2}}dx$.

解 (1) 这是无界函数的反常积分，$x=1$ 是被积函数的瑕点.

$$\int_0^1\frac{x}{\sqrt{1-x^2}}dx=-\sqrt{1-x^2}\Big|_0^1=\lim_{x\to1^-}(-\sqrt{1-x^2})+1=1.$$

(2) 这是无界函数的反常积分，$x=1$ 是被积函数的瑕点. 因为

$$\int_0^2\frac{dx}{(1-x)^2}=\int_0^1\frac{dx}{(1-x)^2}+\int_1^2\frac{dx}{(1-x)^2}$$

而
$$\int_0^1\frac{dx}{(1-x)^2}=\frac{1}{1-x}\Big|_0^1=\lim_{x\to1^-}\frac{1}{1-x}-1=+\infty$$

所以反常积分 $\int_0^2\frac{dx}{(1-x)^2}$ 发散.

(3) 这是无界函数的反常积分，$x=1$ 是被积函数的瑕点.

$$\int_1^2\frac{x\,dx}{\sqrt{x-1}}=\int_1^2\left(\sqrt{x-1}+\frac{1}{\sqrt{x-1}}\right)dx=\left[\frac{2}{3}(x-1)^{\frac{3}{2}}+2\sqrt{x-1}\right]\Big|_1^2$$

$$=\frac{8}{3}-\lim_{x\to1^+}\left[\frac{2}{3}(x-1)^{\frac{3}{2}}+2\sqrt{x-1}\right]=2\frac{2}{3}.$$

所以反常积分收敛.

(4) 这是无界函数的反常积分，$x=e$ 是被积函数的瑕点.

$$\int_1^e\frac{dx}{x\sqrt{1-(\ln x)^2}}=\int_1^e\frac{1}{\sqrt{1-(\ln x)^2}}d\ln x=\arcsin(\ln x)\Big|_1^e$$

$$=\lim_{x\to e^-}\arcsin(\ln x)=\frac{\pi}{2}.$$

所以反常积分收敛.

4. 讨论反常积分$\int_a^b \frac{\mathrm{d}x}{(b-x)^k}(b>a)$,$k$ 为何值时收敛;k 为何值时发散.

解 当 $k=1$ 时

$$\int_a^b \frac{\mathrm{d}x}{b-x} = \lim_{\varepsilon\to 0^+}\int_a^{b-\varepsilon} \frac{\mathrm{d}x}{b-x} = \lim_{\varepsilon\to 0^+} -\ln|b-x|\Big|_a^{b-\varepsilon}$$

$$= \lim_{\varepsilon\to 0^+}(-\ln\varepsilon + \ln|b-a|) = \infty$$

当 $k\neq 1$ 时

$$\int_a^b \frac{\mathrm{d}x}{(b-x)^k} = \lim_{\varepsilon\to 0^+}\int_a^{b-\varepsilon} \frac{\mathrm{d}x}{(b-x)^k} = \lim_{\varepsilon\to 0^+} \frac{(b-x)^{-k+1}}{k-1}\Big|_a^{b-\varepsilon}$$

$$= \lim_{\varepsilon\to 0^+}\frac{1}{k-1}[\varepsilon^{-k+1}-(b-a)^{-k+1}]$$

$$= \begin{cases} \dfrac{(b-a)^{1-k}}{1-k}, & k<1 \\ \infty, & k>1 \end{cases}$$

综上,当 $k<1$ 时,收敛于$\frac{(b-a)^{1-k}}{1-k}$;当 $k\geqslant 1$ 时发散.

第6章　定积分的应用

6.1　知 识 要 点

6.1.1　微元法

本章要求熟练运用微元法解决一些简单的几何问题(平面图形的面积、旋转体的体积、平行截面面积为已知的立体体积、平面曲线的弧长、旋转体的侧面积)与物理问题(功、引力以及液体的侧压力等).

6.1.2　定积分在几何中的应用

1. 平面图形的面积

平面图形的面积见表6－1.

表6－1　平面图形的面积

直角坐标系	由连续曲线 $y=f(x)$, $y=g(x)$ 和直线 $x=a$, $x=b(a<b)$ 围成的平面图形的面积(在区间 $[a,b]$ 上 $g(x)\leqslant f(x)$) $A=\int_a^b[f(x)-g(x)]\mathrm{d}x$	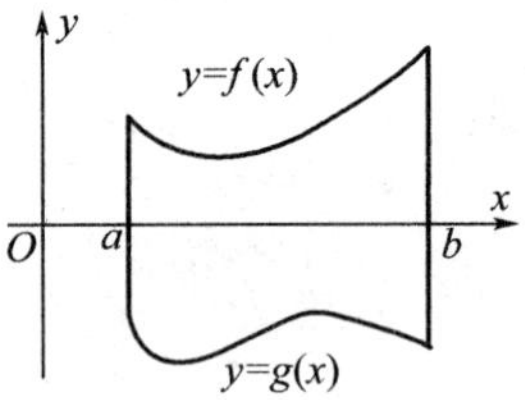
直角坐标系	由连续曲线 $x=\varphi(y)$, $x=\psi(y)$ 和直线 $y=c$, $y=d(c<d)$ 围成的平面图形的面积(在 $[c,d]$ 上 $\psi(y)\leqslant\varphi(y)$) $A=\int_c^d[\varphi(y)-\psi(y)]\mathrm{d}y$	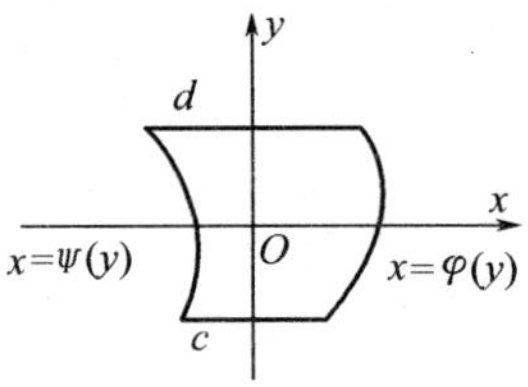

表 6－1(续)

极坐标系	由$[\alpha,\beta]$上的连续曲线弧 $r=r(\theta)$，$\alpha\leqslant\theta\leqslant\beta$，射线 $\theta=\alpha$ 以及 $\theta=\beta$ 所围图形的面积 $A=\dfrac{1}{2}\int_{\alpha}^{\beta}r^2(\theta)\mathrm{d}\theta$	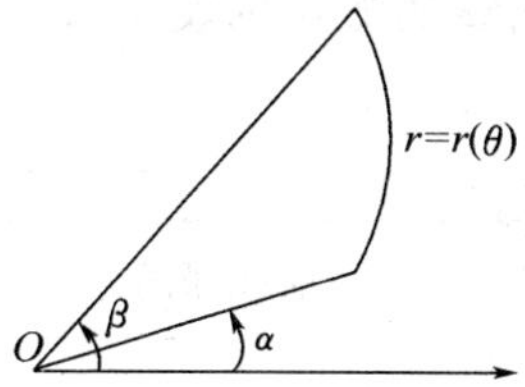
	由曲线弧 $r_1=r_1(\theta)$，$r_2=r_2(\theta)$，射线 $\theta=\alpha$ 以及 $\theta=\beta(\alpha<\beta)$ 所围平面图形的面积 $A=\dfrac{1}{2}\int_{\alpha}^{\beta}[r_2^2(\theta)-r_1^2(\theta)]\mathrm{d}\theta$	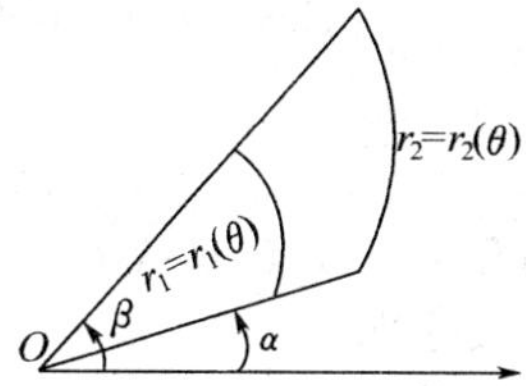

2. 立体的体积

立体的体积见表 6－2.

表 6－2　立体的体积

旋转体的体积	由连续曲线 $y=f(x)$、直线 $x=a$、$x=b$ 及 x 轴所围成的曲边梯形绕 x 轴旋转一周而成的旋转体的体积 $V=\int_a^b\pi[f(x)]^2\mathrm{d}x$	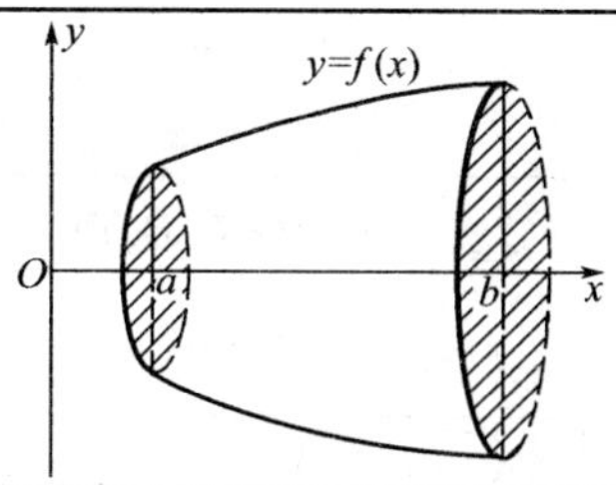
旋转体的体积	由连续曲线 $x=\varphi(y)$、直线 $y=c$、$y=d(c<d)$ 及 y 轴所围成的曲边梯形，绕 y 轴旋转一周而成的旋转体的体积为 $V=\int_c^d\pi[\varphi(y)]^2\mathrm{d}y$	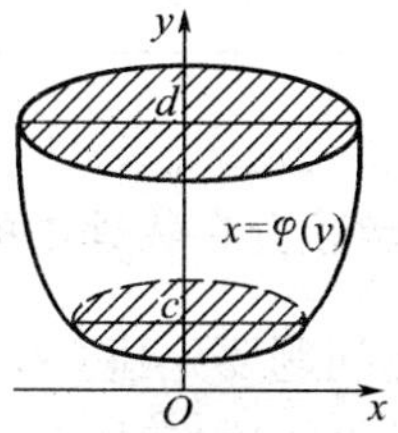
平行截面面积为已知的立体的体积	设立体在过点 $x=a$、$x=b$ 且垂直于 x 轴的两个平面之间，以 $A(x)$ 表示过点 x 且垂直于 x 轴的截面面积. 假定 $A(x)$ 为 x 的已知的连续函数，此时，所求立体的体积为 $V=\int_a^bA(x)\mathrm{d}x$	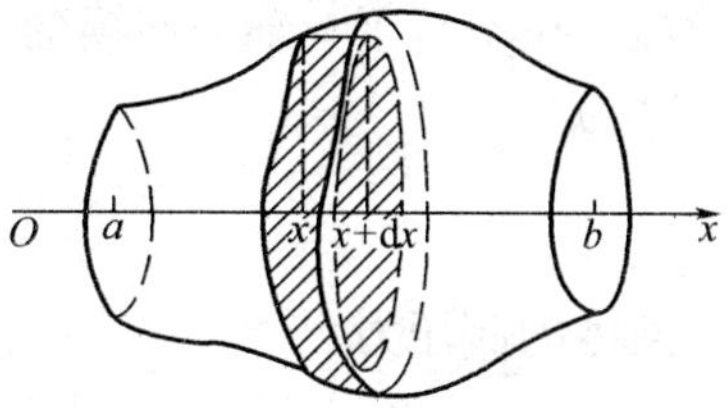

3. 平面曲线的弧长

平面曲线的弧长见表 6 – 3.

表 6 – 3　平面曲线的弧长

曲线弧的方程	弧长公式
参数方程$\begin{cases}x=\varphi(t)\\y=\psi(t)\end{cases}$,$(\alpha\leqslant t\leqslant\beta)$,其中 $\varphi(t)$,$\psi(t)$ 在$[\alpha,\beta]$上具有连续导数.	$s=\int_{\alpha}^{\beta}\sqrt{\varphi'^2(t)+\psi'^2(t)}\,\mathrm{d}t$
直角坐标方程 $y=f(x)$ $(a\leqslant x\leqslant b)$,其中$f(x)$在$[a,b]$上具有一阶连续导数.	$s=\int_a^b\sqrt{1+y'^2}\,\mathrm{d}x$
极坐标方程 $r=r(\theta)$ $(\alpha\leqslant\theta\leqslant\beta)$,其中 $r(\theta)$ 在$[\alpha,\beta]$上具有连续导数.	$s=\int_{\alpha}^{\beta}\sqrt{r^2(\theta)+r'^2(\theta)}\,\mathrm{d}\theta$

4. 旋转体的侧面积

旋转体的侧面积是由光滑曲线段 Γ 绕 x 轴(或 y 轴)旋转生成的曲面的面积,见表 6 – 4.

表 6 – 4　旋转体的侧面积

光滑曲线 Γ 的方程	Γ 绕 x 轴旋转生成的曲面的侧面积
$y=f(x)$,$x\in[a,b]$	$A=2\pi\int_a^b\lvert f(x)\rvert\sqrt{1+[f'(x)]^2}\,\mathrm{d}x.$
$x=x(t)$,$y=y(t)$ $(\alpha\leqslant t\leqslant\beta)$	$A=2\pi\int_{\alpha}^{\beta}\lvert y(t)\rvert\sqrt{[x'(t)]^2+[y'(t)]^2}\,\mathrm{d}t.$

6.1.3　定积分在物理中的应用

研究此类问题要先建立坐标系,将物理问题转化为数学问题.

1. 变力沿直线段作功

设质点在平行于 x 轴的连续变力 $F(x)$ 作用下沿 x 轴由 $x=a$ 移动到 $x=b$ 时,变力 $F(x)$ 所作的功为

$$W=\int_a^b F(x)\,\mathrm{d}x$$

2. 液体的侧压力

设由曲线 $y=f(x)$,$y=g(x)$ $[f(x)\geqslant g(x)]$ 及直线 $x=a$,$x=b$ $(a<b)$ (x 轴铅直向下)所围

平板铅直没入液体中,液面与 y 轴相齐,如图 6-1 所示,则平板一侧所受压力为

$$P = \int_a^b \rho g x[f(x) - g(x)]\mathrm{d}x$$

其中,ρ 为液体的密度,g 是重力加速度.

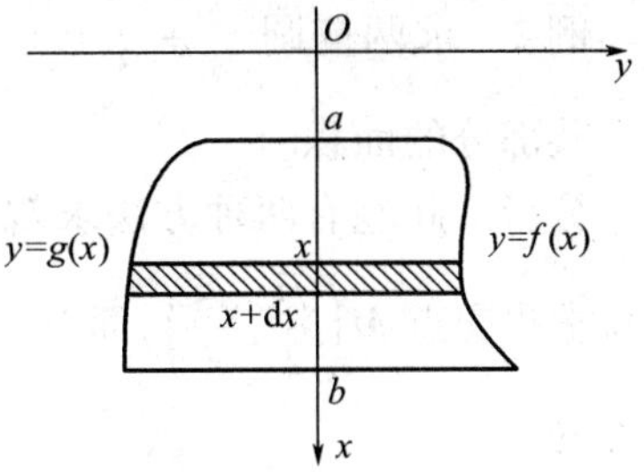

图 6-1

3. 引力

长为 l,线密度为 ρ 的均匀细棒对在棒的延长线上距棒的近端距离为 a 处的一个质量为 m 的质点的引力(引力系数为 G)为

$$F = \int_0^l \frac{Gm\rho}{(l+a-x)^2}\mathrm{d}x = \frac{Gm\rho l}{a(a+l)}$$

当引力的方向随微元的改变而改变时,需要将引力分解为横向与纵向两个分力,再分别利用微元法求出这两个方向上的引力(见例 13).

6.1.4 思考

对于质量不均匀的细棒如何求出它的质量呢?(见例 14)

6.2 典型例题

6.2.1 微元法在几何上的应用

例 1 曲线 $y = \mathrm{e}^{-x}\sin x(0 \leqslant x \leqslant 3\pi)$ 与 x 轴所围成的面积可表示为(　　).

A. $-\int_0^{3\pi} \mathrm{e}^{-x}\sin x\mathrm{d}x$.

B. $\int_0^{3\pi} \mathrm{e}^{-x}\sin x\mathrm{d}x$.

C. $\int_0^{\pi} \mathrm{e}^{-x}\sin x\mathrm{d}x - \int_{\pi}^{2\pi} \mathrm{e}^{-x}\sin x\mathrm{d}x + \int_{2\pi}^{3\pi} \mathrm{e}^{-x}\sin x\mathrm{d}x$.

D. $\int_0^{2\pi} \mathrm{e}^{-x}\sin x\mathrm{d}x - \int_{2\pi}^{3\pi} \mathrm{e}^{-x}\sin x\mathrm{d}x$.

解 C.

分析 当 $0 \leqslant x \leqslant \pi$ 或 $2\pi \leqslant x \leqslant 3\pi$ 时,$y \geqslant 0$;当 $\pi \leqslant x \leqslant 2\pi$ 时,$y \leqslant 0$. 所以,曲线 $y = \mathrm{e}^{-x}\sin x$ $(0 \leqslant x \leqslant 3\pi)$ 与 x 轴所围成的面积为

$$\int_0^{\pi} \mathrm{e}^{-x}\sin x\mathrm{d}x - \int_{\pi}^{2\pi} \mathrm{e}^{-x}\sin x\mathrm{d}x + \int_{2\pi}^{3\pi} \mathrm{e}^{-x}\sin x\mathrm{d}x$$

例 2 求两椭圆 $x^2+\dfrac{y^2}{3}=1$ 与 $\dfrac{x^2}{3}+y^2=1$ 所围的公共部分的面积.

分析 此题有两种方法求解. 如图 6－2 所示，容易求出交点 $M\left(\dfrac{\sqrt{3}}{2},\dfrac{\sqrt{3}}{2}\right)$，而其它交点是关于点 M 对称的.

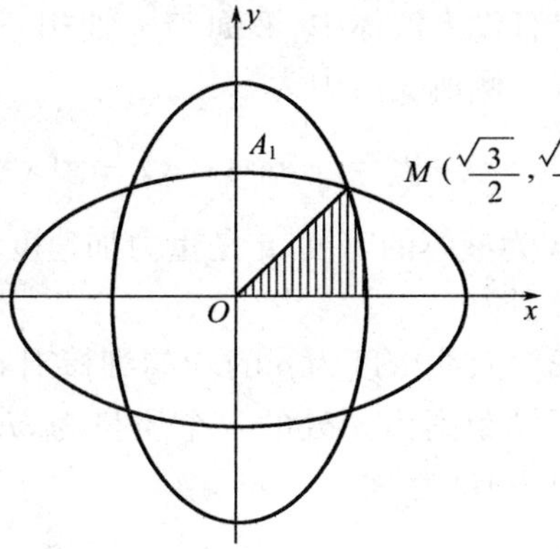

图 6－2

解 方法一：两个椭圆的非公共部分被坐标轴分成 8 个小区域，由对称性，每个小区域的面积相等，小区域 A_1 的面积为

$$A_1=\int_0^{\frac{\sqrt{3}}{2}}\left[\sqrt{3(1-x^2)}-\sqrt{1-\frac{x^2}{3}}\right]\mathrm{d}x$$

由于椭圆的面积为 $\sqrt{3}\pi$，且所求面积 A 与 A_1 之间有如下关系

$$8A_1+2A=2\sqrt{3}\pi$$

因此由上式即可求出两个椭圆的公共面积 A. 此种方法计算比较繁琐.

方法二：由对称性可知，所求面积等于图中阴影部分的 8 倍，而阴影部分的面积可以用计算面积的极坐标公式更简单地求出来. 椭圆 $x^2+\dfrac{y^2}{3}=1$ 的极坐标方程为

$$r^2=\frac{3}{3\cos^2\theta+\sin^2\theta}$$

再由对称性知，两个椭圆的公共部分面积为

$$A=8\cdot\frac{1}{2}\int_0^{\frac{\pi}{4}}r^2\mathrm{d}\theta=4\int_0^{\frac{\pi}{4}}\frac{3}{3\cos^2\theta+\sin^2\theta}\mathrm{d}\theta$$

$$=12\int_0^{\frac{\pi}{4}}\frac{1}{3+\tan^2\theta}\sec^2\theta\mathrm{d}\theta=\left[\frac{12}{\sqrt{3}}\arctan\left(\frac{1}{\sqrt{3}}\tan\theta\right)\right]_0^{\frac{\pi}{4}}=\frac{2\pi}{\sqrt{3}}$$

例 3 已知抛物线 $y=px^2+qx\ (p<0,q>0)$ 在第一象限内与直线 $x+y=5$ 相切，且此抛物线与 x 轴所围成的平面图形的面积为 S. 问 p,q 何值时 S 达到最大值？并求出此最大值.

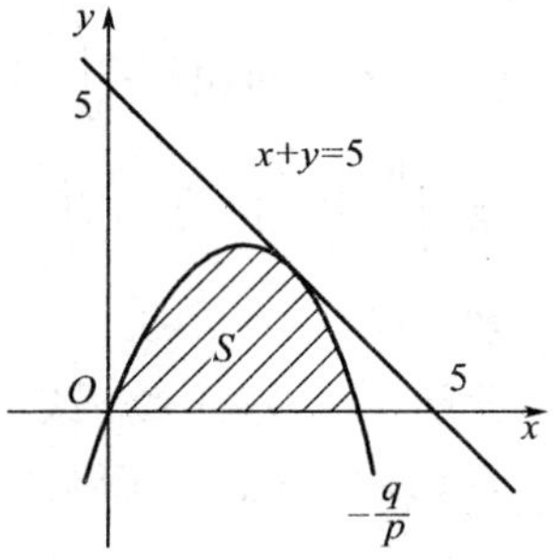

图 6－3

解 如图 6－3 所示，抛物线与 x 轴交点的横坐标为

$$x_1=0,x_2=-\frac{q}{p}$$

抛物线与 x 轴所围成的平面图形的面积

$$S=\int_0^{-\frac{q}{p}}(px^2+qx)\mathrm{d}x=\left[\frac{1}{3}px^3+\frac{1}{2}qx^2\right]_0^{-\frac{q}{p}}=\frac{q^3}{6p^2}$$

联立方程组$\begin{cases}x+y=5\\y=px^2+qx\end{cases}$得,$px^2+(q+1)x-5=0$,再令其判别式等于零,即

$$\Delta=(q+1)^2+20p=0$$

得

$$p=-\frac{1}{20}(q+1)^2$$

代入 S 的表达式,得

$$S(q)=\frac{200q^3}{3(q+1)^4}$$

令

$$S'(q)=\frac{200q^2(3-q)}{3(q+1)^5}=0$$

得

$$q=3$$

当 $0<q<3$ 时,$S'(q)>0$;当 $q>3$ 时,$S'(q)<0$. 于是当 $q=3$ 时,$S(q)$取极大值,也即最大值. 此时,$p=-\dfrac{4}{5}$,$S=\dfrac{225}{32}$.

例 4 求由曲线 $y=1-(x-1)^2$ 及直线 $y=0$ 围成图形绕 y 轴旋转而成的立体的体积.

解 将曲线 $y=1-(x-1)^2$ 表示成两部分,得

$$x=1\pm\sqrt{1-y}\,(0\leqslant y\leqslant 1)$$

所求的旋转体的体积 V 是两个旋转体的体积之差,得

$$V_1=\int_0^1\pi(1+\sqrt{1-y})^2\mathrm{d}y,\ V_2=\int_0^1\pi(1-\sqrt{1-y})^2\mathrm{d}y$$

$$V=V_1-V_2=\int_0^1\pi[(1+\sqrt{1-y})^2-(1-\sqrt{1-y})^2]\mathrm{d}y=\frac{8}{3}\pi$$

例 5 证明:由平面图形 $0\leqslant a\leqslant x\leqslant b$,$0\leqslant y\leqslant f(x)$绕 y 轴旋转所成的旋转体的体积为 $V=2\pi\int_a^b xf(x)\,\mathrm{d}x$.

证明 取 x 为积分变量,并在区间$[a,b]$上任取一小区间$[x,x+\mathrm{d}x]$,则以此小区间为底,以 $y=f(x)$为顶的小曲边梯形绕 y 轴旋转所成的旋转体是一个厚度为 $\mathrm{d}x$ 的空心圆柱体. 此空心圆柱体的体积微元为

$$\mathrm{d}V=\pi[(x+\mathrm{d}x)^2-x^2]f(x)=2\pi xf(x)\,\mathrm{d}x$$

因此

$$V=\int_a^b 2\pi xf(x)\,\mathrm{d}x=2\pi\int_a^b xf(x)\,\mathrm{d}x$$

例 6 有一立体,底面是长轴为 $2a$、短轴为 $2b$ 的椭圆,而垂直于长轴的截面是等边三角形,求其体积.

解 设底面椭圆的方程为

$$\frac{x^2}{a^2}+\frac{y^2}{b^2}=1$$

过 x 轴上的点作垂直于 x 轴的截面是正三角形,则其边长为

$$2y=2\cdot\frac{b}{a}\sqrt{a^2-x^2}$$

于是这个正三角形的面积为

$$A(x)=\frac{1}{2}\cdot\left(2\cdot\frac{b}{a}\sqrt{a^2-x^2}\right)\cdot\left(\sqrt{3}\cdot\frac{b}{a}\sqrt{a^2-x^2}\right)=\sqrt{3}\frac{b^2}{a^2}(a^2-x^2)$$

故所求体积为

$$V=\int_{-a}^{a}A(x)\mathrm{d}x=2\int_0^a\sqrt{3}\frac{b^2}{a^2}(a^2-x^2)\mathrm{d}x$$
$$=\frac{4\sqrt{3}}{3}ab^2$$

例 7 计算曲线 $r=a\mathrm{e}^{b\theta}(a>0,b>0)$ 从 $\theta=0$ 到 $\theta=\alpha(\alpha>0)$ 的弧长.

解 利用极坐标方程表示曲线的弧长公式,得

$$s=\int_0^{\alpha}\sqrt{r^2+r'^2}\mathrm{d}\theta=\int_0^{\alpha}a\mathrm{e}^{b\theta}\sqrt{1+b^2}\mathrm{d}\theta=\frac{a}{b}\sqrt{1+b^2}(\mathrm{e}^{b\alpha}-1)$$

例 8 求抛物线 $y=\frac{1}{2}x^2$ 被圆 $x^2+y^2=3$ 所截下的有限部分的弧长.

解 联立 $\begin{cases}y=\frac{1}{2}x^2\\x^2+y^2=3\end{cases}$ 解得抛物线与圆的两个交点为 $(-\sqrt{2},1)$,$(\sqrt{2},1)$. 由对称性知,所求弧长为

$$l=2\int_0^{\sqrt{2}}\sqrt{1+y'^2}\mathrm{d}x=2\int_0^{\sqrt{2}}\sqrt{1+x^2}\mathrm{d}x$$
$$=\sqrt{6}+\ln(\sqrt{2}+\sqrt{3})$$

例 9 设有曲线 $y=\sqrt{x-1}$,过原点作其切线,求以曲线、切线及 x 轴所围成的平面图形绕 x 轴旋转一周所得到的旋转体的表面积.

解 设切点为 $(x_0,\sqrt{x_0-1})$,则过原点的切线方程为

$$y=\frac{1}{2\sqrt{x_0-1}}x$$

把切点 $(x_0,\sqrt{x_0-1})$ 代入上式,得 $x_0=2$,$y_0=1$. 所以切线方程为

$$y = \frac{1}{2}x$$

由切线段 $y=\frac{1}{2}x(0\leqslant x\leqslant 2)$ 绕 x 轴旋转一周所得旋转体的表面积为

$$S_1 = \int_0^2 2\pi y\sqrt{1+y'^2}\,dx = \int_0^2 2\pi\cdot\frac{x}{2}\sqrt{1+\frac{1}{4}}\,dx = \sqrt{5}\pi$$

由曲线 $y=\sqrt{x-1}\,(1\leqslant x\leqslant 2)$ 绕 x 轴旋转一周所得旋转体的表面积为

$$S_2 = \int_1^2 2\pi y\sqrt{1+y'^2}\,dx = \int_1^2 2\pi\sqrt{x-1}\cdot\sqrt{1+\left(\frac{1}{2\sqrt{x-1}}\right)^2}\,dx$$

$$= \pi\int_1^2\sqrt{4x-3}\,dx = \frac{\pi}{6}(5\sqrt{5}-1)$$

因此,所求旋转体的表面积为 $S=S_1+S_2=\frac{1}{6}(11\sqrt{5}-1)\pi$.

6.2.2 微元法在物理上的应用

例 10 有一等腰梯形闸门,它的两条底边各长 10 m 和 6 m,高为 20 m. 将其垂直放入水中,且较长的底边与水面相齐,则闸门一侧所受的水压力为多少,其中水的密度取$1\times10^3\ \text{kg/m}^3$.

解 取水平面为 y 轴,较长底边中点为原点,垂直向下方向为 x 轴. 则梯形的一边所在直线方程为

$$y = -\frac{x}{10}+5$$

压力微元

$$dP = 2gx\left(-\frac{x}{10}+5\right)dx$$

因此,闸门一侧所受的水压力为

$$P = \int_0^{20} 2gx\left(-\frac{x}{10}+5\right)dx = \frac{4400}{3}g(\text{kN})$$

例 11 一个横放着的圆柱形水桶,桶内盛有半桶水,如图 6 - 4 所示,设桶的底半径为 R,水的密度为 ρ,求桶内的一个端面上所受的压力.

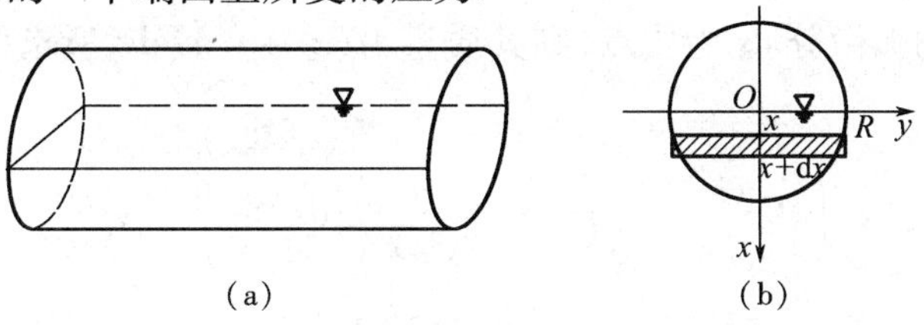

图 6 - 4

分析 桶的一个端面是圆形,现在要计算的是当水平面通过圆心时,铅直放置的一个半圆面的一侧所受到的水压力.

解 在一个端面上取过圆心且铅直向下的直线为 x 轴,过圆心的水平线为 y 轴,因此,半圆面方程为 $x^2+y^2=R^2(0\leqslant x\leqslant R)$. 设 $[x,x+\mathrm{d}x]$ 为 $[0,R]$ 上的任一小区间. 相应于 $[x,x+\mathrm{d}x]$ 的窄条上的压力微元为

$$\mathrm{d}P = 2\rho g x\sqrt{R^2-x^2}\,\mathrm{d}x$$

于是所求压力为

$$\begin{aligned}P &= \int_0^R 2\rho g x\sqrt{R^2-x^2}\,\mathrm{d}x = -\rho g\int_0^R (R^2-x^2)^{\frac{1}{2}}\mathrm{d}(R^2-x^2)\\ &= -\rho g\left[\frac{2}{3}(R^2-x^2)^{\frac{3}{2}}\right]_0^R = \frac{2\rho g}{3}R^3\end{aligned}$$

例 12 有一个均匀细棒,长为 $2l$,质量为 M. 在棒的延长线上距棒中心为 $a(a>l)$ 处有一个单位质点 P. 设引力常数为 k,求棒对质点 P 的引力.

解 以棒中心为原点,棒所在直线为 x 轴,建立坐标系,并且使得质点 P 位于 x 轴正向的棒的右侧点 $(a,0)$ 处. 细棒的线密度 $\mu=\frac{M}{2l}$. 位于 $[x,x+\mathrm{d}x]$ 处的一小段细棒对质点 P 的引力微元为

$$\mathrm{d}F = \frac{k\frac{M}{2l}\mathrm{d}x}{(a-x)^2}$$

因此,棒对质点 P 的引力为

$$F = \int_{-l}^{l}\frac{kM\mathrm{d}x}{2l(a-x)^2} = \frac{kM}{a^2-l^2}$$

例 13 设星形线 $\begin{cases}x=a\cos^3 t\\ y=a\sin^3 t\end{cases}$ 上每一点处的线密度的大小等于该点到原点距离的立方,在原点 O 处有一单位质点,求星形线在第一象限的弧段对这质点的引力(设引力常数为 G).

分析 当引力的方向随微元的改变而改变时,需要将引力分解为横向与纵向两个分力,再分别利用微元法求出这两个方向上的引力.

解 取 (x,y) 处的弧微分 $\mathrm{d}s$ 为质点,则其质量为 $(x^2+y^2)^{\frac{3}{2}}\mathrm{d}s$,所求引力 F 在 x 轴、y 轴方向上的分力分别为

$$\begin{aligned}F_x &= \int_0^{\frac{\pi}{2}} G\frac{(x^2+y^2)^{\frac{3}{2}}}{x^2+y^2}\cdot\frac{x}{\sqrt{x^2+y^2}}\mathrm{d}s\\ &= Ga\int_0^{\frac{\pi}{2}}\cos^3 t\sqrt{[(a\cos^3 t)']^2+[(a\sin^3 t)']^2}\,\mathrm{d}t\end{aligned}$$

$$= 3Ga^2\int_0^{\frac{\pi}{2}}\sin t\cos^4 t\mathrm{d}t$$

$$= \frac{3}{5}Ga^2$$

$$F_y = \int_0^{\frac{\pi}{2}} G\frac{(x^2+y^2)^{\frac{3}{2}}}{x^2+y^2}\cdot\frac{y}{\sqrt{x^2+y^2}}\mathrm{d}s$$

$$= Ga\int_0^{\frac{\pi}{2}}\sin^3 t\sqrt{[(a\cos^3 t)']^2+[(a\sin^3 t)']^2}\mathrm{d}t$$

$$= 3Ga^2\int_0^{\frac{\pi}{2}}\sin^4 t\cos t\mathrm{d}t$$

$$= \frac{3}{5}Ga^2$$

因此,星形线在第一象限的弧段对这单位质点的引力为

$$F = \left(\frac{3}{5}Ga^2,\frac{3}{5}Ga^2\right)$$

例 14 一金属棒长 3 米,离棒左端 x 米处的线密度为 $\rho(x)=\frac{1}{\sqrt{x+1}}$(kg/m). 问 x 为何值时,$[0,x]$一段的质量为全棒质量的一半?

分析 线密度是指单位长度上的质量.

解 以棒左端点为原点,棒所在方向为 x 轴正向,建立坐标系.

$$\mathrm{d}m = \rho(x)\mathrm{d}x$$

此金属棒的质量

$$m = \int_0^3\rho(x)\mathrm{d}x = \int_0^3\frac{1}{\sqrt{x+1}}\mathrm{d}x$$

设当 $x=x_0$ 时,$[0,x_0]$一段的质量为全棒质量的一半,则

$$\int_0^{x_0}\frac{1}{\sqrt{1+t}}\mathrm{d}t = \frac{1}{2}\int_0^3\frac{1}{\sqrt{1+t}}\mathrm{d}t$$

即

$$[2\sqrt{1+t}]_0^{x_0} = [\sqrt{1+t}]_0^3$$

解得

$$x_0 = \frac{5}{4}(\mathrm{m})$$

例 15 一根半径为 R 的圆环金属丝,线密度 ρ 为常数,以等角速度 ω 绕其某一条直径旋转,求金属丝的动能.

解 如图 6－5 所示，建立坐标系，由对称性易知，整个圆环形金属丝的动能等于第一象限部分动能的 4 倍.

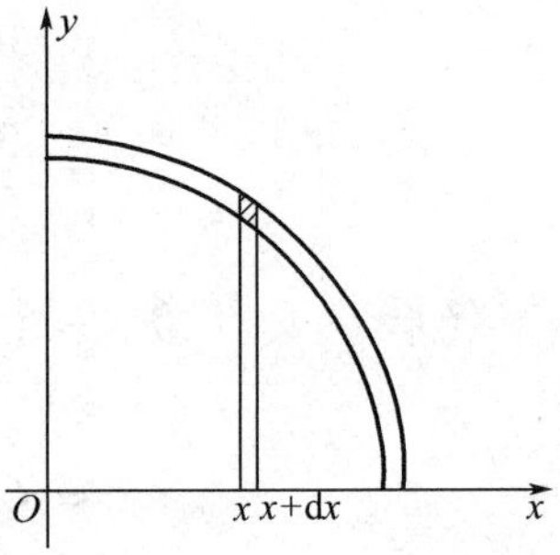

图 6－5

$$\mathrm{d}E = \frac{1}{2}\omega^2 x^2 \rho \mathrm{d}s = \frac{1}{2}\omega^2 x^2 \rho \sqrt{1+y'^2}\mathrm{d}x$$

$$= \frac{1}{2}R\omega^2\rho \frac{x^2}{\sqrt{R^2-x^2}}\mathrm{d}x$$

所以金属丝的动能

$$E = 4\cdot\frac{1}{2}R\omega^2\rho\int_0^R \frac{x^2}{\sqrt{R^2-x^2}}\mathrm{d}x = \frac{\pi}{2}\rho R^3\omega^2$$

例 16 一物体按规律 $x=ct^3$ 作直线运动，介质的阻力与速度的平方成正比. 计算物体由 $x=0$ 移至 $x=a$ 时，克服介质阻力所作的功.

解 因为 $x=ct^3$，所以速度 $v=x'(t)=3ct^2$，阻力

$$f = -kv^2 = -9kc^2t^4 = -9kc^2\left(\frac{x}{c}\right)^{\frac{4}{3}}$$

$$= -9kc^{\frac{2}{3}}x^{\frac{4}{3}} \quad (k>0)$$

故功微元

$$\mathrm{d}W = -f(x)\mathrm{d}x = 9kc^{\frac{2}{3}}x^{\frac{4}{3}}\mathrm{d}x$$

从而所求的功

$$W = \int_0^a -f(x)\mathrm{d}x = \int_0^a 9kc^{\frac{2}{3}}x^{\frac{4}{3}}\mathrm{d}x$$

$$= 9kc^{\frac{2}{3}}\int_0^a x^{\frac{4}{3}}\mathrm{d}x = 9kc^{\frac{2}{3}}\left[\frac{3}{7}x^{\frac{7}{3}}\right]_0^a = \frac{27}{7}kc^{\frac{2}{3}}a^{\frac{7}{3}}$$

例 17 为清除井底的污泥，用缆绳将抓斗放入井底抓起污泥后提出井口，如图 6－6 所示. 已知井深 30 m，抓斗自重 400 N，缆绳每米重 50 N，抓斗抓起的污泥重 2 000 N，提升速度为 3 m/s，提升过程中，污泥以 20 N/s 的速率从抓斗缝隙中漏掉. 现将抓起污泥的抓斗提升至井口，问克服重力需作多少 J 的功（抓斗的高度及位于井口上方的缆绳长度忽略不计）？

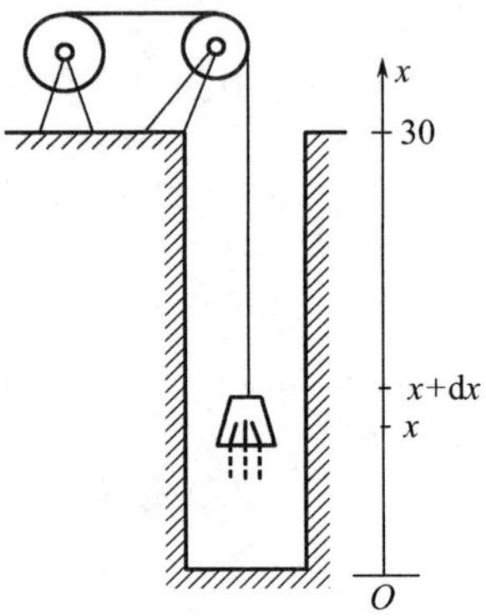

图 6－6

解 作 x 轴如图所示，将抓起污泥的抓斗提升至井口需作功

$$W = W_1 + W_2 + W_3$$

其中，W_1 是克服抓斗自重所作的功；W_2 是克服缆绳重力所作的功；W_3 是提出污泥所作的功. 由题意知

$$W_1 = 400 \times 30 = 12\ 000\ (\mathrm{J})$$

将抓斗由 x 处提升到 $x+\mathrm{d}x$ 处,克服缆绳重力所作的功微元

$$\mathrm{d}W_2 = 50(30 - x)\mathrm{d}x$$

从而

$$W_2 = \int_0^{30} 50(30 - x)\mathrm{d}x = 22\ 500$$

将污泥从井底提升至井口共需时间

$$30/3 = 10(\mathrm{s})$$

所以

$$W_3 = \int_0^{10} 3(2\ 000 - 20t)\mathrm{d}t = 57\ 000$$

因此,将抓起污泥的抓斗提升至井口,克服重力需作的总功为

$$W = W_1 + W_2 + W_3 = 12\ 000 + 22\ 500 + 57\ 000 = 91\ 500(\mathrm{J})$$

6.3 同步训练题

1. 计算下列图形的面积:

(1)由曲线 $y=\mathrm{e}^x, y=\mathrm{e}^{-x}$ 及直线 $x=1$ 所围成的图形的面积;

(2)心形线 $r=1+\cos\theta$ 包含在单位圆 $r=1$ 内部的面积;

(3)曲线 $r=2a\cos\theta$ 所围成的图形的面积;

(4)设圆心在点(0,1),半径为 1 的圆参数方程为 $x=\cos t, y=1+\sin t(0\leqslant t\leqslant 2\pi)$,求绕 x 轴旋转这个圆扫出的曲面面积;

(5)抛物线 $y=-x^2+4x-3$ 及其在点(0,-3)和(3,0)处的切线所围成的图形的面积.

2. 求下列旋转体的体积:

(1)求圆盘 $(x-2)^2+y^2\leqslant 1$ 绕 y 轴旋转而成的旋转体的体积.

(2)由 $y=x^3, x=2, y=0$ 所围成的图形绕 x 轴旋转所产生的旋转体的体积.

(3)在曲线 $y=x^2(x\geqslant 0)$ 上某点 A 处作一切线,使之与曲线及 x 轴所围成的面积为 $\frac{1}{12}$,求①切点 A 的坐标及该点处的切线方程;②该平面图形绕 x 轴旋转一周所得旋转体的体积.

(4)求曲线 $y=\cos x\left(-\frac{\pi}{2}\leqslant x\leqslant\frac{\pi}{2}\right)$ 与 x 轴所围成的图形,绕 x 轴旋转一周所形成的旋转体的体积.

3. 求下列曲线的弧长:

(1)求曲线 $x=\arctan t, y=\frac{1}{2}\ln(1+t^2)$ 自 $t=0$ 到 $t=1$ 的一段弧长;

(2)曲线 $y=\ln x$ 上相应于$\sqrt{3}\leqslant x\leqslant\sqrt{8}$的一段弧的长度;

(3)平面曲线 $y=\dfrac{1}{4}x^2-\dfrac{1}{2}\ln x$ 从 $x=1$ 到 $x=\mathrm{e}$ 的弧长;

(4)星形线$\begin{cases}x=a\cos^3 t\\ y=a\sin^3 t\end{cases}$的全长;

(5)对数螺线 $r=\mathrm{e}^{a\theta}$相应于自 $\theta=0$ 到 $\theta=\varphi$ 的一段弧长.

4. 按要求计算下列各题:

(1)设边长为 a 和 $b(a>b)$的矩形薄板,与液面成α 角斜沉于液体内,长边平行于液面,而且靠近液面那侧的长边位于深 h 处,液体的密度为 ρ,求薄板的每面所受的压力.

(2)已知弹簧在拉伸过程中,需要的力 F(单位:N)与伸长量 s(单位:m)成正比,即 $F=\mu s$(μ 是比例常数). 一条弹簧的自然长度为 1 m,用 24 N 的力拉长到1.8 m. ①求 μ 的值;②把弹簧拉到超出自然长度 2 m 需要作多少功? ③用 45 N 的力能够把弹簧拉长多少?

(3)设一锥形储水池,深 15 m,口径 20 m,盛满水,今以吸筒将水吸尽,需要作多少 kJ 的功(水的密度为 $10^3\mathrm{kg/m^3}$).

6.4 测 验 题

1. 填空题

(1)摆线 $x=a(t-\sin t),y=a(1-\cos t)$的一拱($0\leqslant t\leqslant 2\pi$)与横轴所围成的图形的面积为________.

(2)求由曲线 $r=3\cos\theta$ 及 $r=1+\cos\theta$ 所围成图形的公共部分的面积是________.

(3)抛物线 $y^2=2x$ 与直线 $y=x-4$ 所围成的图形的面积是________.

(4)由 $y=x^3,x=2,y=0$ 所围成的图形绕 y 轴旋转所产生的旋转体的体积为________.

(5)已知弹簧在拉伸过程中,需要的力 F(单位:N)与伸长量 s(单位:m)成正比,即 $F=\mu s$(μ 是比例常数). 如果把弹簧由原长拉伸 0.06 m,则需要作的功为________ J.

2. 选择题

(1)若$f(x)$在区间$[a,b]$上连续,则曲线 $y=f(x)$与直线 $x=a,x=b,y=0$ 所围成的平面图形面积为( ).

A. $\int_a^b f(x)\,\mathrm{d}x$　　B. $\left|\int_a^b f(x)\,\mathrm{d}x\right|$

C. $\int_a^b |f(x)|\,\mathrm{d}x$　　D. $f'(\xi)(b-a)\ (a<\xi<b)$

(2)由 $y=x^2,y=x$ 所围图形绕 x 轴旋转一周所成的旋转体的体积为( ).

A. $\dfrac{2}{15}\pi$　　B. $\dfrac{2}{15}$　　C. $\dfrac{5}{6}\pi$　　D. $\dfrac{5}{6}$

(3)曲线 $y=\sqrt{2x-x^2}$ 与直线 $y=\frac{1}{\sqrt{3}}x$ 所围成的平面图形面积为(　　).

A. $2\int_{\frac{\pi}{6}}^{\frac{\pi}{2}}\cos\theta\mathrm{d}\theta$　　B. $2\int_{0}^{\frac{\pi}{2}}\sin\theta\mathrm{d}\theta$

C. $2\int_{0}^{\frac{\pi}{6}}\cos^2\theta\mathrm{d}\theta$　　D. $2\int_{\frac{\pi}{6}}^{\frac{\pi}{2}}\cos^2\theta\mathrm{d}\theta$

(4)曲线段 $y=\frac{1}{2}(\mathrm{e}^x+\mathrm{e}^{-x})(0\leqslant x\leqslant 2)$ 的长度是(　　).

A. $\frac{1}{2}(\mathrm{e}^2+\mathrm{e}^{-2})$　　B. $\frac{1}{2}(\mathrm{e}^2-\mathrm{e}^{-2})$

C. $\frac{1}{2}(\mathrm{e}+\mathrm{e}^{-1})$　　D. $\frac{1}{2}(\mathrm{e}-\mathrm{e}^{-1})$

(5)绕 x 轴旋转曲线 $y=2\sqrt{x}(1\leqslant x\leqslant 2)$ 产生的曲面面积为(　　).

A. $\frac{8\pi}{3}(3\sqrt{3}+2\sqrt{2})$　　B. $\frac{8\pi}{3}(3\sqrt{3}-2\sqrt{2})$

C. $\frac{8\pi}{3}(\sqrt{3}+2\sqrt{2})$　　D. $\frac{8\pi}{3}(\sqrt{3}-2\sqrt{2})$

3. 计算题

(1)常数 $a(a>0)$ 取何值时,由曲线 $y=a(1-x^2)$ 和该曲线上两点 $(-1,0)$,$(1,0)$ 处的法线所围成的图形的面积最小?

(2)由曲线 $y=\sin x(0\leqslant x\leqslant\pi)$,直线 $y=\frac{1}{2}$ 及 x 轴所围平面图形分别绕 x 轴和 y 轴旋转所得的旋转体的体积.

(3)求双纽线 $r^2=a^2\cos 2\theta(a>0)$ 所围面积与绕极轴旋转的侧面积.

(4)计算曲线 $y=\ln(1-x^2)$ 上相应于 $0\leqslant x\leqslant\frac{1}{2}$ 的一段弧的长度.

(5)求曲线 $y=3-|x^2-1|$ 与 x 轴所围成的封闭图形绕直线 $y=3$ 旋转所得的旋转体的体积.

4. 证明题

(1)把质量为 m 的物体从地球表面升高到 h 处所作的功是

$$W=\frac{mgRh}{R+h}$$

其中 g 是地面上的重力加速度,R 是地球的半径.

(2)设函数 $y=f(x)$ 在区间 $[a,b]$ 上连续,且在 (a,b) 内有 $f'(x)>0$. 证明:在 (a,b) 内存在唯一的 ξ,使曲线 $y=f(x)$ 与两直线 $y=f(\xi)$,$x=a$ 所围成的平面图形面积是曲线 $y=f(x)$ 与两

直线 $y=f(\xi)$，$x=b$ 所围成的图形面积的 3 倍.

5. 应用题

(1)椭球面 S_1 是椭圆 $\frac{x^2}{4}+\frac{y^2}{3}=1$ 绕 x 轴旋转而成，圆锥面 S_2 是过点 $(4,0)$ 且与此椭圆相切的切线段绕 x 轴旋转而成，求 S_1 与 S_2 之间的立体体积.

(2)设有一薄板其边缘为一抛物线，如图 6－7 所示，铅直沉入水中. 若顶点恰在水平面上，试求薄板的一侧所受的压力；将薄板下沉多深，压力加倍？

(3)设有一均匀带正电的长为 l 的细杆，电荷线密度 ρ（单位长度上的电荷量）为常数，在杆的中垂线上距杆为 r 处有一单位正电荷，如图 6－8 所示.

①求带电细杆对该点电荷的斥力；

②计算该单位正电荷在 y 轴上从 a 移动至 $b(a>b>0)$ 时克服电场力所作的功 W.

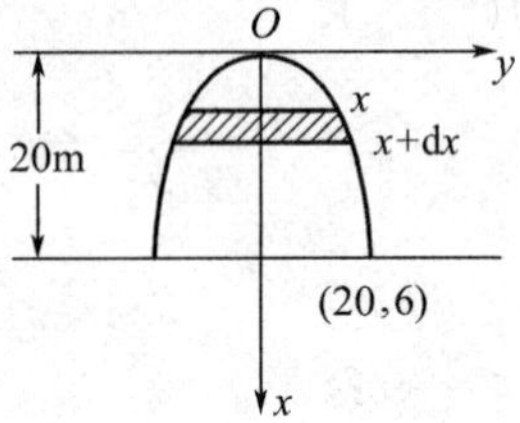

图 6－7

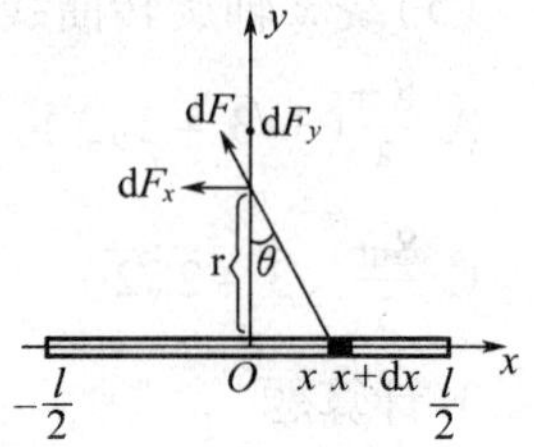

图 6－8

6.5 同步训练题答案

1. (1) $e+\frac{1}{e}-2$；(2) $\frac{5}{4}\pi-2$；(3) πa^2；(4) $4\pi^2$；(5) $\frac{9}{4}$；

2. (1) $4\pi^2$；(2) $\frac{128}{7}\pi$；

(3)**解** ①设切点 A 的坐标为 (a,a^2)，则过点 A 的切线方程为

$$y-a^2=2a(x-a)$$

切线与 x 轴的交点为 $\left(\frac{a}{2},0\right)$，因而所围图形面积为

$$S=\int_0^a x^2\mathrm{d}x-\frac{a^3}{4}=\frac{1}{12}a^3$$

再由 $S=\frac{1}{12}$，可得 $a=1$，于是过点 A 的切线方程为

$$y=2x-1$$

②所求旋转体的体积

$$V = \pi\int_0^1 (x^2)^2 dx - \pi\int_{\frac{1}{2}}^1 (2x-1)^2 dx = \frac{\pi}{5} - \frac{\pi}{6} = \frac{\pi}{30}$$

(4) $\frac{\pi^2}{2}$

3. (1) $\ln(1+\sqrt{2})$;(2) $1+\frac{1}{2}\ln\frac{3}{2}$;(3) $\frac{1}{4}(1+e^2)$;(4) $6a$;(5) $\frac{\sqrt{1+a^2}}{a}(e^{a\varphi}-1)$

4. (1) $\frac{1}{2}\rho gab(2h+b\sin\alpha)$;(2)① 30 N/m;② 60 J;③1.5 m;(3)57 697.5

6.6 测验题答案

1. 填空题答案

(1) $3\pi a^2$;(2) $\frac{5}{4}\pi$; (3) 18 ; (4) $\frac{64}{5}\pi$; (5) 0.001 8μ

2. 选择题答案

(1)C; (2)A;

(3)**提示** 如果利用直角坐标系下的面积计算公式,所围成的平面图形面积为 $\int_0^{\frac{3}{2}}\left[\sqrt{2x-x^2}-\frac{x}{\sqrt{3}}\right]dx$,但是我们很难将这个计算式与上面的四个选项联系起来. 将上述曲线方程化为极坐标方程,利用极坐标系求面积公式,阴影部分的面积为 $\frac{1}{2}\int_{\frac{\pi}{6}}^{\frac{\pi}{2}}[2\cos\theta]^2 d\theta = 2\int_{\frac{\pi}{6}}^{\frac{\pi}{2}}\cos^2\theta d\theta$,因此,答案:D;

(4)B; (5)B.

3. 计算题

解 (1) 由 $y=a(1-x^2)$ 的对称性知,所求图形以 y 轴对称,所以先求曲线、(1,0)处的法线以及 y 轴所围图形的面积,然后再二倍,即得所求图形的面积.

曲线上点(1,0)处的法线方程为

$$y = \frac{1}{2a}(x-1)$$

所求图形的面积为

$$S = 2\int_0^1 \left[a(1-x^2) - \frac{1}{2a}(x-1)\right]dx = \frac{4a}{3} + \frac{1}{2a}$$

令 $S' = \frac{4}{3} - \frac{1}{2a^2} = 0$,并注意到 $a>0$,解得 $a=\frac{\sqrt{6}}{4}$. 由题意知最小面积存在. 故当 $a=\frac{\sqrt{6}}{4}$时,该图

形的面积最小.

(2)绕 x 轴旋转所得的旋转体的体积：$\dfrac{\pi^2}{3}-\dfrac{\sqrt{3}}{4}\pi$.

绕 y 轴旋转所得的旋转体的体积：$\dfrac{\pi^3}{3}+(2-\sqrt{3})\pi^2$.

(3)双纽线所围面积等于在第一象限部分面积的4倍,

$$A=4\int_0^{\frac{\pi}{4}}\frac{1}{2}r^2\mathrm{d}\theta=2\int_0^{\frac{\pi}{4}}a^2\cos2\theta\mathrm{d}\theta=a^2$$

侧面积为由第一象限的弧段旋转所得侧面积的2倍,

$$S=2\cdot2\pi\int_0^{\frac{\pi}{4}}r(\theta)\sin\theta\sqrt{r^2(\theta)+[r'(\theta)]^2}\mathrm{d}\theta$$
$$=2\pi a^2(2-\sqrt{2})$$

(4)$\ln3-\dfrac{1}{2}$

(5)该封闭图形如图6-9所示,弧 AB 与弧 BC 的方程分别为

$$y=x^2+2\quad(0\leqslant x\leqslant1)$$
$$y=4-x^2\quad(1\leqslant x\leqslant2)$$

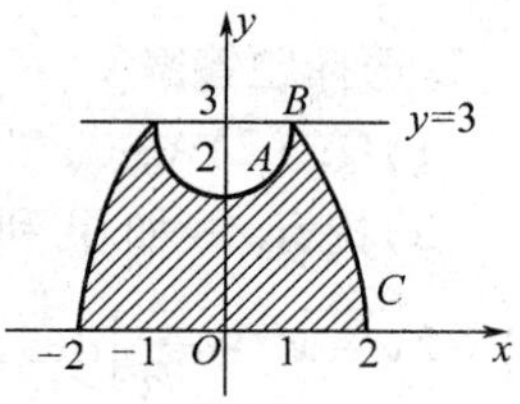

图6-9

取 x 为积分变量,当 x 在[0,1]时所对应的旋转体的体积为 V_1,当 $x\in[1,2]$ 时对应的旋转体的体积为 V_2. 再由对称性知,所求旋转体的体积

$$V=2(V_1+V_2)$$
$$=2\pi\int_0^1\{3^2-[3-(x^2+2)]^2\}\mathrm{d}x+2\pi\int_1^2\{3^2-[3-(4-x^2)]^2\}\mathrm{d}x$$
$$=\frac{448}{15}\pi$$

4. **证明** (1)设地球的质量是 M,引力系数为 G,取地球中心为坐标原点,把质量为 m 的物体升高时的功微元

$$\mathrm{d}W=\frac{GMm}{x^2}\mathrm{d}x$$

故升到 h 处所作的功是

$$W=\int_R^{R+h}\frac{GMm}{x^2}\mathrm{d}x=\frac{GMmh}{R(R+h)}$$

又已知 $G\dfrac{Mm}{R^2}=mg$,故 $W=\dfrac{mgRh}{R+h}$.

5. 应用题

解 (1)设过点(4,0)与椭圆$\frac{x^2}{4}+\frac{y^2}{3}=1$相切的切线斜率为$k$,则其方程为

$$y = k(x-4)$$

联立切线方程与椭圆方程并消去y,可得

$$(4k^2+3)x^2-32k^2x+64k^2-12=0$$

再令其判别式为零,得

$$\Delta=(32k^2)^2-4(4k^2+3)(64k^2-12)=-144(4k^2-1)=0$$

得

$$k=\pm\frac{1}{2}$$

于是切线方程为

$$y=\pm\frac{1}{2}(x-4)$$

设在第一象限,椭圆的方程为$y_1=\sqrt{3\left(1-\frac{x^2}{4}\right)}$,切线方程为$y_2=-\frac{1}{2}(x-4)$. 这两条曲线的交点为$\left(1,\frac{3}{2}\right)$,于是$S_1$与$S_2$之间的立体体积为

$$V=\int_1^4\pi y_2^2\mathrm{d}x-\int_1^2\pi y_1^2\mathrm{d}x=\frac{\pi}{4}\int_1^4(x-4)^2\mathrm{d}x-\pi\int_1^2\left(3-\frac{3}{4}x^2\right)\mathrm{d}x$$
$$=\frac{9\pi}{4}-\frac{5\pi}{4}=\pi$$

(2)易知抛物线方程为$x=\frac{5}{9}y^2$,薄板所受的静压力

$$P_1=\int_0^{20}\mu gx\cdot 2\cdot\sqrt{\frac{9x}{5}}\mathrm{d}x=\frac{6}{\sqrt{5}}\mu g\int_0^{20}x^{\frac{3}{2}}\mathrm{d}x=1\ 920\ \mu g$$

若板下沉t,此时板所受的静压力为

$$P_2=\int_0^{20}\mu g(x+t)\cdot 2\cdot\sqrt{\frac{9x}{5}}\mathrm{d}x=(160t+1\ 920)\mu g$$

当$P_2=2P_1$时,$t=12$.

(3)①由对称性,斥力在x轴方向上的分力为0,因此,斥力是沿y轴方向的. 由物理学中的库仑定律知,杆对点电荷的斥力在y轴方向的分力微元为

$$\mathrm{d}F_y=k\cdot\frac{1\cdot\rho\mathrm{d}x}{r^2+x^2}\cos\theta=\frac{k\rho r\mathrm{d}x}{(r^2+x^2)^{\frac{3}{2}}}$$

其中k为引力常数,因此

$$F_y = 2\int_0^{\frac{l}{2}} \frac{k\rho r \mathrm{d}x}{(r^2+x^2)^{\frac{3}{2}}}\mathrm{d}x = \frac{2kl\rho}{r\sqrt{4r^2+l^2}}$$

②该单位正电荷在 y 轴上从 a 移动至 b 时克服电场力所作的功为

$$W = -\int_a^b \frac{2kl\rho}{y\sqrt{4y^2+l^2}}\mathrm{d}y = -2k\rho\ln\left(\frac{a}{b}\cdot\frac{\sqrt{4b^2+l^2}-l}{\sqrt{4a^2+l^2}-l}\right)$$

《微积分教程》部分习题解答

习题 6－2

1. 求由下列各曲线所围成的图形的面积：

(1) $y=\frac{1}{2}x^2$ 与 $x^2+y^2=8$（两部分都要计算）；

(2) $y=\frac{1}{x}$ 与直线 $y=x$ 及 $x=2$；

(3) $x=a\cos^3 t, y=a\sin^3 t$；

(4) 对数螺线 $r=a\mathrm{e}^{\theta}(-\pi\leqslant\theta\leqslant\pi)$ 及射线 $\theta=\pi$；

(5) $r=\sqrt{2}\sin\theta$ 及 $r^2=\cos 2\theta$.

解 (1) 解方程组 $\begin{cases} y=\frac{1}{2}x^2 \\ x^2+y^2=8 \end{cases}$，

得交点坐标 $A(2,2)$，$B(-2,2)$，设所围的图形完全在 x 轴上方部分的面积为 s_1，另一部分面积为 s_2. 利用对称性，得

$$s_1 = 2\int_0^2\left(\sqrt{8-x^2}-\frac{1}{2}x^2\right)\mathrm{d}x = 2\pi+\frac{4}{3}$$

$$s_2 = 8\pi - s_1 = 6\pi-\frac{4}{3}$$

(2) 先求 $y=\frac{1}{x}$ 与直线 $y=x$ 及 $x=2$ 的交点坐标分别为 $A(1,1)$，$B\left(2,\frac{1}{2}\right)$，因此

$$A = \int_1^2\left(x-\frac{1}{x}\right)\mathrm{d}x = \left[\frac{1}{2}x^2-\ln x\right]_1^2 = \frac{3}{2}-\ln 2$$

(3) 由图形的对称性知

$$A = 4\int_{\frac{\pi}{2}}^0 a\sin^3 t(a\cos^3 t)'\mathrm{d}t$$

$$= 4a^2\int_0^{\frac{\pi}{2}} 3\cos^2 t\sin^4 t\mathrm{d}t = \frac{3}{8}\pi a^2$$

(4) $A = \dfrac{1}{2}\displaystyle\int_{-\pi}^{\pi} (a\mathrm{e}^{\theta})^2\mathrm{d}\theta = \dfrac{1}{4}a^2(\mathrm{e}^{2\pi} - \mathrm{e}^{-2\pi})$

(5) 解方程组 $\begin{cases} r = \sqrt{2}\sin\theta \\ r^2 = \cos 2\theta \end{cases}$，得两曲线在第一象限内的交点的极坐标为 $\left(\dfrac{\sqrt{2}}{2}, \dfrac{\pi}{6}\right)$.

再由对称性知所求面积

$$A = 2\left(\frac{1}{2}\int_0^{\frac{\pi}{6}} (\sqrt{2}\sin\theta)^2\mathrm{d}\theta + \frac{1}{2}\int_{\frac{\pi}{6}}^{\frac{\pi}{4}} \cos 2\theta\mathrm{d}\theta\right)$$

$$= \frac{\pi}{6} + \frac{1 - \sqrt{3}}{2}$$

2. 求由抛物线 $y^2 = 4ax(a > 0)$ 与过焦点的弦所围成的图形面积的最小值.

解 设过抛物线焦点 $F(a,0)$ 的直线的斜率为 k，则此直线方程为 $y = k(x - a)$，此直线交抛物线于 $M(x_1, y_1)$，$N(x_2, y_2)$，由 $\begin{cases} y = k(x - a) \\ y^2 = 4ax \end{cases}$ 可得交点的纵坐标为

$$y_1 = \frac{2a}{k}(1 - \sqrt{1 + k^2}), y_2 = \frac{2a}{k}(1 + \sqrt{1 + k^2})$$

因而抛物线与直线 MN 所围图形的面积为

$$A = \int_{y_1}^{y_2}\left[\left(\frac{y}{k} + a\right) - \frac{y^2}{4a}\right]\mathrm{d}y = \left[\frac{y^2}{2k} + ay - \frac{y^3}{12a}\right]_{y_1}^{y_2}$$

$$= \frac{8}{3}a^2\sqrt{1 + \frac{1}{k^2}}\left(1 + \frac{1}{k^2}\right)$$

上式表明，当 $k \to \infty$ 时，即当过焦点的直线与 x 轴垂直时，所围图形的面积最小，最小值为 $\dfrac{8}{3}a^2$.

3. 有一立体，底面是长轴为 $2a$、短轴为 $2b$ 的椭圆，而垂直于长轴的截面是等边三角形，求其体积.

解 设底面椭圆的方程为

$$\frac{x^2}{a^2} + \frac{y^2}{b^2} = 1$$

过 x 轴上的点作垂直于 x 轴的截面是正三角形，则其边长为

$$2y = 2 \cdot \frac{b}{a}\sqrt{a^2 - x^2}$$

于是这个正三角形的面积为

$$A(x) = \frac{1}{2} \cdot \left(2 \cdot \frac{b}{a}\sqrt{a^2 - x^2}\right) \cdot \left(\sqrt{3} \cdot \frac{b}{a}\sqrt{a^2 - x^2}\right) = \sqrt{3}\frac{b^2}{a^2}(a^2 - x^2)$$

故所求体积为

$$V = \int_{-a}^{a} A(x)\,\mathrm{d}x = 2\int_{0}^{a} \sqrt{3}\,\frac{b^2}{a^2}(a^2 - x^2)\,\mathrm{d}x$$

$$= \frac{4\sqrt{3}}{3}ab^2$$

4. 证明:由平面图形 $0 \leqslant a \leqslant x \leqslant b, 0 \leqslant y \leqslant f(x)$ 绕 y 轴旋转所成的旋转体的体积为

$$V = 2\pi\int_{a}^{b} xf(x)\,\mathrm{d}x$$

证明 取 x 为积分变量,并在区间 $[a,b]$ 上任取一小区间 $[x, x+\mathrm{d}x]$,则以此小区间为底,以 $y=f(x)$ 为顶的小曲边梯形绕 y 轴旋转所成的旋转体是一个厚度为 $\mathrm{d}x$ 的空心圆柱体. 此空心圆柱体的体积微元为

$$\mathrm{d}V = \pi[(x+\mathrm{d}x)^2 - x^2]f(x) = 2\pi xf(x)\,\mathrm{d}x$$

因此

$$V = \int_{a}^{b} 2\pi xf(x)\,\mathrm{d}x = 2\pi\int_{a}^{b} xf(x)\,\mathrm{d}x$$

5. 求将圆盘 $x^2 + (y-5)^2 \leqslant 16$ 绕 x 轴旋转而成的旋转体的体积.

解 将该圆以直线 $y=5$ 为对称轴,分成上下两部分,上半圆 $y = 5 + \sqrt{16-x^2}$,下半圆 $y=5-\sqrt{16-x^2}$ 分别绕 x 轴旋转所生成的旋转体的体积之差,就是所求的旋转体的体积. 由旋转体的体积公式,有

$$V = \pi\int_{-4}^{4}[(5+\sqrt{16-x^2})^2 - (5-\sqrt{16-x^2})^2]\,\mathrm{d}x$$

$$= 40\pi\int_{0}^{4}\sqrt{16-x^2}\,\mathrm{d}x$$

$$= 160\pi^2$$

6. 求摆线 $x=a(t-\sin t), y=a(1-\cos t)$ 的一拱与 x 轴所围图形绕直线 $y=2a$ 旋转所成的旋转体的体积.

解 摆线的一拱长 $2\pi a$,所求的旋转体的体积为

$$V = \pi(2a)^2 2\pi a - \pi\int_{0}^{2\pi a}(2a-y)^2\,\mathrm{d}x$$

$$= 8\pi^2 a^3 - \pi\int_{0}^{2\pi}[a(1+\cos t)]^2\mathrm{d}[a(t-\sin t)]$$

$$= 8\pi^2 a^3 - \pi^2 a^3 = 7\pi^2 a^3$$

7. 求圆盘 $x^2+y^2 \leqslant a^2$ 绕 $x=-b(b>a>0)$ 旋转所成的旋转体的体积.

解

$$V = \pi\int_{-a}^{a}[(\sqrt{a^2-y^2}+b)^2 - (-\sqrt{a^2-y^2}+b)^2]\,\mathrm{d}y$$

$$= 8\pi b\int_0^a \sqrt{a^2 - y^2}\,dy = 8\pi b \cdot \frac{1}{4}\pi a^2 = 2\pi^2 a^2 b$$

8. 求由曲线 $y = x^{\frac{3}{2}}$ 与直线 $x = 4$，x 轴所围图形绕 y 轴旋转而成的旋转体的体积.

解 该区域绕 y 轴旋转所得的旋转体的体积为

$$V = \pi\int_0^8 [4^2 - (y^{\frac{2}{3}})^2]\,dy = \pi\left[16y - \frac{3}{7}y^{\frac{7}{3}}\right]_0^8$$

$$= \frac{512}{7}\pi$$

9. 求平面曲线 $y = \frac{1}{4}x^2 - \frac{1}{2}\ln x$ 从 $x = 1$ 到 $x = e$ 的弧长.

解 利用直角坐标下平面曲线弧长的计算公式，有

$$s = \int_1^e \sqrt{1 + y'^2}\,dx = \int_1^e \sqrt{1 + \left[\frac{1}{2}\left(x - \frac{1}{x}\right)\right]^2}\,dx$$

$$= \frac{1}{4}(1 + e^2)$$

10. 求抛物线 $y = \frac{1}{2}x^2$ 被圆 $x^2 + y^2 = 3$ 所截下的有限部分的弧长.

解 联立 $\begin{cases} y = \frac{1}{2}x^2 \\ x^2 + y^2 = 3 \end{cases}$，解得抛物线与圆的两个交点为 $(-\sqrt{2}, 1)$，$(\sqrt{2}, 1)$. 由对称性，所求弧长为

$$l = 2\int_0^{\sqrt{2}} \sqrt{1 + y'^2}\,dx = 2\int_0^{\sqrt{2}} \sqrt{1 + x^2}\,dx$$

$$= \sqrt{6} + \ln(\sqrt{2} + \sqrt{3})$$

11. 在摆线 $x = a(t - \sin t)$，$y = a(1 - \cos t)$ 上求分摆线第一拱成 $1:3$ 的点的坐标.

解 设 t 从 0 变化到 t_0 时，摆线第一拱上对应的弧长为 $s(t_0)$，则

$$s(t_0) = \int_0^{t_0} \sqrt{[x'(t)]^2 + [y'(t)]^2}\,dt = \int_0^{t_0} 2a\sin\frac{t}{2}\,dt$$

$$= 4a\left(1 - \cos\frac{t_0}{2}\right)$$

当 $t_0 = 2\pi$ 时，得第一拱的总长为 $8a$. 所以，分摆线第一拱为 $1:3$ 的点对应的参数 t_0 应满足

$$s(t_0) = 4a\left(1 - \cos\frac{t_0}{2}\right) = 2a$$

解得 $t_0 = \frac{2}{3}\pi$. 将 $t_0 = \frac{2}{3}\pi$ 代入摆线的参数方程得分点的坐标为

$$\left[\left(\frac{2}{3}\pi-\frac{\sqrt{3}}{2}\right)a,\frac{3}{2}a\right]$$

12. 求曲线 $r\theta=1$ 相应于自 $\theta=\frac{3}{4}$ 至 $\theta=\frac{4}{3}$ 的一段弧长.

解 由极坐标的弧长公式可得

$$s=\int_{\frac{3}{4}}^{\frac{4}{3}}\sqrt{(r(\theta))^2+(r'(\theta))^2}\mathrm{d}\theta=\int_{\frac{3}{4}}^{\frac{4}{3}}\sqrt{\frac{1}{\theta^2}+\left(-\frac{1}{\theta^2}\right)^2}\mathrm{d}\theta$$

$$=\frac{5}{12}+\ln\frac{3}{2}$$

13. 求心形线 $r=a(1+\cos\theta)$ 的全长.

解 由极坐标弧长公式及心形线关于极轴的对称性知

$$s=2\int_0^{\pi}\sqrt{r^2(\theta)+r'^2(\theta)}\mathrm{d}\theta=2\int_0^{\pi}2a\cos\frac{\theta}{2}\mathrm{d}\theta$$

$$=8a$$

14. 求双纽线 $r^2=a^2\cos2\theta(a>0)$ 绕极轴旋转一周所成的旋转体的侧面积.

解 由对称性知,所求侧面积为由第一象限的弧段旋转所得侧面积的 2 倍,因此

$$A=2\cdot2\pi\int_0^{\frac{\pi}{4}}r(\theta)\sin\theta\sqrt{r^2(\theta)+r'^2(\theta)}\mathrm{d}\theta$$

$$=4\pi\int_0^{\frac{\pi}{4}}a\sqrt{\cos2\theta}\sin\theta\sqrt{a^2\cos2\theta+a^2\left(\frac{-\sin2\theta}{\sqrt{\cos2\theta}}\right)^2}\mathrm{d}\theta$$

$$=4\pi a^2\int_0^{\frac{\pi}{4}}\sin\theta\mathrm{d}\theta=2\pi a^2(2-\sqrt{2})$$

15. 设抛物线 $y=ax^2+bx+c$ 通过点$(0,0)$,且当 $x\in[0,1]$ 时,$y\geqslant0$. 试确定 a,b,c 的值,使得抛物线 $y=ax^2+bx+c$ 与直线 $x=1,y=0$ 所围图形的面积为$\frac{4}{9}$,且使该图形绕 x 轴旋转而成的旋转体的体积最小.

解 由抛物线通过原点知,$c=0$. 又由抛物线 $y=ax^2+bx+c$ 与直线 $x=1,y=0$ 所围图形的面积为$\frac{4}{9}$,且当 $x\in[0,1]$ 时 $y\geqslant0$ 知

$$\int_0^1(ax^2+bx)\mathrm{d}x=\frac{4}{9}$$

即$\frac{a}{3}+\frac{b}{2}=\frac{4}{9}$,$b=\frac{8-6a}{9}$. 该图形绕 x 轴旋转而成的旋转体的体积

$$V=\pi\int_0^1(ax^2+bx)^2\mathrm{d}x=\pi\left[\frac{a^2}{5}+\frac{a}{2}\left(\frac{8-6a}{9}\right)+\frac{1}{3}\left(\frac{8-6a}{9}\right)^2\right]$$

令$\frac{dV}{da}=0$,得 $a=-\frac{5}{3}$,从而 $b=2$.

故所求抛物线方程为

$$y=-\frac{5}{3}x^2+2x$$

16. 过坐标原点作曲线 $y=\ln x$ 的切线,该切线与曲线 $y=\ln x$ 及 x 轴围成平面图形 D.

(1)求 D 的面积 A;

(2)求 D 绕直线 $x=e$ 旋转一周所得旋转体的体积 V.

解 (1)先求切线方程,设切点为$(x_0,\ln x_0)$,则切线方程可表示为

$$y-\ln x_0=\frac{1}{x_0}(x-x_0)$$

由于该切线过原点(0,0),得 $x_0=e$. 从而该切线方程为

$$y=\frac{1}{e}x$$

该切线与曲线 $y=\ln x$ 及 x 轴围成平面图形 d 的面积

$$A=\int_0^1(e^y-ey)dy=\frac{e}{2}-1$$

(2)先求切线 $y=\frac{1}{e}x$ 与 x 轴及 $x=e$ 所围成的三角形绕直线 $x=e$ 旋转所得的圆锥体的体积 V_1

$$V_1=\frac{1}{3}\pi e^2$$

再求曲线 $y=\ln x$ 与 x 轴及 $x=e$ 所围成的曲边三角形绕直线 $x=e$ 旋转所得的旋转体的体积 V_2

$$V_2=\int_0^1\pi(e-e^y)^2dy=\pi\left(-\frac{e^2}{2}+2e-\frac{1}{2}\right)$$

因此,所求旋转体的体积为

$$V=V_1-V_2=\frac{\pi}{6}(5e^2-12e+3)$$

习题 6-3

1. 由实验知道,弹簧在拉伸过程中,拉力与弹簧的伸长量成正比. 已知弹簧拉伸 1 cm 需要的力是 3 N,如果把弹簧拉伸到 3 cm,计算需要作的功.

解 如图 6-10 所示建立坐标系,弹簧的自然端为坐标原点,设将弹簧拉长为 x cm 时所需的拉力为 F,则

$$F=kx\quad(0\leqslant x\leqslant 3)$$

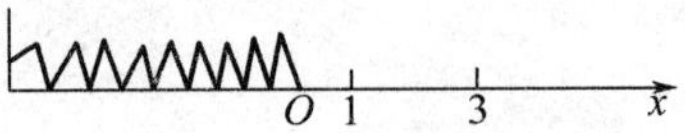

图 6-10

将 $x=1, F=3$ 代入得 $k=3$，即 $F=3x$. 根据变力作功的计算公式，得

$$W=\int_0^3 3x\mathrm{d}x=\left[\frac{3}{2}x^2\right]_0^3=\frac{27}{2}(\mathrm{N}\cdot\mathrm{cm})=0.135(\mathrm{J})$$

2. 一物体按规律 $x=ct^3$ 作直线运动，介质的阻力与速度的平方成正比. 计算物体由 $x=0$ 移至 $x=a$ 时，克服介质阻力所作的功.

解 因为 $x=ct^3$，所以速度 $v=x'(t)=3ct^2$，阻力

$$f=-kv^2=-9kc^2t^4=-9kc^2\left(\frac{x}{c}\right)^{\frac{4}{3}}$$

$$=-9kc^{\frac{2}{3}}x^{\frac{4}{3}}\quad(k>0)$$

故功微元

$$\mathrm{d}W=-f(x)\mathrm{d}x=9kc^{\frac{2}{3}}x^{\frac{4}{3}}\mathrm{d}x$$

从而所求的功

$$W=\int_0^a -f(x)\mathrm{d}x=\int_0^a 9kc^{\frac{2}{3}}x^{\frac{4}{3}}\mathrm{d}x$$

$$=9kc^{\frac{2}{3}}\int_0^a x^{\frac{4}{3}}\mathrm{d}x=9kc^{\frac{2}{3}}\left[\frac{3}{7}x^{\frac{7}{3}}\right]_0^a=\frac{27}{7}kc^{\frac{2}{3}}a^{\frac{7}{3}}$$

3. 直径为 20 cm、高为 80 cm 的圆柱体内充满压强为 10 $\mathrm{N/cm^2}$ 的蒸汽. 设温度保持不变，要使蒸汽体积缩小一半，需要作多少功？

解 设高度减少 x cm 时压强为 $p(x)$ $\mathrm{N/cm^2}$，则由玻－马定律知

$$p(x)[(10^2\pi)(80-x)]=p_0V_0=10\times(10^2\pi\times 80)$$

故

$$p(x)=\frac{800}{80-x}$$

功微元

$$\mathrm{d}W=(10^2\pi)p(x)\mathrm{d}x$$

因此

$$W=\int_0^{40}(10^2\pi)p(x)\mathrm{d}x=\int_0^{40}(10^2\pi)\frac{800}{80-x}\mathrm{d}x$$

$$=80\,000\pi[-\ln(80-x)]_0^{40}=80\,000\pi\ln 2(\mathrm{N}\cdot\mathrm{cm})$$

$$=800\pi\ln 2(\mathrm{J})$$

4. 设有质量为 20 kg 的物体，用每米质量为 0.8 kg 的链条把物体拉上 15 m 高的平台，问至少需要作多少功(重力加速度 g 取 9.8 m/s^2)？

解 由题设，所作的总功由克服物体重力的功 W_1 和克服链条自重的功 W_2 组成. 其中

$$W_1 = 20 \times 9.8 \times 15 = 2\,940(\mathrm{J})$$

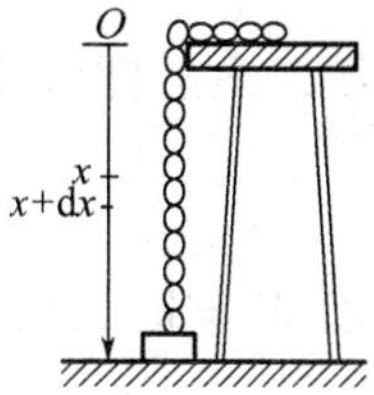

图 6－11

由于链条不能看成一个质点，它的各部分到平台的距离是不同的，下面求克服链条自重所需的功. 如图 6－11 所示建立坐标系，考察距平台 x 米处的小段$[x,x+\mathrm{d}x]$链条拉到平台所需的功微元

$$\mathrm{d}W_2 = 0.8\mathrm{d}x \cdot g \cdot x = 0.8gx\mathrm{d}x$$

于是

$$W_2 = \int_0^{15} 0.8gx\mathrm{d}x = [0.4gx^2]_0^{15} = 882(\mathrm{J})$$

因此，把物体拉上平台所需的功

$$W = W_1 + W_2 = 3\,822(\mathrm{J})$$

5. 半径为 r 的球沉入水中，球的上部与水面相切，球的密度与水相同，现将球从水中取出，需作多少功(本题中水的密度 $\rho=1$)？

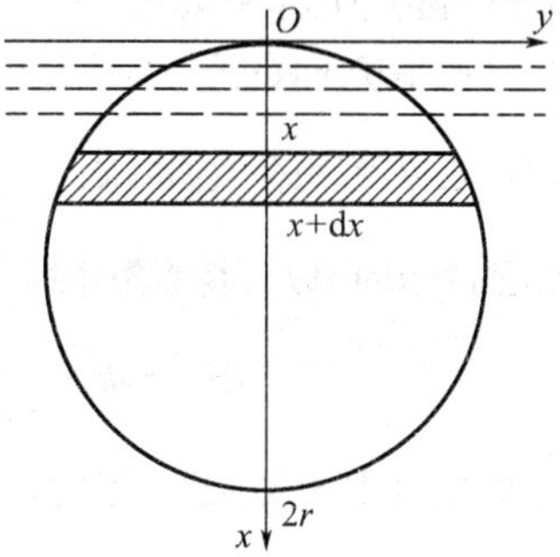

图 6－12

解 过球心作铅直剖面并选取如图 6－12 所示的坐标系. 在 x 轴上任取小区间$[x,x+\mathrm{d}x]$，它对应球体上的一个小薄片，其体积为

$$\begin{aligned}\mathrm{d}V &= \pi y^2\mathrm{d}x = \pi[r^2-(x-r)^2]\mathrm{d}x \\ &= \pi(2rx-x^2)\mathrm{d}x\end{aligned}$$

由于要将球从水下提升到水面，其总的提升高度为 $2r$，但球的密度与水相同，因而在提升过程中，水下部分不作功. 所以，将这一小薄片从距水面下 x 处提升到水面上距水面 $2r-x$ 高度所作的功微元为

$$\begin{aligned}\mathrm{d}W &= \rho g\mathrm{d}V \cdot (2r-x) \\ &= g\pi(2rx-x^2)(2r-x)\mathrm{d}x\end{aligned}$$

于是，将整个球体从水下取出所作的功为

$$W = \int_0^{2r} g\pi(2rx-x^2)(2r-x)\mathrm{d}x = \frac{4}{3}\pi gr^4$$

6. 用铁锤将一铁钉击入木板，设木板对铁钉的阻力与铁钉击入木板的深度成正比，在击第一次时，将铁钉击入木板 1 厘米. 如果铁锤每次击打铁钉所作的功相等，问锤击第二次时，铁钉又击入多少厘米？

解 设木板对铁钉的阻力为 $f(x)=kx$，其中 k 为比例常数，x 为铁钉击入木板的深度，第

一次打击所作的功为

$$W_1 = \int_0^1 f(x)\,dx = \int_0^1 kx\,dx = \frac{k}{2}$$

设第二次击打后，铁钉进入木板内的总深度为 H，则第二次击打作功

$$W_2 = \int_1^H f(x)\,dx = \int_1^H kx\,dx = \frac{k}{2}(H^2 - 1)$$

又由 $W_1 = W_2$，得

$$\frac{k}{2}(H^2 - 1) = \frac{k}{2}$$

解得 $H = \sqrt{2}$（负根舍去），所以第二次击打将铁钉击入 $\sqrt{2} - 1$ cm.

7. 设有一个半径为 R、中心角为 φ 的圆弧形细棒，其线密度为常数 ρ. 在圆心处有一质量为 m 的质点 M. 试求此细棒对质点 M 的引力（设引力常数为 k）.

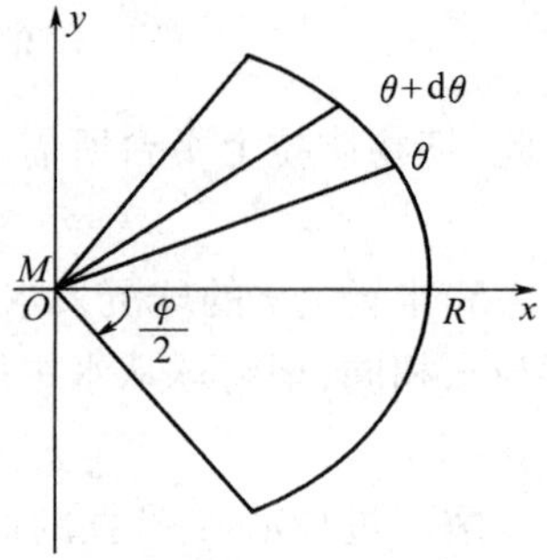

图 6－13

解 取圆弧形细棒的圆心为原点，并令圆弧形细棒关于 x 轴对称，建立坐标系如图 6－13 所示. 将细棒对质点 M 的引力 F 分解为水平方向的分力 F_x 及垂直方向的分力 F_y，由对称性知 $F_y = 0$. 取 θ 为积分变量，则 $-\frac{\varphi}{2} \leqslant \theta \leqslant \frac{\varphi}{2}$. 在区间 $\left[-\frac{\varphi}{2}, \frac{\varphi}{2}\right]$ 内任取微元 $[\theta, \theta + d\theta]$，得此小段圆弧对质点 M 的引力微元为

$$dF = k\frac{m \cdot \rho R d\theta}{R^2} = \frac{k\rho m}{R}d\theta$$

其中 k 为引力常数. 进而得水平方向的分力微元

$$dF_x = dF \cdot \cos\theta = \frac{k\rho m}{R}\cos\theta d\theta$$

所以，细棒对质点的水平方向引力的大小为

$$F_x = \int_{-\frac{\varphi}{2}}^{\frac{\varphi}{2}} \frac{k\rho m}{R}\cos\theta d\theta = \frac{2k\rho m}{R}\sin\frac{\varphi}{2}$$

并且方向为由点 M 指向圆弧的中点.

8. 某水坝中有一个铅直竖立在水中的三角形闸门，它的底边与水面相齐，若已知这个三角形的底边长为 a 米，高为 h 米，试计算闸门所受到的水压力（设水的密度 $\rho = 1$）.

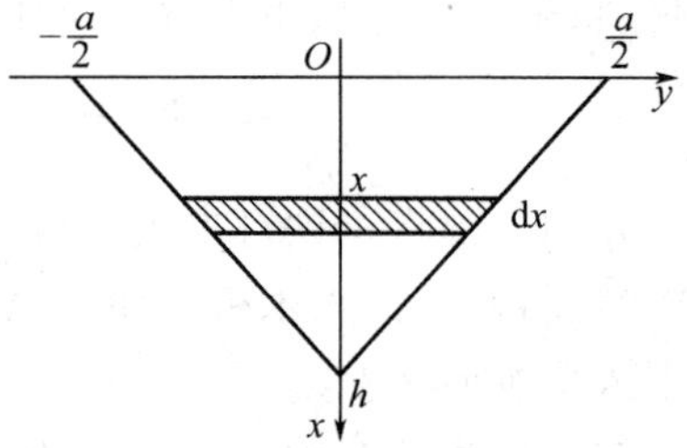

图 6－14

解 如图 6－14 所示选取坐标系，在 x 轴上任取一小区间 $[x, x + dx]$，则此细长条的面积微元为

$$dA = \frac{a}{h}(h - x)\,dx$$

进而此细长条所受到水的压力为

$$dP = \rho gx\,dA = \frac{ag}{h}x(h - x)\,dx$$

于是三角形闸门受到水的压力为

$$P = \int_0^h \frac{ag}{h}x(h - x)\,dx = \frac{1}{6}agh^2$$

9. 某闸门的形状与大小如图 6 – 15 所示,其中直线 l 为对称轴,闸门的上部为矩形 $ABCD$,下部由二次抛物线与线段 AB 所围成. 当水面与闸门的上端相平时,欲使闸门矩形部分承受的水压力与闸门下部承受的水压力之比为 5∶4,闸门矩形部分的高 h 应为多少米?

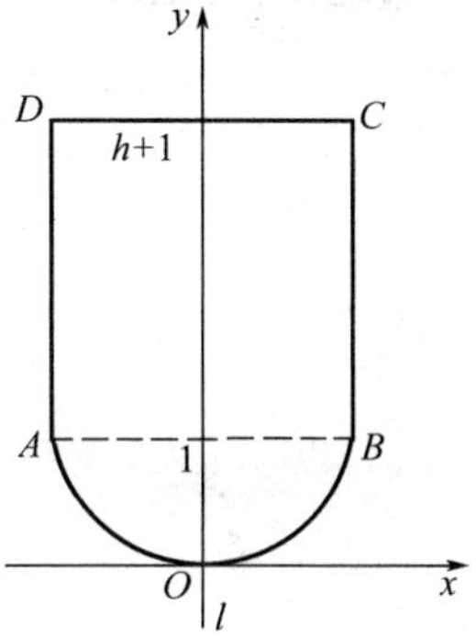

图 6 – 15

解 设抛物线方程为

$$y = ax^2 \quad (a > 0)$$

在 y 轴 $[1,h+1]$ 上任取一小区间 $[y,y+dy]$,则此细长条的面积微元为

$$dA = \frac{2}{\sqrt{a}}dy$$

闸门矩形部分承受的水压力为

$$P_1 = \int_1^{h+1} \rho g(h + 1 - y)\frac{2}{\sqrt{a}}dy$$

$$= \frac{2\rho g}{\sqrt{a}}\left[(h + 1)y - \frac{y^2}{2}\right]_1^{h+1} = \frac{\rho gh^2}{\sqrt{a}}$$

其中 ρ 为水的密度,g 为重力加速度.

在 y 轴 $[0,1]$ 上任取一小区间 $[y,y+dy]$,则此细长条的面积微元为

$$dA = \frac{2\sqrt{y}}{\sqrt{a}}dy$$

闸门下部承受的水压力

$$P_2 = \int_0^1 \rho g(h + 1 - y)\frac{2\sqrt{y}}{\sqrt{a}}dy$$

$$= \frac{2\rho g}{\sqrt{a}}\left[\frac{2}{3}(h + 1)y^{\frac{3}{2}} - \frac{2}{5}y^{\frac{5}{2}}\right]_0^1 = \frac{2\rho g}{\sqrt{a}}\left(\frac{2}{3}h + \frac{4}{15}\right)$$

由题意知

$$\frac{P_1}{P_2}=\frac{5}{4}$$

故

$$\frac{h^2}{2\left(\frac{2}{3}h+\frac{4}{15}\right)}=\frac{5}{4}$$

解得 $h=2, h=-\frac{1}{3}$（舍去）

因此，闸门矩形部分的高应为 2 米.